普通高等教育智慧海洋技术系列教材

海洋机器人操纵控制

李　晔　张　磊　姜言清　张　明　编著

科学出版社
北　京

内 容 简 介

本书叙述海洋机器人操纵和控制的基本理论、研究方法和工程应用。全书共 8 章，着重分析和阐明海洋机器人动力学数学模型与操纵运动性能、水动力系数及其计算、操纵方式和控制力分配，以及运动传感器及数据处理。本书系统性强，注重理论与实践相结合，叙述深入浅出，十分适合入门学习者。

本书可作为高等院校船舶相关专业的高年级本科生和硕士研究生的教材，也可供其他相关专业的研究生和海洋机器人设计、建造、科研人员及海洋机器人操纵控制人员阅读和参考。

图书在版编目(CIP)数据

海洋机器人操纵控制 / 李晔等编著. -- 北京 : 科学出版社, 2024.12. (普通高等教育智慧海洋技术系列教材). -- ISBN 978-7-03-080574-4

Ⅰ. TP242.3

中国国家版本馆 CIP 数据核字第 2024PU8323 号

责任编辑：姜　红　狄源硕 / 责任校对：韩　杨
责任印制：徐晓晨 / 封面设计：马晓敏

科学出版社出版
北京东黄城根北街 16 号
邮政编码：100717
http://www.sciencep.com
北京建宏印刷有限公司印刷
科学出版社发行　各地新华书店经销
*
2024 年 12 月第　一　版　开本：787 × 1092　1/16
2024 年 12 月第一次印刷　印张：14　1/2
字数：362 000

定价：78.00 元

（如有印装质量问题，我社负责调换）

前　言

海洋机器人操纵控制是船舶与海洋工程领域的前沿研究方向之一，作为综合性极强的多学科交叉的新兴领域，其涵盖了船舶水动力学、控制学、计算机技术、人工智能等多个学科的知识。

我国海洋机器人的研究开始于20世纪70年代末期，与欧美国家相比，虽然起步较晚，但是在国内科研人员的不断努力下，经过近五十年的潜心研究，我国海洋机器人技术得到了长足的发展，目前总体技术水平已经达到世界先进水平。相关研究内容亟须纳入教学材料中，以完善学生的知识体系，并为相关研究人员开展前沿探索提供理论支撑。

哈尔滨工程大学于 2019 年设立了首个海洋机器人本科专业，致力于培养学生掌握海洋机器人技术及其工程应用的相关知识和技能。海洋机器人操纵控制涉及的内容广泛，相关教材需要围绕基本原理、研究方法和工程应用展开系统的知识讲解。本书的编写服务于海洋机器人专业的人才培养与技术发展，为海洋机器人操纵控制相关研究人员提供系统的基础知识。

海洋机器人操纵控制就是研究海洋机器人操纵状态下的运动性能和控制性能。本书按章节形式循序渐进，逐步深入介绍海洋机器人操纵的相关专业知识。第 1 章绪论主要介绍海洋机器人的基本概念、国内外研究现状，以及海洋机器人操纵性的理论基础；第 2 章介绍海洋机器人动力学；第 3 章介绍海洋机器人水动力系数；第 4 章介绍海洋机器人操纵装置及控制力分配；第 5 章介绍海洋机器人操纵性分析；第 6 章介绍海洋机器人运动传感器及其数据处理；第 7 章介绍海洋机器人操纵控制建模与分析；第 8 章介绍海洋机器人轨迹跟踪控制技术。作者还依托“智慧树”平台构建“海洋机器人操纵控制”AI 课程（免登录网址 http://t.zhihuishu.com/2JEeRKJj），提供课程图谱、问题图谱与能力图谱等，供读者从多维度、多层面理解知识点。

课程图谱
学习演示

本书由李晔教授主持编写，张磊副教授、姜言清副教授负责编写及修订，张明副教授承担审校工作并负责电子版制作。在本书的编写过程中，相关工作得到哈尔滨工程大学智能海洋航行器技术全国重点实验室众多师生的协助，特此表示感谢。

由于编者水平有限，书中难免存在不足之处，真诚欢迎广大读者批评指正。

编　者

2024 年 7 月

前言

目　录

第1章 绪　论

1.1 海洋机器人概念

海洋作为地球表面占比最大的生态系统，目前仍是人类认知与开发相对不足的重要领域，已成为全球各国科技与资源竞争的焦点。这种争夺对海洋装备和技术提出了更高的要求。海洋机器人作为深海探索的核心装备，在促进海洋科技创新、支撑海洋经济发展和保障国家安全等方面发挥着关键作用，同时也是衡量一个国家科技探索能力与综合实力的重要标志。

海洋机器人是指可在海洋环境下航行和执行各种任务的无人智能装备。随着海洋事业的迅猛发展，海洋机器人已经成为人们认识与探索海洋、保护海洋生态环境、开发利用海洋资源、维护国家海洋权益的一种不可替代的高科技装备，受到了许多国家的广泛重视。多年以来，海洋机器人的关键技术逐步被突破并不断发展，引领着海洋机器人装备不断向前发展。

海洋机器人技术作为融合深海耐压结构设计、水动力特性分析、智能控制系统、高精度传感探测、人工智能算法及计算机数值仿真等多学科理论的交叉性技术体系，其核心技术涵盖工程力学、控制理论与控制工程、信息与通信工程等基础学科领域，并深度融合材料科学与工程、机械设计及理论等应用技术方向。该技术通过遥控水下机器人（Remote-Operated Vehicle，ROV）、自主水下机器人（Autonomous Underwater Vehicle，AUV）和水面无人艇（Unmanned Surface Vehicle，USV）三类典型无人系统的工程化研制，构建了面向海洋装备领域的技术平台，由此形成的专业培养体系致力于培育掌握机器人数字化设计与智能制造、智能装备系统开发与集成应用、智能运维与全生命周期管理等核心技术的复合型工程技术人才，以有效满足我国海洋资源开发与安全保障领域对高层次技术应用型人才的战略需求。目前应用较多的海洋机器人包括自主水下机器人和无人水面机器人。如果没有特殊说明，本书介绍的海洋机器人主要以 AUV 和 USV 为研究对象。

（1）自主水下机器人，也称自治式潜水器，是将人工智能、自动控制、模式识别、信息融合与理解、系统集成等技术应用于传统的载体上，在无人驾驶的情况下自主完成复杂海洋环境中预定任务的机器人。自主水下机器人自带能源并具备自主推进能力，不需要母船通过拖带线缆提供能源或实施遥控。在执行作业过程中，操作人员只需通过水声、无线电或卫星等通信方式向自主水下机器人发送任务指令，所有任务都由该设备独立完成。依靠自身携带的能源和自主控制，自主水下机器人可长期在水下替代人类执行大量危险、复杂、重复的工作，并且具备可回收和重复使用特性。自主水下机器人不仅在海洋资源勘探与开发、海洋环境监测、海事管理等方面具有广阔的应用前景，而且在水下信息获取、情报侦察与监视、精确打击等方面发挥着重要作用，目前已成为各国研究的重点。

（2）无人水面机器人，也称水面无人艇，是指依靠载体传感器，以自主或半自主方式在水面航行的智能化平台，具有自主导航、自主避障以及自主探测目标区域环境信息的功能。其可广泛应用于海洋运输、海洋环境调查、海洋资源探测、海洋考古、水上搜救、情报搜集、海事训练测试、侦察取证、警戒巡逻、火力打击、舰艇护航、反水雷和反潜等任务。无人水面机器人是唯一可同时建立水上、水面、水下连接的无人特种平台，是网络化无人系统中的重要节点，将颠覆传统海战样式，催生全新海洋装备体系，对海洋资源开发和国家海洋权益维护具有重要的意义，受到世界各海洋强国的高度重视。

相较于传统的水面舰艇，无人水面机器人有其突出的优势。无人水面机器人具有结构与功能模块化的特点，可根据任务要求组合相应的模块结构。作为攻击艇时，用于对陆上作战；作为反水雷艇时，用于清除水雷；作为反潜舰时，用于搜寻探测敌方潜艇；作为侦察艇时，用于海况监控；作为巡逻艇时，用于长时间巡航；作为运输艇时，用于运送物资和伤员。此外，无人水面机器人也可用于执行缉私、海盗打击等任务。无人水面机器人尺寸大多仅为数米左右，排水量在数吨至数十吨，体型轻便、操作灵活、设计优良，且具有较强的机动性能。无人水面机器人由于一般不承载船员，上层建筑低矮平滑；艇体采用隐身材料或涂层，体积小，在海浪和岛礁环境中不易被探测，因此具有良好的隐蔽性能；生存力强，伤损概率小，可悄无声息地执行任务。无人水面机器人可替代人员完成危险任务，减少伤亡。无人水面机器人一般吃水仅为传统水面舰艇的几分之一，使得活动区域扩大，在港口、航道等对吃水要求苛刻的水域也可自由通行；加之其活动不受气候影响，不用考虑人的适应能力，因而使用成本相对低廉。另外，通过多个无人水面机器人的联合部署，相互之间以及与其他舰船之间进行信息共享，可将战场信息空间扩大，以较小的代价加速海上网络中心站的实现。

1.2　海洋机器人的研究现状

1.2.1　国内外自主水下机器人的研究现状

自主水下机器人的研制最早始于20世纪50年代末，其中美国为较早开展水下机器人技术研究的国家之一。1964年，“阿尔文”号潜艇由美国伍兹霍尔海洋研究所设计完成，被大多数人称作“历史上最成功的潜艇”，并且是世界上首艘载人深海潜艇，其首次无缆绳自由下潜深度为35ft（英尺，1ft=0.3048m）。经过无数次改进和重建，“阿尔文”号潜艇最深下潜深度可达14764ft。研究人员可在其中进行生物、化学、地球化学和地质以及地球物理学方面的研究。1974年，“阿尔文”号潜艇（图1.1）在法美中层海洋水下研究项目中发挥了关键性作用。由美国伍兹霍尔海洋研究所研制的“海神”号水下机器人，是专门用于深海探索的水下机器人。2009年5月31日，“海神”号水下机器人下潜6.8mi（英里，1mi = 1.609344km），成功抵达马里亚纳海沟最深处的“挑战者深渊”。“海神”号水下机器人也是有史以来抵达海洋最深处的第一个无须船上人类操作员进行操作的工具，其主要作用是执行预定的任务、绘制海底地图，并通过使用化学传感器、声呐和数字摄影设备探索水下重要区域，如图1.2所示。同样由美国伍兹霍尔海洋研究所研制的“Sentry”号水下机器人（图 1.3），最大下潜深度为 6000m，并且由于自身流线型的设计使得其巡航速度得到提升，操纵性得到加强。此外，更为持久的续航力和先进的导航系统使“Sentry”号水下机器人不仅能在近海和中层水域进行勘探，更能在一些极端环境下完成作业任务。美国休斯敦机电一体化公司（Houston Mechatronics Inc.，HMI）开发的“Aquanaut”水下机器人具备从流线型的潜艇形变为“仿人形”的能力，其变形通过启动 4 个内部设计和构建的高可靠线性执行器来实现。船体在一个流体运动中分离，露出两个额外的控制推进器和手臂，并为头部机构增加另一个自由度，如图 1.4 所示。此外，该机器人集自主水下机器人和遥控水下机器人的优势于一身，从而能够适应不同的任务需求，在水下机器人模式下，“Aquanaut”执行海底测绘或广域结构检测这样典型的水下机器人任务，其单次航程可达 200km。

图 1.1 “阿尔文”号潜艇

图 1.2 “海神”号水下机器人

图 1.3 “Sentry”号水下机器人

图 1.4 “Aquanaut”水下机器人

挪威康斯伯格（Kongsberg）海事公司研制的“HUGIN”系列水下机器人也是较具代表性的水下无人机器人之一，并且拥有多个型号。“HUGIN 3000”为该系列一典型型号，如图 1.5 所示。“HUGIN”系列水下机器人具有完全自主的远程海底测量能力、良好的机动性和高稳定性。此外，还可以配置一系列专注于任务能力和态势感知的传感器，例如“HISAS 1032”双接收器合成孔径声呐（Synthetic Aperture Sonar，SAS）、“EM”系列多波束回声测深仪，其中最新的“EM 2040 MKⅡ”可以通过单个接收器提供高达170°的覆盖范围扇区。其他有效载荷包括常规的侧扫声呐、次底部轮廓仪、多束声呐以及各种其他的主动和被动传感器，以满足在海洋学、环境监测和水下资源研究方面的任务要求，同时为现代海军提供稳健和完善的技术解决方案。

法国ECA团队（ECA Group）研发的“H800”型遥控水下机器人如图1.6所示。“H800”型遥控水下机器人设计紧凑、动力强大，深度级别高达800m，在标准电流下，其前行速度可达4kn（节，1kn = 0.5144m/s），并且被广泛应用于水下搜索检查、管线路由调查、水下结构物检查、海港保护、水下事故调查、水下打捞、渔业监测与调查等领域。此外，“H1000”型遥控水下机器人是较为典型的水下无人机器人。

图1.5　“HUGIN 3000”水下机器人

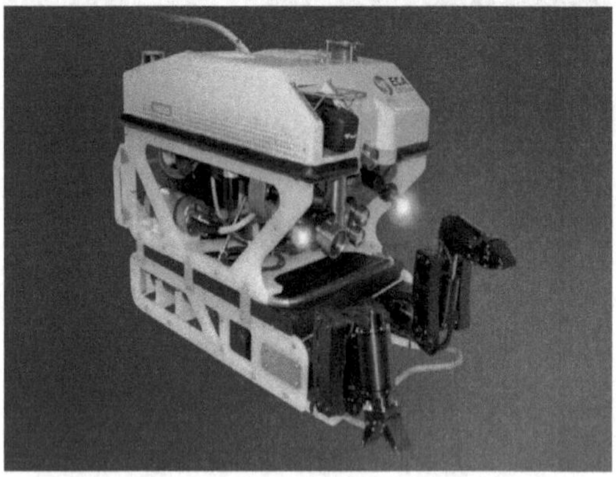

图1.6　“H800”型遥控水下机器人

澳大利亚联邦科学与工业研究组织研制的“Starbug”号水下机器人是一款微型水下无人机器人，如图1.7所示。该水下机器人最大下潜深度为100m，最大航速为2.5kn，续航能力为4h。作为世界上以视觉技术作为导航和控制主要手段的水下机器人之一，其主要用来执行视频采样、海洋环境监测和水质测量等任务。

德国研发的“DeepC”号水下机器人是一款采用滑翔器外观，壳体采用轻型碳纤维硬塑材料的水下机器人，如图1.8所示。“DeepC”号水下机器人在各种水深条件下都能展示出高机动性能，其最大航速为4kn，最大下潜深度为4000m，配备的智能监控系统和高精度长航时水下导航系统使得续航时长能够达到60h并具有自主避障能力，主要用于情报收集和武器投放等军事任务。

国内对海洋机器人的研究开始于20世纪70年代末期，与欧美国家相比，虽然起步较晚，但是在国内科研人员的不断努力下，经过近五十年的潜心研究，我国海洋机器人技术得到了长足的发展，目前总体技术水平已经达到世界先进水平。

图 1.7 “Starbug”号水下机器人

图 1.8 “DeepC”号水下机器人

从 1992 年 6 月起，中国科学院沈阳自动化研究所与俄罗斯科学院海洋技术研究所合作，以我方为主，开始研制 6000m 无缆自治水下机器人。1995 年 8 月，“CR-01”水下机器人研制成功，如图 1.9 所示。“CR-01”水下机器人的续航能力能够达到 10h，使我国机器人的总体技术水平跻身于世界先进行列，成为世界上拥有潜深 6000m 自治水下机器人的少数国家之一。“CR-01”水下机器人配备照明灯、成像声呐等装备，主要用于深海科考，以满足国际海底资源调查的需求。

在此基础上，中国科学院沈阳自动化研究所在 20 世纪 90 年代末成功研发了“CR-02”水下机器人，如图 1.10 所示。与上一代相比，特别是在续航能力和避障能力上，“CR-02”水下机器人的性能得到了大幅度的提升。2011 年，中国科学院沈阳自动化研究所联合中国科学院声学研究所、哈尔滨工程大学开始对“CR-02”水下机器人进行改进，自主研制了“潜龙一号”水下机器人，如图 1.11 所示。其最大下潜深度达到 6000m，巡航速度为 2kn，续航能力达到 24h，并配备浅地层剖面仪等探测设备，可根据不同场景实现自主避障、五自由度连续运动控制及水面遥控航行功能，主要用于海底微地形地貌精细探测和海底多金属结核丰度测定等任务。

“潜龙二号”水下机器人由中国科学院沈阳自动化研究所与国家海洋局第二海洋研究所等单位在“潜龙一号”的基础上共同研制，如图 1.12 所示。其搭载热液异常探测、微地形地貌探测、海底照相和磁力探测系统等实用化深海探测系统，主要是针对多金属硫化物矿区需求研制，在机动性、避碰能力、快速三维地形地貌成图、浮力材料国产化方面均有较大提高，为我国海底多金属硫化物调查和勘探提供了高效、精细、综合的先进手段。

图 1.9 “CR-01”水下机器人

图 1.10 “CR-02”水下机器人

图 1.11　“潜龙一号”水下机器人

图 1.12　“潜龙二号”水下机器人

近十几年来，国内各大高校也开展了水下机器人的技术研究，哈尔滨工程大学是我国从事水下无人机器人研究的主要单位之一，目前已经成为国内领先的水下无人机器人技术研究基地。该校的国防科技重点实验室研制出了多种用途的水下机器人，如“WL”水下机器人、“海灵”水下机器人、“智水-V”水下机器人等，如图 1.13～图 1.15 所示，可以实现自主航行、自主测绘水下地形、自主跟踪水下目标等功能，主要用于开展海底资源探测、自动巡检海底管线、深水水文数据采集、海洋环境监测等多项工作。

上海交通大学也是国内较高水平的深海技术和装备研究机构之一，近年来已成功研制了多个水下无人机器人。其中“海龙 11000”水下机器人设计最大工作深度为 11000m，其系统方案、总体方案、控制方案突破了传统缆控无人潜水器模式，大量采用创新技术。其中，可加工浮力材料、多芯贯穿件等部件均为我国自主创新成果，可实现在深海海域大规模自主巡航、自主采样功能。“海龙 11000”水下机器人如图 1.16 所示。

图 1.13　“WL”水下机器人

图 1.14　“海灵”水下机器人

图 1.15 “智水-V”水下机器人

图 1.16 “海龙 11000”水下机器人

虽然我国自主水下机器人的研究起步晚，但截至目前，我国自主水下机器人的研究已经取得了显著成果，形成了自己的特色并在某些领域处于国际领先地位，为进一步开发和应用打下了扎实的基础。

1.2.2 国内外无人水面机器人的研究现状

由于无人水面机器人在第二次海湾战争时期的优异表现，在进入 21 世纪以后，各国纷纷加大了对无人水面机器人的研究投入，以增强其海军的战斗力。美国作为较早进行无人载体研究及应用的国家，在无人水面机器人技术以及其军事应用上有着强大的实力和丰富的经验。在 20 世纪 90 年代，美国海军便研发了“海上猫头鹰 MKⅡ”型无人水面艇，它是美国海军最早研制的水面无人艇型号，属于半自主/自主型的无人水面艇，艇体轻便，长 3m，重 500kg，吃水 18cm，具有很强的便携能力、高机动性以及续航力，如图 1.17 所示。同时由于浅吃水，它只能在近岸处活动，它的最大航速可超过 45kn。其主要用于执行雷区或特定海域的侦察任务和海面可疑目标的拦截保卫等任务。

美国当前水面无人艇的代表系列——“斯巴达人”，属于美国先期概念技术演示（Advanced Concept Technology Demonstration，ACTD）项目，如图 1.18 所示，包括 7m 和 11m 两型，分别可携带 2.3t 和 3.3t 的有效载荷。操纵方式包括遥控和自主运行，也可以在人工干预下半自主运行，总体采用模块化设计，能够根据不同的任务更换相应的任务载荷，部署平台包括水面舰艇和岸基平台。同时，该系列艇最早于 2003 年进行了首次海试并在 2005 年进行了实弹射击演练。目前，该系列艇已被正式部署至海军舰艇上，并参与了相关的军事行动。

图 1.17　“海上猫头鹰 MKⅡ”型水面无人艇

图 1.18　“斯巴达人”水面无人艇

2012 年由美国国防高级研究计划局（Defense Advanced Research Projects Agency，DARPA）设计和建造，并于 2016 年完成海上测试的“海上猎手”（Sea Hunter）号水面无人艇是目前全球最大的无人驾驶军舰，如图 1.19 所示。“海上猎手”号主要应用于海洋长航时的反潜、跟踪和监视任务。该艇长 40m，排水量达 140t，采用三体船结构，最高航速为 27kn，续航天数为 60～90 天，最高可承受 7 级海况。该艇作为无人远洋军舰，具有极强的续航力和自主能力，可以以 14mi/h（23.5km/h）的速度行驶 10000n mile（海里，1n mile≈1852m），能够在白天和夜晚的所有天气和交通条件下运行。除此之外，美军还研发了“水虎鱼”号导弹水面无人艇和“X-2”型三体无人帆船。“X-2”型三体无人帆船外形如图 1.20 所示。

图 1.19　“海上猎手”号水面无人艇

图 1.20　“X-2”型三体无人帆船

以色列作为中东的发达国家，在水面无人艇的技术研发方面仅次于美国。目前，以色列已经研发了多款性能优秀的水面无人艇。2003 年，以色列国防军与该国的拉斐尔武器开发局（现称拉斐尔先进防御系统公司）共同研制了“Protector”系列水面无人艇，如图 1.21 所示。“Protector”系列水面无人艇可根据任务的需求配备不同的任务载荷，具备较强的监视、识别和侦察能力。其性能优异且功能完备，是当前世界上最为成熟的作战水面无人艇。“Protector”

系列的升级型号“海上骑士”导弹水面无人艇如图1.22所示，其配备了多枚“长钉”导弹和近程武器，能够执行反舰、反恐、水雷战和精确打击等多种任务，也可以配合常规舰艇，参与海面作战任务，具备对空作战、无人机协同以及远程目标打击能力。在无人机提供目标信息的前提下，“海上骑士”可以对远程目标展开精准的打击。

图1.21 “Protector”水面无人艇

图1.22 “海上骑士”导弹水面无人艇

继“Protector”系列之后，2007年以色列又研发了“Sliver Marlin”系列多功能水面无人艇，如图1.23所示。“Sliver Marlin”系列具有半自主和全自主两类操作模式。该艇装备有顶置遥控武器系统以及高性能光电平台，具有很强的侦察监视以及作战能力，主要用于执行水面的侦察监视、海面搜索救援、反水雷作战以及反恐作战等任务。2016年，以色列的埃尔比特系统公司研制了“海鸥”系列水面无人艇，如图1.24所示。“海鸥”系列水面无人艇配备光电系统、红外传感器以及各类声呐来进行海上侦察搜索，也是当时唯一的具备多任务能力的水面无人艇，且自主化程度高，在极少人为干预的条件下就可以自主执行任务。该艇用于执行水下危险清扫工作，实现了在无人驾驶的情况下从水面对水下开展排雷，包括对区域的调查、搜索、检测、分类、识别。同时，该艇的武器系统包括鱼雷发射器和遥控机枪，具备很强的战斗能力。

图1.23 “Sliver Marlin”水面无人艇

图1.24 “海鸥”水面无人艇

“MAST-13”水面无人艇由英国国防科学与技术实验室和 L3 哈里斯技术公司联合开发，如图 1.25 所示，无人艇长 13m，可远程超视距操控。德国 Veer 公司在 1997 年就开始研发水面无人艇，起始阶段研究工作主要集中在渔业应用，生产了“STIPS Ⅰ”和“STIPS Ⅱ”两种水面无人艇。在 2005 年，该公司又研发了多任务的“MMSVⅧ”水面无人艇，如图 1.26 所示。由日本的科学与技术机构研发的第一艘针对远洋航行的 UMV-O 型水面无人艇取名为“Kan-Chan”号水面无人艇，如图 1.27 所示，其主要功能是监控海洋和大气的生物地球化学和物理参数，具有很长的续航能力。土耳其首艘武装水面无人艇“Ulaq”号拥有全天候作战能力，搭载加密通信设备后可以在岸基、岸基移动站，或者航空母舰、护卫舰等海基平台进行操作，可用于情报、监视、侦察、水面战、非对称战争、护航任务、战略基础设施保护等任务。“Ulaq”号水面无人艇外形如图 1.28 所示。

图 1.25　“MAST-13”水面无人艇

图 1.26　“MMSVⅧ”水面无人艇

图 1.27　“Kan-Chan”号水面无人艇

图 1.28　“Ulaq”号水面无人艇

我国水面无人艇研发起步较晚，在技术上与美国、以色列等发达国家相比还有一定的差距。目前，哈尔滨工程大学、中国航天科工集团、上海大学以及珠海云洲智能科技股份有限公司等研究机构和研发型企业取得了一些研究成果。

“天象一号”气象监测水面无人艇是国内最早投入工程使用的水面无人艇，由中国航天科工集团的子公司沈阳航天新光集团研制，主要用于气象的监测，并在 2008 年奥运会帆船比赛期间为比赛提供气象保障服务。水面无人艇载体长 7.5m，材料为碳纤维，集成了自主航控、雷达、卫星通信、图像处理与传输等系统，如图 1.29 所示。该艇具有遥控操作以及自主航行避障的能力。同时，该艇具有较强的续航力，续航时间可达 20 天，航程能达到数百公里。

“精海”系列水面无人艇（图 1.30）是上海大学针对海洋以及内河湖泊的测绘和科学研究，经过不断的技术累积研发出来的，首艘艇“精海一号”于 2013 年问世。截至目前，该系列一共包括二十多款水面无人艇，均为小型水面无人艇。该系列艇具有高精度的航迹跟踪、自主避障的能力且可以应对较为恶劣的海况。

图 1.29 “天象一号”水面无人艇

图 1.30 “精海”水面无人艇

哈尔滨工程大学作为国内最早进行水面无人艇研究的单位，在相关技术上有着深厚的积累，代表型号包括“XL”号、“天行一号”、“文鳐”号，其中“天行一号”长 13.2m，排水量 8.5t，航速能达到 50kn，如图 1.31 所示。“天行一号”采用油电混合动力，是当前国内航速最高的水面无人艇。该艇采用模块化设计，除了可以自主完成海洋监测、海底测绘、动态观测等多种任务，通过更换任务载荷也可用于自动化警戒巡逻、情报侦察、火力攻击等军事用途。“文鳐”号水面无人艇为多体艇型水面无人艇，如图 1.32 所示。

图 1.31 “天行一号”水面无人艇

图 1.32 “文鳐”号水面无人艇

珠海云洲智能科技股份有限公司成立于2010年，在水面无人艇领域具有丰富的技术储备和研发经验，且水面无人艇型号相当丰富，涵盖了海洋调查、海洋救援、环境监测等多个应用领域，主要包括用于警戒巡逻的“L”系列水面无人艇、“M75”水上救助水面无人艇以及用于海洋探测的“M40”和“M80”系列艇等。“M80”水面无人艇如图1.33所示。2018年11月珠海云洲智能科技股份有限公司与西安现代控制技术研究所、华中光电技术研究所共同研制出了察打一体的“瞭望者Ⅱ”水面无人艇，如图1.34所示。“瞭望者Ⅱ”水面无人艇是中国第一艘导弹无人艇，也是全球第二个成功发射导弹的无人艇，填补了国内导弹无人艇这一技术空白，具有重要的战略意义。

图1.33　“M80”水面无人艇

图1.34　“瞭望者Ⅱ”水面无人艇

1.3　海洋机器人操纵性概述

1.3.1　操纵性的含义

操纵性通常指的是潜器在运动上对操艇者（控制器）的操纵做出响应的能力。海洋机器人操纵通常需要进行远程控制，操纵者需要通过遥控器或计算机程序来控制机器人的运动和任务执行。操纵性的好坏会影响操作者对海洋机器人的控制精度和效率，而操纵性的提高则可以帮助操作者更好地完成任务，比如进行水下探测、海底资源勘查、水下救援等工作。因此，在海洋机器人设计中，操纵性通常是一个重要的考虑因素。

对于海洋机器人运动和执行任务的过程，需要以一定的航速、规定的姿态、深度和航向进行运动，确保航行安全，以便安全有效地执行任务。而当在预定的航线上发现障碍物或目标时，为了躲避、追踪目标，海洋机器人要迅速改变航速、姿态、深度或航向。这种操作被称为海洋机器人的操纵或控制。海洋机器人在运动上对控制器的操纵做出响应的能力称为操纵性。简言之，海洋机器人的操纵性是指其借助操纵装置改变或保持艇的运动速度、姿态、方向和深度的性能。它包含以下重要性能。

运动稳定性——海洋机器人保持一定航行状态（如航向、位姿及深度等）的性能。

机动性——海洋机器人改变航行状态（如航向、位姿及深度等）的性能。

惯性（或制动）特性——推进器工况发生改变（停车或倒车）、舵保持零舵角时的海洋机器人运动特性。

运动稳定性和机动性在概念上是对立的。对机器人来说，就是稳要稳得住，动要动得快，一个要“保持”，一个要“改变”，因此二者是相互矛盾的，它们对立统一于海洋机器人操纵性之中。所谓良好的操纵性，是指海洋机器人应是运动稳定的，并具有尽量好的机动性，这正是现代海洋机器人设计面临的重要课题。

所以，具有良好操纵性的海洋机器人，能根据控制器的要求，方便、稳定地保持航向、深度和航速，并且能迅速改变航向、深度和航速，准确地执行各项机动任务。

1.3.2 操纵性的研究目的及方法

1. 研究目的

海洋机器人的操纵性研究包括以下两个方面。

（1）机器人结构设计：设计适合水下环境的机器人结构，包括机身形态、推进器、机械臂等，使机器人能够在复杂的水下环境中自由移动和执行各种任务。

（2）控制系统优化：针对海洋机器人的特点，设计控制算法和控制策略，提高机器人的控制精度和响应速度，使其能够快速准确地完成各种任务。

研究海洋机器人操纵性的目的如下。

（1）建立预报海洋机器人操纵性的计算方法，掌握操纵运动的规律。关键是正确预报海洋机器人操纵运动的水动力和建立操纵运动的数学模型，这是研究操纵性的基础。

（2）建立海洋机器人操纵性的标准和评价方法。

（3）研究海洋机器人外形和舵翼等附体对操纵性的影响，建立满足、改进海洋机器人操纵性的设计方法。

总之，海洋机器人操纵性研究的目的是提高机器人在水下环境中的控制精度和操作效率，从而实现更加高效、准确、安全的水下作业。

2. 研究方法

学习海洋机器人操纵性，主要包括建立预报海洋机器人操纵性的计算方法，掌握操纵运动规律。关键是正确预报海洋机器人操纵运动水动力和建立操纵运动的数学模型，这是操纵性研究的基础。

目前，进行操纵性研究的方法包括基本理论分析、试验研究和数值计算等途径，实际分为以下两类。

（1）应用水动力模型方法。根据牛顿力学体系、应用动量定理、动量矩定理，建立海洋机器人操纵运动与作用于海洋机器人水动力之间关系的数学模型，用拘束船模试验方法或数值计算方法确定水动力，然后求解运动方程，获得各种状态时海洋机器人的运动规律和操纵性特征参数。

（2）应用运动响应模型方法。根据实船或船模的自航试验，直接求得运动状态与操舵（或其他操纵力）的对应关系，根据船舶操纵性能的优劣，建立相应的数学模型（也称运动响应模型），再对这种模型进行分析，获得各种操纵性的特征参数或用“系统辨识”方法确定水动力系数。

两种研究方法都是半经验的方法，并互为补充。前者便于分析各单独因素对操纵性的影响，但在建立模型和确定水动力时不可避免地要进行一定简化，因而结果有一定的失真。后者包括了各种因素的综合作用，但不便于分析单独因素的影响，对自航船模试验尚存在实船与船模的相似性问题。

第 2 章　海洋机器人动力学

2.1　预 备 知 识

2.1.1　向量绝对改变和相对改变的关系

海洋机器人的操纵性主要研究物体在流体中的运动及其所受到的主要流体动力。这些动力与物体的形状及运动方向有关。当物体运动时，其姿态相对于固定坐标系随时间变化，同时转动惯量在各坐标轴上的分量也随姿态变化而改变，这使问题十分复杂；而在随体坐标系中，这些物理量为常量。因此，在海洋机器人操纵性的研究中引入了两个坐标系——固定坐标系（简称为定系）和随体坐标系（简称为动系）。然而，即使采用动系能够简化描述海洋机器人的姿态，但海洋机器人的速度、加速度等物理量是通过定系来描述的，需要将其投影到动系。同时，应用动量定理和动量矩定理时，将动量和动量矩对时间求导必须是相对于惯性坐标系（即定系）的。因此，应进行两种坐标系中物理量对时间求导的变换。

向量的绝对改变和相对改变是向量运算中的两个概念。对于一随时间变化的向量——动量 $\boldsymbol{B}$，用 $\Delta\boldsymbol{B}$ 表示 $\boldsymbol{B}$ 在一段时间间隔 Δt 内在定系中的变化，即向量的绝对改变，用 $\widetilde{\Delta\boldsymbol{B}}$ 表示 $\boldsymbol{B}$ 在一段时间间隔 Δt 内在动系中的变化，即向量的相对改变。同时，动系的原点相对于定系以速度 $\boldsymbol{V}$ 进行平移运动，并绕某一轴以角速度 $\boldsymbol{\Omega}$ 进行旋转，$\Delta\boldsymbol{B} \neq \widetilde{\Delta\boldsymbol{B}}$。在海洋机器人的运动研究中，需要确定定系与动系之间物理量的变化关系，即需要找出绝对改变与相对改变的关系。

1. 应用几何法

首先，假设动系相对于定系没有运动，$\Delta\boldsymbol{B} = \widetilde{\Delta\boldsymbol{B}}$，取任一极点 o 画瞬时 t 的向量 $\boldsymbol{B}$，并添加 $\widetilde{\Delta\boldsymbol{B}}$，得到向量 $\boldsymbol{B} + \widetilde{\Delta\boldsymbol{B}}$（图 2.1）。

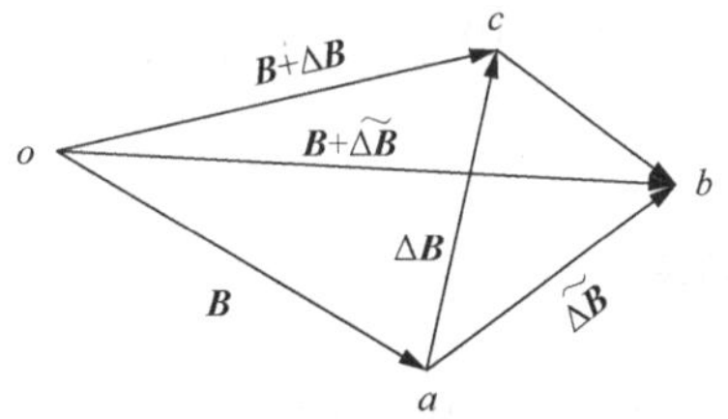

图 2.1　几何法求解向量的绝对改变和相对改变

设动系在时间 Δt 内以角速度 $\boldsymbol{\Omega}$ 绕某一轴转动了角度 $\boldsymbol{\theta}=\boldsymbol{\Omega}\Delta t$ ，则

$$\boldsymbol{bc}=\boldsymbol{\theta}\times\left(\boldsymbol{B}+\widetilde{\Delta\boldsymbol{B}}\right)=\boldsymbol{\Omega}\Delta t\times\boldsymbol{B}+\boldsymbol{\Omega}\Delta t\times\widetilde{\Delta\boldsymbol{B}} \tag{2.1}$$

由于公式（2.1）中 $\boldsymbol{\theta}$ 与 $\widetilde{\Delta\boldsymbol{B}}$ 都是小量，则最后一项为二阶小量，可以略去，得到向量的绝对改变如下：

$$\Delta\boldsymbol{B}=\widetilde{\Delta\boldsymbol{B}}+\boldsymbol{bc}=\widetilde{\Delta\boldsymbol{B}}+\boldsymbol{\Omega}\Delta t\times\boldsymbol{B} \tag{2.2}$$

两边各除以 Δt ，并令 $\Delta t\to 0$ 取极限，则有

$$\lim_{t\to 0}\frac{\Delta\boldsymbol{B}}{\Delta t}=\lim_{t\to 0}\frac{\widetilde{\Delta\boldsymbol{B}}}{\Delta t}+\lim_{t\to 0}\frac{\boldsymbol{\Omega}\Delta t}{\Delta t}\times\boldsymbol{B} \tag{2.3}$$

最终得到动量的绝对改变和相对改变的关系：

$$\frac{\mathrm{d}\boldsymbol{B}}{\mathrm{d}t}=\frac{\mathrm{d}\widetilde{\boldsymbol{B}}}{\mathrm{d}t}+\boldsymbol{\Omega}\times\boldsymbol{B} \tag{2.4}$$

式中，$\boldsymbol{\Omega}$ 为动系相对于定系转动的角速度；$\dfrac{\mathrm{d}\boldsymbol{B}}{\mathrm{d}t}$ 为向量 $\boldsymbol{B}$ 对定系的时间导数；$\dfrac{\mathrm{d}\widetilde{\boldsymbol{B}}}{\mathrm{d}t}$ 为向量 $\widetilde{\boldsymbol{B}}$ 对定系的时间导数。

2. 正向推导

向量绝对改变与相对改变的关系如下：

$$\begin{aligned}\frac{\mathrm{d}\boldsymbol{B}}{\mathrm{d}t}&=\lim_{t\to 0}\frac{\Delta\boldsymbol{B}}{\Delta t}\\&=\lim_{t\to 0}\frac{\widetilde{\Delta\boldsymbol{B}}+\boldsymbol{bc}}{\Delta t}=\lim_{t\to 0}\frac{\widetilde{\Delta\boldsymbol{B}}+\boldsymbol{\Omega}\Delta t\times\boldsymbol{B}}{\Delta t}\\&=\frac{\mathrm{d}\widetilde{\boldsymbol{B}}}{\mathrm{d}t}+\boldsymbol{\Omega}\times\boldsymbol{B}\end{aligned} \tag{2.5}$$

由公式（2.5）可知，向量的绝对改变（对定系的导数），等于相对改变（对动系的导数）与动系的转动角速度和该向量的向量积之和。

而对于动量矩 $\boldsymbol{K}$ ，绝对变化率 $\dfrac{\mathrm{d}\boldsymbol{K}}{\mathrm{d}t}$ 与相对变化率 $\dfrac{\mathrm{d}\widetilde{\boldsymbol{K}}}{\mathrm{d}t}$ 的关系，除了动系转动产生的 $\boldsymbol{\Omega}\times\boldsymbol{K}$ 外，还有由于动系以速度 $\boldsymbol{V}$ 平移，使动量矩的臂在 Δt 内产生增量 $\boldsymbol{V}\Delta t$ ，使动量矩存在增量 $\boldsymbol{V}\Delta t\times\boldsymbol{B}$ ，增量 $\boldsymbol{V}\Delta t\times\boldsymbol{B}$ 除以 Δt 并取极限得到 $\boldsymbol{V}\times\boldsymbol{B}$ ，得

$$\frac{\mathrm{d}\boldsymbol{K}}{\mathrm{d}t}=\frac{\mathrm{d}\widetilde{\boldsymbol{K}}}{\mathrm{d}t}+\boldsymbol{\Omega}\times\boldsymbol{K}+\boldsymbol{V}\times\boldsymbol{B} \tag{2.6}$$

2.1.2　质点的线速度和加速度

质点的线速度是质点在其运动轨迹上某一点的瞬时速度，也可以理解为质点在单位时间内所走过的距离。

海洋机器人的重心 G 与动系原点 O 不重合，把重心看作一般运动的刚体上的一点 $S_i(x,y,z)$，由速度合成定理可知，该点 S_i 的绝对速度 $\boldsymbol{V}_i$：

$$\boldsymbol{V}_i=\boldsymbol{V}_O+\boldsymbol{\Omega}\times\boldsymbol{R}_i \tag{2.7}$$

式中，$\boldsymbol{V}_O$ 为动系原点 O 的绝对速度，即质点 S_i（重心 G 点）的牵连速度，且有 $\boldsymbol{V}_O=u\boldsymbol{i}+v\boldsymbol{j}+w\boldsymbol{k}$；$\boldsymbol{\Omega}$ 为质点 S_i 绕 O 点的转动角速度，在同一瞬时，因为将艇体看作刚体，海洋机器人上各点的转动角速度为常数，且有 $\boldsymbol{\Omega}=p\boldsymbol{i}+q\boldsymbol{j}+r\boldsymbol{k}$；$\boldsymbol{R}_i$ 为质点 S_i 相对于 O 点的矢径，且有 $\boldsymbol{R}_i=x\boldsymbol{i}+y\boldsymbol{j}+z\boldsymbol{k}$。

按分量形式改写质点线速度可得到

$$\begin{aligned}\boldsymbol{V}_i&=\boldsymbol{V}_O+\boldsymbol{\Omega}\times\boldsymbol{R}_i\\&=(u\boldsymbol{i}+v\boldsymbol{j}+w\boldsymbol{k})+(p\boldsymbol{i}+q\boldsymbol{j}+r\boldsymbol{k})\times(x\boldsymbol{i}+y\boldsymbol{j}+z\boldsymbol{k})\\&=(u+qz-ry)\boldsymbol{i}+(v+rx-pz)\boldsymbol{j}+(w+py-qx)\boldsymbol{k}\end{aligned} \tag{2.8}$$

质点的加速度是质点运动速度的变化率，也就是质点单位时间内速度的增加量。在数学上，质点的加速度可以表示为其速度对时间的导数，即

$$\begin{aligned}\boldsymbol{a}=\frac{\mathrm{d}\boldsymbol{V}_i}{\mathrm{d}t}&=\frac{\mathrm{d}}{\mathrm{d}t}\left[(u+qz-ry)\boldsymbol{i}+(v+rx-pz)\boldsymbol{j}+(w+py-qx)\boldsymbol{k}\right]\\&=\frac{\mathrm{d}}{\mathrm{d}t}(u+qz-ry)\boldsymbol{i}+(u+qz-ry)\frac{\mathrm{d}\boldsymbol{i}}{\mathrm{d}t}\\&\quad+\frac{\mathrm{d}}{\mathrm{d}t}(v+rx-pz)\boldsymbol{j}+(v+rx-pz)\frac{\mathrm{d}\boldsymbol{j}}{\mathrm{d}t}\\&\quad+\frac{\mathrm{d}}{\mathrm{d}t}(w+py-qx)\boldsymbol{k}+(w+py-qx)\frac{\mathrm{d}\boldsymbol{k}}{\mathrm{d}t}\end{aligned} \tag{2.9}$$

且有

$$\begin{cases}\dfrac{\mathrm{d}\boldsymbol{i}}{\mathrm{d}t}=\boldsymbol{\Omega}\times\boldsymbol{i}\\[2mm]\dfrac{\mathrm{d}\boldsymbol{j}}{\mathrm{d}t}=\boldsymbol{\Omega}\times\boldsymbol{j}\\[2mm]\dfrac{\mathrm{d}\boldsymbol{k}}{\mathrm{d}t}=\boldsymbol{\Omega}\times\boldsymbol{k}\end{cases} \tag{2.10}$$

将公式（2.10）代入公式（2.9），得到加速度表达式为

$$\begin{aligned}\boldsymbol{a}=&\left[(\dot{u}-vr+wq)-x(q^2+r^2)+y(pq-\dot{r})+z(pr+\dot{q})\right]\boldsymbol{i}\\&+\left[(\dot{v}-wp+ur)-y(r^2+p^2)+z(qr-\dot{p})+x(qp+\dot{r})\right]\boldsymbol{j}\\&+\left[(\dot{w}-uq+vp)-z(p^2+q^2)+x(rp-\dot{q})+y(rq+\dot{p})\right]\boldsymbol{k}\end{aligned} \tag{2.11}$$

2.2　坐标系及主要参数

2.2.1　坐标系及符号规定

为了研究海洋机器人的操纵性，需要确定海洋机器人运动的位置和姿态，引入两个坐标系：一个是定系 $E\text{-}\xi\eta\zeta$，固定于地球；另一个是动系 $G\text{-}xyz$，固联于海洋机器人，随海洋机器人主体一起运动。如图 2.2 所示，各坐标系均遵循右手定则。

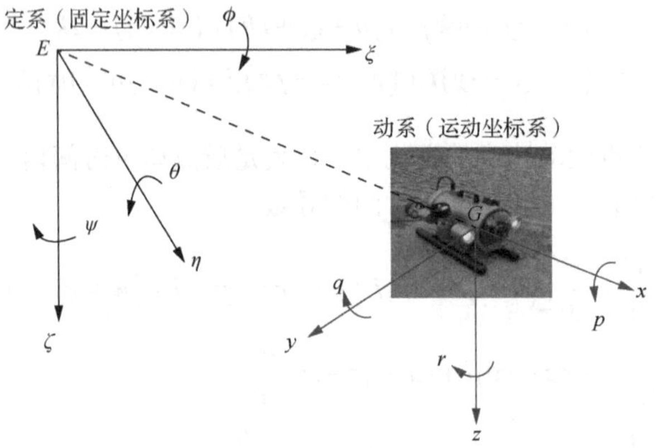

图 2.2　定系和动系图

定系 $E\text{-}\xi\eta\zeta$：原点 E 一般选取为地球上某一定点。$E\xi$ 轴位于水平面，并常以海洋机器人的主航向为正向；$E\eta$ 轴也位于水平面，通过右手定则将 $E\xi$ 轴顺时针旋转 90°得到；$E\zeta$ 轴垂直于 $\xi E\eta$ 坐标平面，正方向指向地心。

动系 $G\text{-}xyz$：原点 G 一般位于海洋机器人艇体的重心位置；Gx 轴、Gy 轴和 Gz 轴分别是经过 G 点的水线面、横剖面和纵中剖面的交线，按右手定则确定坐标轴方向，即 Gx 轴指向艇艏、Gy 轴指向右舷、Gz 轴指向水平龙骨。同时，认为 Gx 轴、Gy 轴和 Gz 轴为海洋机器人的惯性主轴。

坐标变换是指将一个坐标系中的点的坐标转换为另一个坐标系中的点的坐标的过程，常见的坐标变换包括平移、旋转、缩放和翻转等，对于海洋机器人操纵性的研究，动系与定系的转换主要运用平移和旋转变换。

海洋机器人的速度、角速度以及力、力矩的符号规定如下。

速度 $\boldsymbol{V}$：海洋机器人重心相对于地球的速度为 $\boldsymbol{V}$，在 $G\text{-}xyz$ 坐标系的投影为 u（纵向速度）、v（横向速度）、w（垂向速度）。

角速度 $\boldsymbol{\Omega}$：海洋机器人的角速度为 $\boldsymbol{\Omega}$，在 $G\text{-}xyz$ 坐标系的投影为 p（横倾角速度）、q（纵倾角速度）、r（偏航角速度）。

力 $\boldsymbol{F}$：海洋机器人所受外力为 $\boldsymbol{F}$，在 $G\text{-}xyz$ 坐标系的投影为 X（纵向力）、Y（横向力）、Z（垂向力）。

力矩 $\boldsymbol{M}$：海洋机器人所受外力矩为 $\boldsymbol{M}$，在 $G\text{-}xyz$ 坐标系的投影为 K（横倾力矩）、M（纵倾力矩）、N（偏航力矩）。

其中，速度和力的分量以坐标轴正向为正，角速度和力矩的正负号遵循右手定则，符号规定见表 2.1。

表 2.1 符号规定

向量	x 轴	y 轴	z 轴
速度 $\boldsymbol{V}$	u	v	w
角速度 $\boldsymbol{\Omega}$	p	q	r
力 $\boldsymbol{F}$	X	Y	Z
力矩 $\boldsymbol{M}$	K	M	N

2.2.2 空间运动假设、平面运动假设和刚体假设

1. 空间运动假设

在一般情况下，可将海洋机器人在水中的操纵运动看作刚体在流体中的空间运动。

2. 平面运动假设

平面运动假设是指在物理学中，假设物体在平面上运动，即物体在运动过程中只存在两个维度，而不考虑第三个维度。这个假设可以使物理学研究更简单，因为它可以将三维运动问题简化为二维运动问题。在许多应用中，平面运动假设可以被认为是一个合理的近似，在机械工程、航空航天工程和建筑学等领域中被广泛应用。

若海洋机器人在航行中只改变航向，深度不变，此时海洋机器人的重心保持在同一水平面内；若其在航行中只改变深度，航向不变，此时海洋机器人的重心保持在同一垂直面内。这两种情况是将海洋机器人在水中的一般运动进行简化分解，能够反映海洋机器人操纵运动的主要本质特征，同时便于研究。

海洋机器人平面运动假设：对于海洋机器人在水中的空间运动，在弱机动时，可以分解成两个平面运动，即海洋机器人在水平面（$\xi E\eta$）的运动和在垂直面（$\xi E\zeta$）的运动。

对于海洋机器人在水平面的运动，主要研究其航向的保持与改变，而不涉及深度的变化；对于海洋机器人在垂直面的运动，主要研究其纵倾和深度的保持与改变，而不涉及航向的变化。显然此时忽略了横滚面（$\zeta E\eta$）的运动，比如横倾等，同时忽略了两个平面的耦合问题。但是，在通常情况下，平面运动假设仍旧能够反映海洋机器人操纵运动的基本问题——深度和航向的控制，体现海洋机器人操纵性的基本特征，并且空间运动的水动力特性研究以平面运动为基础，所以平面运动的操纵性可作为海洋机器人操纵性研究的基本内容。

3. 刚体假设

海洋机器人刚体假设：假设将水中运动的海洋机器人视为一个刚体，即海洋机器人的各个部分都是刚性的，不会发生形变和变形，也不会发生内部位移。

本假设可以简化机器人的动力学分析，并且有助于海洋机器人运动控制的设计。

2.2.3 水平面运动和垂直面运动的坐标系及主要参数

1. 水平面运动

海洋机器人重心 G 坐标：ξ_G、η_G。

姿态角 ψ（$E\xi \wedge Gx$，$\wedge$ 表示两个方向间的夹角）：$E\xi$ 轴和 Gx 轴在水平面的夹角（也称艏向角）。规定自 $E\xi \to Gx$ 顺时针转为正，反之为负。

水动力角 β（$\boldsymbol{V} \wedge Gx$）：航速 $\boldsymbol{V}$ 的方向与 Gx 轴之间的夹角 β（也称漂角）。规定自 $\boldsymbol{V} \to Gx$ 顺时针转为正，反之为负。

航速 $\boldsymbol{V}$ 在动坐标轴（G-xy）的分量：u、v。计算公式为

$$u = V\cos\beta，\quad v = -V\sin\beta$$

回转角速度 $r = \dfrac{\mathrm{d}\psi}{\mathrm{d}t}$：按右手定则在水平面内顺时针方向为正，反之为负。

方向舵角 δ：规定右舵为正。

航迹角 γ（$E\xi \wedge \boldsymbol{V}$）：航速 $\boldsymbol{V}$ 在水平面上的投影 V（航速）方向与 $E\xi$ 轴之间的夹角（也称航速角），规定自 $E\xi \to V$ 顺时针转为正，反之为负。当 $\gamma > 0$ 时，艇艏偏向 $E\xi$ 轴的右侧。

水平面运动的坐标系及主要参数如图 2.3 所示。

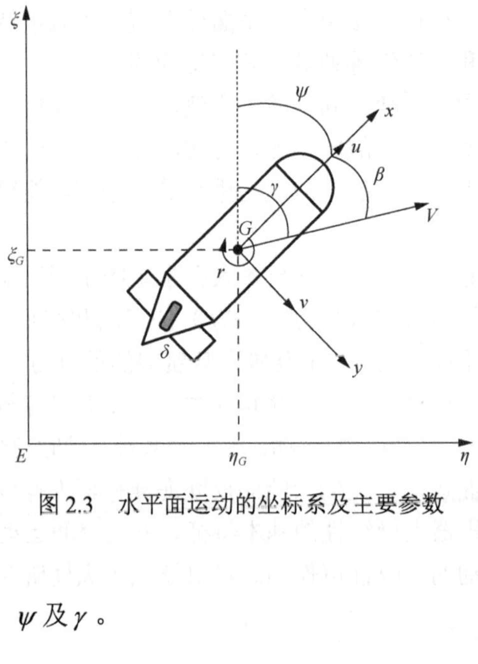

图 2.3　水平面运动的坐标系及主要参数

总结如下。

位置参数：ξ_G、η_G、ψ 及 γ。

运动参数：u、v（或β）、r、δ。

且有

$$\dot{\xi}_G = V_\xi, \quad \dot{\eta}_G = V_q, \quad u = V\cos\beta, \quad \dot{\psi} = r$$

$$V_\xi = V\cos\gamma, \quad V_\eta = V\sin\gamma, \quad v = -V\sin\beta, \quad \gamma = \psi - \beta$$

2. 垂直面运动

海洋机器人重心 G 坐标：ξ_G、ζ_G。

姿态角θ（$E\xi \wedge Gx$）：$E\xi$ 轴和 Gx 轴在水平面的夹角（也称纵倾角）。规定自 $E\xi \to Gx$ 逆时针转为正，反之为负。

水动力角α（$V \wedge Gx$）：航速V 的方向与 Gx 轴之间的夹角α（也称冲角）。规定自$V \to Gx$ 逆时针转为正，反之为负。

航速V 在动坐标轴（G-xy）的分量：u、w。计算公式为

$$u = V\cos\alpha, \quad w = V\sin\alpha$$

纵倾角速度$q = \dfrac{\mathrm{d}\theta}{\mathrm{d}t}$：海洋机器人纵倾转动的角速度。按右手定则在垂直面内逆时针方向为正，反之为负。

潜浮角χ（$E\xi \wedge V$）：航速V 的方向与$E\xi$ 轴之间的夹角。规定自 $E\xi \to V$ 逆时针转为正，反之为负。当$\chi>0$ 时，艇上浮。

垂直面运动的坐标系及主要参数如图 2.4 所示。

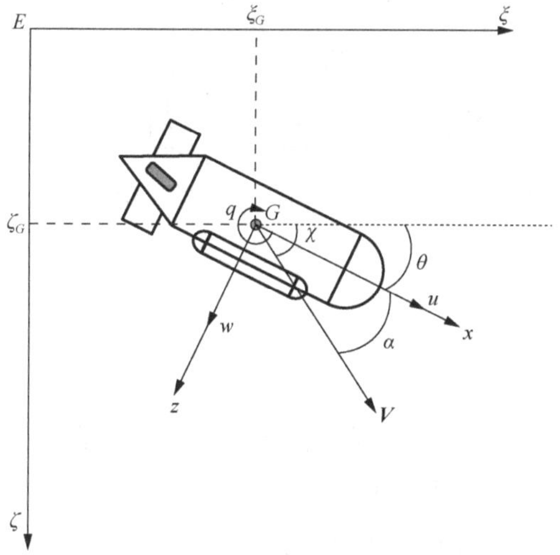

图 2.4　垂直面运动的坐标系及主要参数

总结如下。

位置参数：ξ_G、ζ_G、θ 及α。

运动参数：u、w（或α）、q、δ_b、δ_s。

且有

$$\dot{\xi}_G = V_\xi,\quad \dot{\zeta}_G = V_\zeta,\quad u = V\cos\beta,\quad \dot{\psi} = r,\quad \dot{\theta} = q$$

$$V_\xi = V\cos\chi,\quad V_\zeta = V\sin\chi,\quad w = V\sin\alpha,\quad \chi = \theta - \alpha$$

对海洋机器人操纵和控制的研究建立在其运动方程的基础上。基于海洋机器人的刚体假设，海洋机器人在水中的运动可以看作如图 2.5 所示的刚体 A 在参考坐标系（惯性坐标系）中通过操舵实现的刚体位置和姿态随时间变化的过程，图中$\{n\}$为定系，$\{b\}$为动系，研究海洋机器人的操纵运动需要建立海洋机器人刚体动力学方程。下面将从动量的角度出发，建立操纵运动的一般方程。

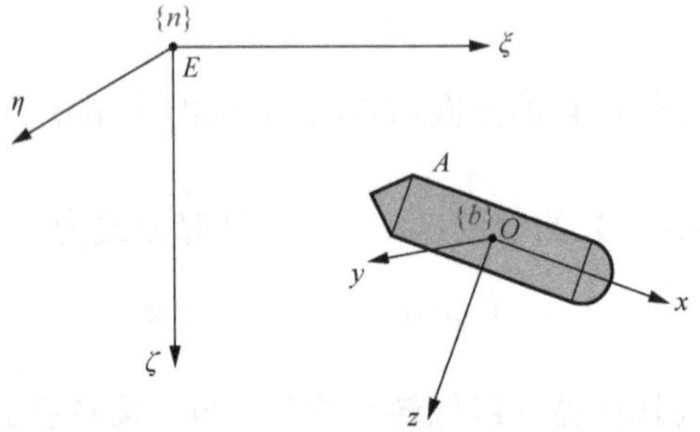

图 2.5　坐标系示意图

3. 线动量

将海洋机器人视为刚体分析，刚体由许多质点组成，每个质点的线动量都需要满足动量定理公式（2.12）。

$$\boldsymbol{F} = \frac{\mathrm{d}\boldsymbol{B}}{\mathrm{d}t} = \frac{\mathrm{d}}{\mathrm{d}t}(m\boldsymbol{v}) \tag{2.12}$$

将公式（2.12）对刚体中的所有质点进行求和可得

$$\sum_{i=1}^{n}(\boldsymbol{F}_i + \boldsymbol{R}_i) = \sum_{i=1}^{n}\boldsymbol{F}_i = \sum_{i=1}^{n}\frac{\mathrm{d}}{\mathrm{d}t}(m_i\boldsymbol{v}_i) \tag{2.13}$$

式中，$\boldsymbol{F}_i$是作用在刚体上的外力；$\boldsymbol{R}_i$是刚体质点之间互相作用的力（内力），求和之后内力会互相抵消，即$\sum_{i=1}^{n}\boldsymbol{R}_i = 0$。

质点在参考坐标系下的速度表示为

$$\boldsymbol{v} = \boldsymbol{v}_0 + \boldsymbol{\omega}\times\boldsymbol{r} \tag{2.14}$$

式中，$\boldsymbol{v}_0$是动系原点的速度；$\boldsymbol{\omega}$是质点的角速度；$\boldsymbol{r}$是质点在动系中的矢径。

将公式（2.14）代入公式（2.13）可得

$$\begin{aligned}\sum_{i=1}^{n}\boldsymbol{F}_i &= \sum_{i=1}^{n}\frac{\mathrm{d}}{\mathrm{d}t}\left[m_i(\boldsymbol{v}_0 + \boldsymbol{\omega}\times\boldsymbol{r}_i)\right]\\ &= m\frac{\mathrm{d}\boldsymbol{v}_0}{\mathrm{d}t} + \frac{\mathrm{d}}{\mathrm{d}t}\left(\boldsymbol{\omega}\times\sum_{i=1}^{n}m_i\boldsymbol{r}_i\right)\\ &= m\frac{\mathrm{d}\boldsymbol{v}_0}{\mathrm{d}t} + m\frac{\mathrm{d}}{\mathrm{d}t}(\boldsymbol{\omega}\times\boldsymbol{r}_G)\end{aligned} \tag{2.15}$$

令 $\sum_{i=1}^{n} m_i = m$， $\sum_{i=1}^{n} m_i \boldsymbol{r}_i = m\boldsymbol{r}_G$，其中 m 为刚体总质量， $\boldsymbol{r}_G$ 为重心向量。

对于整个刚体满足公式（2.16）：

$$\boldsymbol{F} = m\frac{\mathrm{d}\boldsymbol{v}_0}{\mathrm{d}t} + m\frac{\mathrm{d}}{\mathrm{d}t}(\boldsymbol{\omega}\times\boldsymbol{r}_G) \tag{2.16}$$

已知向量积求导公式：

$$\frac{\mathrm{d}}{\mathrm{d}t}(\boldsymbol{A}\times\boldsymbol{B}) = \frac{\mathrm{d}\boldsymbol{A}}{\mathrm{d}t}\times\boldsymbol{B} + \boldsymbol{A}\times\frac{\mathrm{d}\boldsymbol{B}}{\mathrm{d}t} \tag{2.17}$$

依据公式（2.17），展开公式（2.16）可得

$$\boldsymbol{F} = m\left(\frac{\mathrm{d}\boldsymbol{v}_0}{\mathrm{d}t} + \boldsymbol{\omega}\times\frac{\mathrm{d}\boldsymbol{r}_G}{\mathrm{d}t} + \frac{\mathrm{d}\boldsymbol{\omega}}{\mathrm{d}t}\times\boldsymbol{r}_G\right) \tag{2.18}$$

因为

$$\frac{\mathrm{d}\boldsymbol{r}_G}{\mathrm{d}t} = \boldsymbol{v}_0 + \boldsymbol{\omega}\times\boldsymbol{r}_G \tag{2.19}$$

所以

$$\boldsymbol{F} = m\left[\frac{\mathrm{d}\boldsymbol{v}_0}{\mathrm{d}t} + \boldsymbol{\omega}\times(\boldsymbol{v}_0 + \boldsymbol{\omega}\times\boldsymbol{r}_G) + \frac{\mathrm{d}\boldsymbol{\omega}}{\mathrm{d}t}\times\boldsymbol{r}_G\right] \tag{2.20}$$

即

$$\boldsymbol{F} = m\left[\frac{\mathrm{d}\boldsymbol{v}_0}{\mathrm{d}t} + \boldsymbol{\omega}\times\boldsymbol{v}_0 + \frac{\mathrm{d}\boldsymbol{\omega}}{\mathrm{d}t}\times\boldsymbol{r}_G + \boldsymbol{\omega}\times(\boldsymbol{\omega}\times\boldsymbol{r}_G)\right] \tag{2.21}$$

因为向量三重积公式为

$$\boldsymbol{A}\times(\boldsymbol{B}\times\boldsymbol{C}) = (\boldsymbol{A}\times\boldsymbol{C})\times\boldsymbol{B} - (\boldsymbol{A}\times\boldsymbol{B})\times\boldsymbol{C} \tag{2.22}$$

依据公式（2.22）展开公式（2.21）中的 $\boldsymbol{\omega}\times(\boldsymbol{\omega}\times\boldsymbol{r}_G)$ 可得

$$\boldsymbol{F} = m\left[\frac{\mathrm{d}\boldsymbol{v}_0}{\mathrm{d}t} + \boldsymbol{\omega}\times\boldsymbol{v}_0 + \frac{\mathrm{d}\boldsymbol{\omega}}{\mathrm{d}t}\times\boldsymbol{r}_G + (\boldsymbol{\omega}\cdot\boldsymbol{r}_G)\cdot\boldsymbol{\omega} - (\boldsymbol{\omega}\cdot\boldsymbol{\omega})\cdot\boldsymbol{r}_G\right] \tag{2.23}$$

对于海洋机器人，当动系 $\{b\}$ 的原点和重心重合时，设重心为 G 的海洋机器人质量为 m，航速 V (u,v,w) 为 $\boldsymbol{V}$ 在动系 $\{b\}$ 上的投影，所受外力为 $\boldsymbol{F}$ (X,Y,Z)，角速度为 $\boldsymbol{\Omega}$ (p,q,r)，外力对重心的力矩为 $\boldsymbol{M}(K,M,N)$， $\boldsymbol{B}$ 为海洋机器人对于定系的动量， $\widetilde{\boldsymbol{B}}$ 为海洋机器人对于动系的动量。基于公式（2.23）可以推导出海洋机器人空间运动的一般方程如下：

$$\boldsymbol{F} = m\left(\frac{\mathrm{d}\boldsymbol{V}}{\mathrm{d}t} + \boldsymbol{\Omega}\times\boldsymbol{V}\right) = \frac{\mathrm{d}\widetilde{\boldsymbol{B}}}{\mathrm{d}t} + \boldsymbol{\Omega}\times\boldsymbol{B} \tag{2.24}$$

即

$$\begin{bmatrix} m(\dot{u}+qw-rv) \\ m(\dot{v}+ru-pw) \\ m(\dot{w}+pv-qu) \end{bmatrix} = \begin{bmatrix} X \\ Y \\ Z \end{bmatrix} \tag{2.25}$$

公式（2.25）的左边是海洋机器人受到的外力，右边是海洋机器人的运动状态参数，其中 $\boldsymbol{\Omega}\times\boldsymbol{B}$ ［即 $m(qw-rv)$、$m(ru-pw)$、$m(pv-qu)$］表示坐标系运动引起的科里奥利力。下面将从角动量出发推导外力矩作用的运动方程。

4. 角动量

与线动量的分析类似，对角动量而言，刚体所有质点的角动量之和可表示为

$$\sum_{i=1}^{n}(\boldsymbol{M}_i+\boldsymbol{r}_i\times\boldsymbol{F}_i)=\sum_{i=1}^{n}\boldsymbol{M}_i=\sum_{i=1}^{n}\boldsymbol{r}_i\times\frac{\mathrm{d}}{\mathrm{d}t}(m_i\boldsymbol{v}_i) \tag{2.26}$$

式中，$\boldsymbol{M}_i$ 是质点 i 受到的外力矩；$\boldsymbol{r}_i\times\boldsymbol{F}_i$ 是质点之间内力互相作用的力矩，即内力矩，对刚体所有质点所受力矩求和时，内力矩会互相抵消，即 $\sum_{i=1}^{n}(\boldsymbol{r}_i\times\boldsymbol{F}_i)=0$。

将公式（2.26）展开得

$$\begin{aligned}
\boldsymbol{M}&=\sum_{i=1}^{n}m_i\boldsymbol{r}_i\times\frac{\mathrm{d}}{\mathrm{d}t}(\boldsymbol{v}_0+\boldsymbol{\omega}\times\boldsymbol{r}_i)\\
&=\sum_{i=1}^{n}m_i\boldsymbol{r}_i\times\left[\frac{\mathrm{d}\boldsymbol{v}_0}{\mathrm{d}t}+\boldsymbol{\omega}\times\boldsymbol{v}_0+\frac{\mathrm{d}\boldsymbol{\omega}}{\mathrm{d}t}\times\boldsymbol{r}_i+\boldsymbol{\omega}\times(\boldsymbol{\omega}\times\boldsymbol{r}_i)\right]\\
&=\sum_{i=1}^{n}m_i\boldsymbol{r}_i\times\left(\frac{\mathrm{d}\boldsymbol{v}_0}{\mathrm{d}t}+\boldsymbol{\omega}\times\boldsymbol{v}_0\right)+\sum_{i=1}^{n}m_i\boldsymbol{r}_i\times\left(\frac{\mathrm{d}\boldsymbol{\omega}}{\mathrm{d}t}\times\boldsymbol{r}_i\right)+\sum_{i=1}^{n}m_i\boldsymbol{r}_i\times[\boldsymbol{\omega}\times(\boldsymbol{\omega}\times\boldsymbol{r}_i)]
\end{aligned} \tag{2.27}$$

下面对公式（2.27）中的各项进行化简。公式（2.27）右边第一项表示为

$$\sum_{i=1}^{n}m_i\boldsymbol{r}_i\times\left(\frac{\mathrm{d}\boldsymbol{v}_0}{\mathrm{d}t}+\boldsymbol{\omega}\times\boldsymbol{v}_0\right)=m\boldsymbol{r}_G\times\left(\frac{\mathrm{d}\boldsymbol{v}_0}{\mathrm{d}t}+\boldsymbol{\omega}\times\boldsymbol{v}_0\right) \tag{2.28}$$

依据公式（2.22），化简公式（2.27）右边第二项得

$$\sum_{i=1}^{n}m_i\boldsymbol{r}_i\times\left(\frac{\mathrm{d}\omega}{\mathrm{d}t}\times\boldsymbol{r}_i\right)=\sum_{i=1}^{n}m_i\left[(\boldsymbol{r}_i\cdot\boldsymbol{r}_i)\cdot\frac{\mathrm{d}\omega}{\mathrm{d}t}-\left(\frac{\mathrm{d}\omega}{\mathrm{d}t}\cdot\boldsymbol{r}_i\right)\cdot\boldsymbol{r}_i\right]=\boldsymbol{I}\frac{\partial\omega}{\partial t} \tag{2.29}$$

定义惯性矩阵 $\boldsymbol{I}$ 为

$$\boldsymbol{I}=\begin{bmatrix} I_{xx} & I_{xy} & I_{xz} \\ I_{yx} & I_{yy} & I_{yz} \\ I_{zx} & I_{zy} & I_{zz} \end{bmatrix} \tag{2.30}$$

式中

$$
\begin{cases}
I_{xx} = \sum_{i=1}^{n} m_i \left(y_i^2 + z_i^2\right) \\
I_{yy} = \sum_{i=1}^{n} m_i \left(x_i^2 + z_i^2\right) \\
I_{zz} = \sum_{i=1}^{n} m_i \left(x_i^2 + y_i^2\right) \\
I_{xy} = I_{yx} = -\sum_{i=1}^{n} m_i x_i y_i \\
I_{xz} = I_{zx} = -\sum_{i=1}^{n} m_i x_i z_i \\
I_{yz} = I_{zy} = -\sum_{i=1}^{n} m_i y_i z_i
\end{cases}
\tag{2.31}
$$

注意 $\boldsymbol{I}$ 中的各项只与海洋机器人的质量分布和外形有关，与海洋机器人运动状态无关，是海洋机器人的固有属性。

依据公式（2.22），化简公式（2.27）右边第三项得

$$
\begin{aligned}
\sum_{i=1}^{n} m_i \boldsymbol{r}_i \times \left[\boldsymbol{\omega} \times \left(\boldsymbol{\omega} \times \boldsymbol{r}_i\right)\right] &= \sum_{i=1}^{n} m_i \boldsymbol{r}_i \times \left[\left(\boldsymbol{\omega} \cdot \boldsymbol{r}_i\right) \cdot \boldsymbol{\omega} - \left(\boldsymbol{\omega} \cdot \boldsymbol{\omega}\right) \cdot \boldsymbol{r}_i\right] \\
&= \sum_{i=1}^{n} m_i \boldsymbol{r}_i \times \boldsymbol{\omega} \cdot \left(\boldsymbol{\omega} \cdot \boldsymbol{r}_i\right)
\end{aligned}
\tag{2.32}
$$

因为 $\boldsymbol{r}_i \times \boldsymbol{r}_i = 0$，公式（2.27）可写为

$$
\boldsymbol{M} = m\boldsymbol{r}_G \times \left(\frac{\mathrm{d}\boldsymbol{v}_0}{\mathrm{d}t} + \boldsymbol{\omega} \times \boldsymbol{v}_0\right) + \boldsymbol{I}\frac{\partial \boldsymbol{\omega}}{\partial t} + \sum_{i=1}^{n} m_i \left(\boldsymbol{r}_i \times \boldsymbol{\omega}\right) \cdot \left(\boldsymbol{\omega} \cdot \boldsymbol{r}_i\right)
\tag{2.33}
$$

对于海洋机器人，当动系 $\{b\}$ 的原点和重心重合时，设重心为 G 的海洋机器人质量为 m，航速 $V(u,v,w)$ 为 $\boldsymbol{V}$ 在动系 $\{b\}$ 上的投影，所受外力为 $\boldsymbol{F}(X,Y,Z)$，角速度为 $\boldsymbol{\Omega}(p,q,r)$，外力对重心的力矩为 $\boldsymbol{M}(K,M,N)$，$\boldsymbol{K}$ 为海洋机器人对于定系的动量矩，$\widetilde{\boldsymbol{K}}$ 为海洋机器人对于动系的动量矩。基于公式（2.33）可以推导出海洋机器人空间运动的一般方程如下：

$$
\boldsymbol{M} = \frac{\mathrm{d}\widetilde{\boldsymbol{K}}}{\mathrm{d}t} + \boldsymbol{\Omega} \times \boldsymbol{K} + \boldsymbol{V} \times \boldsymbol{B}
\tag{2.34}
$$

即

$$
\begin{bmatrix}
I_{xx}\dot{p} + \left(I_{zz} - I_{yy}\right)qr \\
I_{yy}\dot{q} + \left(I_{xx} - I_{zz}\right)rp \\
I_{zz}\dot{r} + \left(I_{yy} - I_{xx}\right)pq
\end{bmatrix}
=
\begin{bmatrix}
K \\ M \\ N
\end{bmatrix}
\tag{2.35}
$$

公式（2.23）和公式（2.33）即海洋机器人操纵运动的一般方程，方程建立了海洋机器人所受外力 $\boldsymbol{F}$ 和外力矩 $\boldsymbol{M}$ 与运动参数之间的数学关系。理论上已知外力 $\boldsymbol{F}$、外力矩 $\boldsymbol{M}$ 和海

洋机器人固有属性（$m, \boldsymbol{r}_G, \boldsymbol{I}$）可以求得运动参数（$v_0, \omega, a, \alpha$）。海洋机器人操纵模型如图 2.6 所示。下面将具体分析海洋机器人受到的外力 $\boldsymbol{F}$ 和外力矩 $\boldsymbol{M}$。

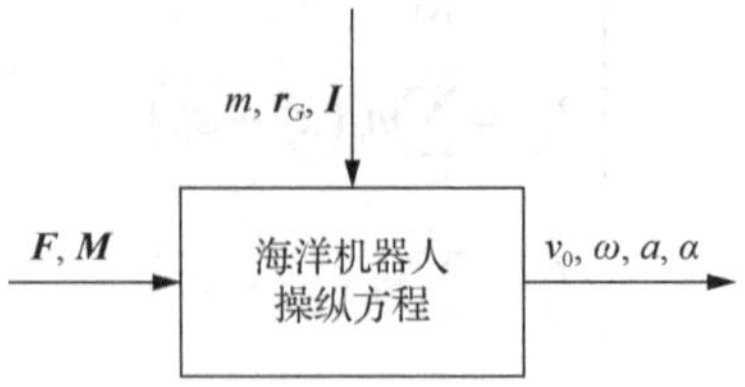

图 2.6　海洋机器人操纵模型

2.3　空间运动受力分析

海洋机器人在空间运动时受到的外力和外力矩包括静力、流体动力、舵力和推进器推力，表示为

$$\boldsymbol{F} = \boldsymbol{F}_{\mathrm{s}} + \boldsymbol{F}_{\mathrm{d}} + \boldsymbol{F}_{\mathrm{r}} + \boldsymbol{F}_{\mathrm{t}} \tag{2.36}$$

式中，$\boldsymbol{F}_{\mathrm{s}}$ 是静力；$\boldsymbol{F}_{\mathrm{d}}$ 是流体动力；$\boldsymbol{F}_{\mathrm{r}}$ 是舵力；$\boldsymbol{F}_{\mathrm{t}}$ 是推进器推力。下面将对这些受力进行进一步分析。

2.3.1　静力

作用在海洋机器人上的静力包括重力、浮力以及它们产生的力矩。设海洋机器人的重力为 $\boldsymbol{G}$，作用于重心 $\boldsymbol{r}_G(x_G, y_G, z_G)$，海洋机器人受到的浮力为 $\boldsymbol{F}_B$，作用于浮心 $\boldsymbol{r}_B(x_B, y_B, z_B)$。$\boldsymbol{r}_G$ 和 $\boldsymbol{r}_B$ 是在动系 $\{b\}$ 中的坐标，重力 $\boldsymbol{G}$ 和浮力 $\boldsymbol{F}_B$ 在参考坐标系 $\{s\}$ 方向始终是竖直方向。为了将重力 $\boldsymbol{G} = (0,0,G)$ 和浮力 $\boldsymbol{F}_B = (0,0,B)$ 在参考坐标系中的表达转换到动系中，需要建立动系 $\{b\}$ 与参考坐标系 $\{s\}$ 之间的坐标变换关系式，即坐标系旋转矩阵 $\boldsymbol{R}$。

坐标系旋转矩阵 $\boldsymbol{R}$ 可以利用欧拉角得到，如公式（2.38）和公式（2.40），$\boldsymbol{R}_{sb}$ 表示 x 的坐标由 $\{b\} \to \{s\}$，同理 $\boldsymbol{R}_{bs}$ 表示 x 的坐标由 $\{s\} \to \{b\}$。旋转矩阵 $\boldsymbol{R}$ 是正交阵。

$$x_s = \boldsymbol{R}_{sb} x_b \tag{2.37}$$

$$\boldsymbol{R}_{sb} = \begin{bmatrix} \cos\theta\cos\phi & -\cos\psi\sin\phi + \sin\psi\sin\theta\cos\phi & \sin\psi\sin\phi + \cos\psi\sin\theta\cos\phi \\ \cos\theta\sin\phi & \cos\psi\cos\phi + \sin\psi\sin\theta\sin\phi & -\sin\psi\cos\phi + \cos\psi\sin\theta\sin\phi \\ -\sin\theta & \sin\psi\cos\theta & \cos\psi\cos\theta \end{bmatrix} \tag{2.38}$$

$$x_b = \boldsymbol{R}_{bs} x_s \tag{2.39}$$

$$\boldsymbol{R}_{bs} = \boldsymbol{R}_{sb}^{-1} = \boldsymbol{R}_{sb}^{\mathrm{T}} = \begin{bmatrix} \cos\theta\cos\phi & \cos\theta\sin\phi & -\sin\theta \\ -\cos\psi\sin\phi + \sin\psi\sin\theta\cos\phi & \cos\psi\cos\phi + \sin\psi\sin\theta\sin\phi & \sin\psi\cos\theta \\ \sin\psi\sin\phi + \cos\psi\sin\theta\cos\phi & -\sin\psi\cos\phi + \cos\psi\sin\theta\sin\phi & \cos\psi\cos\theta \end{bmatrix} \tag{2.40}$$

所以海洋机器人受到的静力表示为

$$\begin{cases}\boldsymbol{F}_{\mathrm{s}}=\boldsymbol{R}_{bs}\boldsymbol{G}-\boldsymbol{R}_{bs}\boldsymbol{F}_B\\\boldsymbol{K}_{\mathrm{s}}=\boldsymbol{r}_G\times\boldsymbol{G}+\boldsymbol{r}_B\times\boldsymbol{F}_B\end{cases}\tag{2.41}$$

2.3.2　流体动力

流体动力的产生源于海洋机器人在水中运动，海洋机器人主体及附体会推动周围的水产生一定的运动，同时，海洋机器人会产生一个反作用力。这种由于海洋机器人运动而引起的水对海洋机器人的反作用力称为流体动力，也叫作水动力。

流体动力大小、方向和分布与海洋机器人的运动相关，流体动力一般可以表示为

$$\boldsymbol{F}_{\mathrm{s}}=f\left(\text{船体特性},\text{运动特性},\text{流体特性}\right)\tag{2.42}$$

流体动力的分析是海洋机器人运动建模中的关键问题，我们将在第 3 章中对流体动力进行进一步分析。

2.3.3　舵力

部分海洋机器人通过控制舵机改变舵角，从而调节其受力状态，进而实现运动控制。不同舵角对海洋机器人操纵性的影响将通过舵角系数体现。海洋机器人所受舵力表示为

$$\begin{cases}X(\delta)=X_{\delta_r\delta_r}\delta_r^2+X_{\delta_s\delta_s}\delta_s^2+X_{\delta_b\delta_b}\delta_b^2\\Y(\delta)=Y_{\delta_r}\delta_r+Y_{|r|\delta_r}|r|\delta_r\\Z(\delta)=Z_{\delta_b}\delta_b+Z_{\delta_s}\delta_s+Z_{|q|\delta_s}|q|\delta_s\\K(\delta)=K_{\delta_r}\delta_r\\M(\delta)=M_{\delta_b}\delta_b+M_{\delta_s}\delta_s+M_{|q|\delta_s}|q|\delta_s\\N(\delta)=N_{\delta_r}\delta_r+N_{|r|\delta_r}|r|\delta_r\end{cases}\tag{2.43}$$

2.3.4　推进器推力

推进器一方面为海洋机器人提供运动的动力，另一方面也是海洋机器人操纵的组成部分。

空间运动的螺旋桨推力 F_{t} 近似为不考虑斜流对轴向推力的影响及斜流引起的侧向推力和螺旋桨扭矩，近似螺旋桨的推力可表示为

$$F_{\mathrm{t}}=\frac{1}{2}\rho L^2(a_{\mathrm{t}}u^2+b_{\mathrm{t}}uu_{\mathrm{c}}+c_{\mathrm{t}}u_{\mathrm{c}}^2)\tag{2.44}$$

式中，ρ 为海水密度；L 为特征长度；a_{t}、b_{t}、c_{t} 为非线性系数；u 为海洋机器人一般航速；u_{c} 为海洋机器人做等速直航运动时的航速。

我们会在后文对不同推进器布置下的推进器推力做进一步介绍，海洋机器人受到的推进器推力与推进器种类和布置有关。

2.4 空间动力学模型

2.4.1 空间动力学模型概述

前文我们建立了海洋机器人的一般运动方程，分析了海洋机器人的受力，下面我们将建立海洋机器人的空间动力学模型。海洋机器人操纵运动的一般方程为

$$\begin{cases} \boldsymbol{F} = m\left(\dfrac{\mathrm{d}\boldsymbol{v}_0}{\mathrm{d}t} + \boldsymbol{\omega}\times\boldsymbol{v}_0 + \dfrac{\mathrm{d}\boldsymbol{\omega}}{\mathrm{d}t}\times\boldsymbol{r}_G + (\boldsymbol{\omega}\cdot\boldsymbol{r}_G)\cdot\boldsymbol{\omega} - (\boldsymbol{\omega}\cdot\boldsymbol{\omega})\cdot\boldsymbol{r}_G\right) \\ \boldsymbol{M} = m\boldsymbol{r}_G\times\left(\dfrac{\mathrm{d}\boldsymbol{v}_0}{\mathrm{d}t} + \boldsymbol{\omega}\times\boldsymbol{v}_0\right) + \boldsymbol{I}\dfrac{\partial\boldsymbol{\omega}}{\partial t} + \sum_{i=1}^{n} m_i(\boldsymbol{r}_i\times\boldsymbol{\omega})\cdot(\boldsymbol{\omega}\cdot\boldsymbol{r}_i) \end{cases} \tag{2.45}$$

公式（2.45）中的各物理量坐标都在动系$\{b\}$中表示：

$\boldsymbol{v}_0 = (u,v,w)$为速度；$\boldsymbol{r}_G = (x_G, y_G, z_G)$为质心坐标；$\boldsymbol{\omega} = (p,q,r)$为角速度；$\boldsymbol{F} = (X,Y,Z)$为外力；$\boldsymbol{M} = (K,M,N)$为外力矩。

将公式（2.45）投影到动系可得海洋机器人空间六自由度动力学模型为

$$\begin{cases} X = m\left[\dfrac{\partial u}{\partial t} + qw - rv + \dfrac{\mathrm{d}q}{\mathrm{d}t}z_G - \dfrac{\mathrm{d}r}{\mathrm{d}t}y_G + (qy_G + rz_G)p - (q^2 + r^2)x_G\right] \\ Y = m\left[\dfrac{\partial v}{\partial t} + ru - pw + \dfrac{\mathrm{d}r}{\mathrm{d}t}x_G - \dfrac{\mathrm{d}p}{\mathrm{d}t}z_G + (rz_G + px_G)q - (r^2 + p^2)y_G\right] \\ Z = m\left[\dfrac{\partial w}{\partial t} + pv - qu + \dfrac{\mathrm{d}p}{\mathrm{d}t}y_G - \dfrac{\mathrm{d}q}{\mathrm{d}t}x_G + (px_G + qy_G)r - (p^2 + q^2)z_G\right] \\ K = I_{xx}\dot{p} + I_{xy}\dot{q} + I_{xz}\dot{r} + (I_{zz} - I_{yy})rq + I_{yz}(q^2 - r^2) + I_{xz}pq - I_{xy}p \\ \qquad + m[y_G(\dot{w} + pv - qu) - z_G(\dot{v} + ru - pw)] \\ M = I_{yx}\dot{p} + I_{yy}\dot{q} + I_{yz}\dot{r} + (I_{xx} - I_{zz})pr + I_{xz}(r^2 - p^2) + I_{xy}qr - I_{yz}q \\ \qquad + m[z_G(\dot{u} + qw - rv) - x_G(\dot{w} + pv - qu)] \\ N = I_{zx}\dot{p} + I_{zy}\dot{q} + I_{zz}\dot{r} + (I_{yy} - I_{xx})pq + I_{xy}(p^2 - q^2) + I_{yz}pr - I_{xz}q \\ \qquad + m[x_G(\dot{v} + ru - pw) - y_G(\dot{u} + qw - rv)] \end{cases} \tag{2.46}$$

公式（2.46）是海洋机器人六自由度运动方程的展开形式。在实际使用过程中，常基于以下两个假设简化公式（2.46）。

（1）假设物体质心和动系原点重合，即$\boldsymbol{r}_G = (0,0,0)$。

（2）对称性简化。假设海洋机器人上下、左右、前后对称或近似对称，从而将$\boldsymbol{I}$近似化简，即$\boldsymbol{I} = \mathrm{diag}(I_{xx}, I_{yy}, I_{zz})$。

基于以上假设，可以将公式（2.46）简化为

$$\begin{cases} X = m(\dot{u} + qw - rv) \\ Y = m(\dot{v} + ru - pw) \\ Z = m(\dot{w} + pv - qu) \\ K = I_{xx}\dot{p} + (I_{zz} - I_{yy})qr \\ M = I_{yy}\dot{q} + (I_{xx} - I_{zz})rp \\ N = I_{zz}\dot{r} + (I_{yy} - I_{xx})pq \end{cases} \tag{2.47}$$

2.4.2　水平面和垂直面动力学模型

当我们主要关注海洋机器人在特殊平面内的操纵和控制时，可以将公式（2.47）分解为水平面运动方程（2.48）和垂直面运动方程（2.49），注意这里的水平面和垂直面是指动系中的 xOy 和 xOz 。在实际应用中，横滚自由度即 K 不是首要控制目标，常被忽略或通过其他方式控制。

水平面内的操纵运动方程为

$$\begin{cases} m(\dot{u} - rv) = X \\ m(\dot{v} + ru) = Y \\ I_{zz}\dot{r} = N \end{cases} \tag{2.48}$$

垂直面内的操纵运动方程为

$$\begin{cases} m(\dot{u} + qw) = X \\ m(\dot{w} - qu) = Z \\ I_{yy}\dot{q} = M \end{cases} \tag{2.49}$$

综上，我们建立了海洋机器人的运动和所受外力的关系，若已知外力，原则上可以求得运动参数，这就是刚体平面运动动力学的第二类问题。我们将在后续章节继续介绍海洋机器人受到的外力，完善动力学模型。

第3章　海洋机器人水动力系数

3.1　预 备 知 识

3.1.1　泰勒展开

若一元函数 $f(x)$ 在 $x=x_0$ 处的值以及 n 阶导数都存在且连续时，可以得到 $f(x)$ 在 $x=x_0$ 处的泰勒展开公式为

$$\begin{aligned} f(x) &= f(x_0) + f'(x_0)(x-x_0) + \frac{1}{2!}f''(x_0)(x-x_0)^2 \\ &\quad + \cdots + \frac{1}{n!}f^{(n)}(x_0)(x-x_0)^n + \cdots \end{aligned} \tag{3.1}$$

将一元拓展到多元，则多元函数 $f(x,y,z,\cdots)$ 在 $(x_0,y_0,z_0,\cdots)$ 处的泰勒展开公式为

$$\begin{aligned} f(x,y,z,\cdots) &= f(x_0,y_0,z_0,\cdots) \\ &\quad + \left(\frac{\partial}{\partial x}\Delta x + \frac{\partial}{\partial y}\Delta y + \frac{\partial}{\partial z}\Delta z + \cdots\right) f(x_0,y_0,z_0,\cdots) \\ &\quad + \frac{1}{2!}\left(\frac{\partial}{\partial x}\Delta x + \frac{\partial}{\partial y}\Delta y + \frac{\partial}{\partial z}\Delta z + \cdots\right)^2 f(x_0,y_0,z_0,\cdots) + \cdots \\ &\quad + \frac{1}{n!}\left(\frac{\partial}{\partial x}\Delta x + \frac{\partial}{\partial y}\Delta y + \frac{\partial}{\partial z}\Delta z + \cdots\right)^n f(x_0,y_0,z_0,\cdots) + \cdots \end{aligned} \tag{3.2}$$

式中，$\Delta x = x - x_0$；$\Delta y = y - y_0$；$\Delta z = z - z_0$。注意 $\left(\frac{\partial}{\partial x}\Delta x + \frac{\partial}{\partial y}\Delta y + \frac{\partial}{\partial z}\Delta z + \cdots\right)^n$ 应当被看作对函数 f 的一种算子。

通过多元函数泰勒展开可以用解析函数的形式逼近海洋机器人受到的流体动力。

3.1.2　附加质量

依据流体力学的知识，当物体在理想流体中做非定常运动时所受到的水动力，其大小与物体运动的加速度成比例，方向与加速度方向相反，此比例常数用 λ_{ij} 表示，称为附加质量。

根据势流理论：

$$\lambda_{ij} = -\rho \iint_s \varphi_i \frac{\partial \varphi_j}{\partial n} \mathrm{d}s \quad (i,j = 1,2,\cdots,6) \tag{3.3}$$

式中，s 为物体的表面积；n 为微元面积 ds 的外法线方向。$\varphi_1,\varphi_2,\varphi_3$ 分别是物体沿动系坐标轴 x,y,z 以单位速度平移运动时所引起的流体速度势，$\varphi_4,\varphi_5,\varphi_6$ 分别是物体以单位角速度绕动系坐标轴 x,y,z 做纯转动所引起的流体速度势。λ_{ij} 只取决于物体的形状和坐标系的选择，与物体具体的运动情况无关，且 $\lambda_{ij}=\lambda_{ji}$。

定义附加质量矩阵 $\boldsymbol{M}\in\mathbb{R}^{6\times6}$ 为

$$\boldsymbol{M}=\begin{bmatrix}\lambda_{11} & \lambda_{12} & \lambda_{13} & \lambda_{14} & \lambda_{15} & \lambda_{16}\\ \lambda_{21} & \lambda_{22} & \lambda_{23} & \lambda_{24} & \lambda_{25} & \lambda_{26}\\ \lambda_{31} & \lambda_{32} & \lambda_{33} & \lambda_{34} & \lambda_{35} & \lambda_{36}\\ \lambda_{41} & \lambda_{42} & \lambda_{43} & \lambda_{44} & \lambda_{45} & \lambda_{46}\\ \lambda_{51} & \lambda_{52} & \lambda_{53} & \lambda_{54} & \lambda_{55} & \lambda_{56}\\ \lambda_{61} & \lambda_{62} & \lambda_{63} & \lambda_{64} & \lambda_{65} & \lambda_{66}\end{bmatrix} \tag{3.4}$$

下面将利用对称性对 $\boldsymbol{M}$ 进行简化，通过势流理论可知，$\boldsymbol{M}$ 为对称阵，所以 $\boldsymbol{M}$ 有 21 个独立项。

若物体有对称面 xOz（这在海洋机器人中是常见的，即左右对称），当物体在对称面运动时，例如沿 Ox 轴平移运动，沿 Oz 轴平移运动或绕 Oy 轴转动，此时周围的流场也是关于面 xOz 对称的，这意味着海洋机器人在对称面 xOz 两侧受到的流体作用力也是对称的，此时流体作用力的合力必定位于对称面 xOz 中，此时流体作用力在 Oy 轴上的投影为 0，对 Ox 轴、Oz 轴的力矩也为 0。由此可以得到

$$\begin{cases}\lambda_{12}=0,\lambda_{14}=0,\lambda_{16}=0\\ \lambda_{32}=0,\lambda_{34}=0,\lambda_{36}=0\\ \lambda_{52}=0,\lambda_{54}=0,\lambda_{56}=0\end{cases} \tag{3.5}$$

此时 $\boldsymbol{M}$ 中还剩下 12 个独立项：

$$\boldsymbol{M}=\begin{bmatrix}\lambda_{11} & 0 & \lambda_{13} & 0 & \lambda_{15} & 0\\ 0 & \lambda_{22} & 0 & \lambda_{24} & 0 & \lambda_{26}\\ \lambda_{31} & 0 & \lambda_{33} & 0 & \lambda_{35} & 0\\ 0 & \lambda_{42} & 0 & \lambda_{44} & 0 & \lambda_{46}\\ \lambda_{51} & 0 & \lambda_{53} & 0 & \lambda_{55} & 0\\ 0 & \lambda_{62} & 0 & \lambda_{64} & 0 & \lambda_{66}\end{bmatrix} \tag{3.6}$$

进一步，如果海洋机器人艇体关于 xOy 面和 yOz 面对称，可以同理简化 $\boldsymbol{M}$。物体的附加质量与物体受到的惯性类水动力有密切联系。

3.2　流体动力学概述

3.2.1　缓慢运动假设

本节将继续研究流体动力的表达形式，完善 $\boldsymbol{F}$ 和 $\boldsymbol{M}$ 。

海洋机器人所受流体动力，是基于缓慢运动假设，将流体动力进行多元函数泰勒展开，并通过水动力系数实现解析化表达。海洋机器人受力有如下表述形式：

$$\boldsymbol{F} = f\left(\text{船体特性},\text{运动特性},\text{流体特性}\right) \tag{3.7}$$

1911 年，布莱恩（Brayan）提出“缓慢运动”的假设。“缓慢运动”是指物体的运动状态随时间的变化比较缓慢的运动，或者说，以无因次值表示的物体运动速度对时间的所有高阶导数，都比运动速度和加速度小得多。“缓慢运动”是非定常运动，“缓慢运动”的加速度随时间的变化率很小，它的极限状态就是恒定加速度的运动，也称为准定常运动。

在流体运动中做“缓慢运动”的物体，所受到的水动力只和运动的当时状态（即瞬时的速度和加速度）有关，而与运动历程无关。基于此我们可以大大简化海洋机器人运动时水动力的表达形式。

但必须指出，“缓慢运动”是理想的假设，实际中的流体运动存在“记忆效应”。物体在流体中的运动会产生涡流，涡流的存在会影响该时刻之后的物体运动，简而言之，当前时刻的流体作用力不仅与当前时刻的物体运动状态有关，还与之前时刻的运动状态有关，这种现象称为“记忆效应”。“记忆效应”是广泛存在的，但是在之后的流体动力推导中，我们都将忽略“记忆效应”[1]。

3.2.2　流体动力一般表达式

基于“缓慢运动”假设，对于在一定流场（无限深、广、静水）中的一定海洋机器人而言，某时刻的流体动力只取决于海洋机器人在此时刻的运动情况，即

$$\boldsymbol{F} = f(\boldsymbol{V},\dot{\boldsymbol{V}},\delta,\dot{\delta},n) \tag{3.8}$$

式中，$\boldsymbol{V} = (u,v,w,p,q,r)$ 为海洋机器人的速度和角速度；$\dot{\boldsymbol{V}} = (\dot{u},\dot{v},\dot{w},\dot{p},\dot{q},\dot{r})$ 为海洋机器人的加速度和角加速度；δ 为转舵角度；$\dot{\delta}$ 为转舵速度；n 为螺旋桨转速。

实际应用中，常把螺旋桨的水动力单独处理，对于机器人-舵系统，忽略转舵速度的影响，只考虑舵角对于流体动力的影响，将公式（3.8）改写成

$$\boldsymbol{F} = f(\boldsymbol{V},\dot{\boldsymbol{V}},\delta) \tag{3.9}$$

得到流体动力的近似表达式。如公式（3.9）所示，选择海洋机器人的直线匀速航行状态作为展开点[公式（3.10）]。这个过程将最终产生近似于海洋机器人流体动力的表达式[公式（3.11）]。

展开点：

$$\boldsymbol{V}_0=(u_0,0,0,0,0,0),\quad \dot{\boldsymbol{V}}_0=(0,0,0,0,0,0),\quad \delta_0=0 \tag{3.10}$$

$$\begin{aligned}f(\boldsymbol{V},\dot{\boldsymbol{V}},\delta)&=f(\boldsymbol{V}_0,\dot{\boldsymbol{V}}_0,\delta_0)\\&+\left(\frac{\partial}{\partial \boldsymbol{V}}\Delta\boldsymbol{V}+\frac{\partial}{\partial \dot{\boldsymbol{V}}}\Delta\dot{\boldsymbol{V}}+\frac{\partial}{\partial \delta}\Delta\delta\right)f(\boldsymbol{V}_0,\dot{\boldsymbol{V}}_0,\delta_0)\\&+\frac{1}{2!}\left(\frac{\partial}{\partial \boldsymbol{V}}\Delta\boldsymbol{V}+\frac{\partial}{\partial \dot{\boldsymbol{V}}}\Delta\dot{\boldsymbol{V}}+\frac{\partial}{\partial \delta}\Delta\delta\right)^2 f(\boldsymbol{V}_0,\dot{\boldsymbol{V}}_0,\delta_0)\\&+\cdots\end{aligned} \tag{3.11}$$

下面以流体动力公式（3.11）在动系 x 方向上的投影来进一步说明水动力系数。

$$\begin{aligned}X=X_0&+\left[X_u(u-u_0)+X_v v+X_w w+\cdots\right]\\&+\left[X_{uu}(u-u_0)^2+X_{vv}vv+X_{uv}(u-u_0)v+\cdots\right]\end{aligned} \tag{3.12}$$

$$\frac{\partial X}{\partial i}=X_i,\quad \frac{\partial^2 X}{\partial i\partial j}=X_{ij},\quad i,j\in\{u,v,w,p,q,r,\delta,\dot{u},\dot{v},\dot{w},\dot{p},\dot{q},\dot{r}\} \tag{3.13}$$

并非公式（3.12）中所有的水动力系数都需要考虑，通常基于以下的假设来减少所需考虑的水动力系数数量。

（1）只保留加速度的一阶项。根据牛顿第二定律，我们一般认为流体的惯性项与加速度呈线性关系。

（2）不保留速度和加速度的耦合项。根据牛顿第二定律，认为流体的惯性项仅取决于加速度。

（3）对称性认为海洋机器人左右是对称或者大致对称的，即关于 xOz 面对称，并根据此对称属性简化。

（4）最高保留三阶项。在实际应用经验中，保留至三阶项已经较为精确，且大多数应用模型都采用了这项简化。

在最终的方程中加入了公式（3.14）中 $Y_{|v|v}$ 等系数，以表示与阻力有关的项，泰勒展开中并不包含这些项，将这些项加入方程是出于物理上的考虑。

$$Y_{|v|v}=\frac{\partial^2 Y}{\partial v\partial|v|}\quad(v=0) \tag{3.14}$$

当函数具有奇偶性时具有公式（3.15）的性质。

$$\begin{cases}|f|\text{为}|\text{奇函数}|,\ f(x)=f(-x)\rightarrow\dfrac{\mathrm{d}^n f}{\mathrm{d}x^n}(0)=0\quad(n\in\{\text{偶数}\})\\|f|\text{为}|\text{偶函数}|,\ f(x)=-f(x)\rightarrow\dfrac{\mathrm{d}^n f}{\mathrm{d}x^n}(0)=0\quad(n\in\{\text{奇数}\})\end{cases} \tag{3.15}$$

例如，海洋机器人艇体关于 xOz 面对称，所以 X 是关于 v,r,δ 的偶函数，在 X 中关于 v,r,δ 所有奇次导数都为 0，即 $X_v=0, X_r=0,\cdots$。从而简化需要考虑的水动力系数。

下面我们将水动力系数分为以下几类并在后文分别讨论。

惯性类系数：含有加速度项的系数。

黏性类系数：含有速度、加速度及其耦合项的系数。

舵角系数：含有舵角项的系数。

3.2.3　六自由度空间运动方程

1967 年 Gertler 等[2]发表的 *Standard Equations of Motion for Submarine Simulation*（《用于潜艇模拟研究的标准运动方程》）被广泛采纳，其核心表达式见公式（3.16）至公式（3.21）。

$$
\begin{aligned}
X=&\frac{1}{2}\rho L^4\left(X'_{qq}q^2+X'_{rr}r^2+X'_{rp}rp\right)\\
&+\frac{1}{2}\rho L^3\left(X'_{\dot{u}}\dot{u}+X'_{vr}vr+X'_{wq}wq\right)\\
&+\frac{1}{2}\rho L^2\left(X'_{uu}u^2+X'_{vv}v^2+X'_{ww}w^2+X'_{\delta_R\delta_R}u^2\delta_R^2+X'_{\delta_s\delta_s}u^2\delta_S^2+X'_{\delta_B}\right)\\
&+\frac{1}{2}\rho L^2\left(a_iu^2+b_iuu_c+c_iu_c^2\right)\\
&-(W-B)\sin\theta\\
&+\frac{1}{2}\rho L^2\left(X'_{vv\eta}v^2+X'_{ww\eta}w^2+X'_{\delta_R\delta_R\eta}\delta_R^2u^2+X'_{\delta_s\delta_s\eta}\delta_s^2u^2\right)(\eta-1)
\end{aligned}
\tag{3.16}
$$

$$
\begin{aligned}
Y=&\frac{1}{2}\rho L^4\left(Y'_{\dot{r}}\dot{r}+Y'_{\dot{p}}\dot{p}+Y'_{p|p|}p|p|+Y'_{pq}pq+Y'_{qr}qr\right)\\
&+\frac{1}{2}\rho L^3\left(Y'_{\dot{v}}\dot{v}+Y'_{vq}vq+Y'_{wp}wp+Y'_{wr}wr\right)\\
&+\frac{1}{2}\rho L^3\left[Y'_r ur+Y'_p up+Y'_{|r|\delta_R}u|r|\delta_R+Y'_{v|r|}\frac{v}{|v|}\left|(v^2+w^2)^{\frac{1}{2}}\right||r|\right]\\
&+\frac{1}{2}\rho L^2\left[Y'_* u^2+Y'_v uv+Y'_{v|v|}v\left|(v^2+w^2)^{\frac{1}{2}}\right|+Y'_{vw}vw+Y'_{\delta_R}u^2\delta_R\right]\\
&+(W-B)\cos\theta\sin\varphi\\
&+\frac{1}{2}\rho L^3Y'_{r\eta}ur(\eta-1)\\
&+\frac{1}{2}\rho L^2\left[Y'_{v\eta}uv+Y'_{v|v|\eta}v\left|(v^2+w^2)^{\frac{1}{2}}\right|+Y'_{\delta_R\eta}u^2\delta_R\right](\eta-1)
\end{aligned}
\tag{3.17}
$$

$$
\begin{aligned}
Z =& \frac{1}{2}\rho L^4\left(Z'_{\dot{q}}\,\dot{q} + Z'_{pp}p^2 + Z'_{rr}r^2 + Z'_{rp}rp\right) \\
&+ \frac{1}{2}\rho L^3\left(Z'_{\dot{w}}\,\dot{w} + Z'_{vr}vr + Z'_{vp}vp + Z'_{q}\,uq + Z'_{|q|\delta_s}u|q|\delta_s\right) \\
&+ \frac{1}{2}\rho L^3\left[Z'_{w|q|}\frac{w}{|w|}\left|(v^2+w^2)^{\frac{1}{2}}\right||q|\right] \\
&+ \frac{1}{2}\rho L^2\left[Z'_{*}\,u^2 + Z'_{v}\,uv + Z'_{w}\,uw + Z'_{w|w|}w\left|(v^2+w^2)^{\frac{1}{2}}\right|\right] \\
&+ \frac{1}{2}\rho L^2\left[Z'_{|w|}u|w| + Z'_{ww}\left|w(v^2+w^2)^{\frac{1}{2}}\right|\right] \qquad (3.18) \\
&+ \frac{1}{2}\rho L^2\left(Z'_{vv}v^2 + Z'_{\delta_s}\mu^2\delta_s + Z'_{\delta_B}\mu^2\delta_B\right) \\
&+ (W-B)\cos\theta\cos\varphi \\
&+ \frac{1}{2}\rho L^3 Z'_{q\eta}uq(\eta-1) \\
&+ \frac{1}{2}\rho L^2\left[Z'_{w\eta}uw + Z'_{w|w|\eta}w\left|(v^2+w^2)^{\frac{1}{2}}\right| + Z'_{\delta_s\eta}\delta_s u^2\right](\eta-1)
\end{aligned}
$$

$$
\begin{aligned}
K =& \frac{1}{2}\rho L^5\left(K'_{\dot{p}}\,\dot{p} + K'_{\dot{r}}\,\dot{r} + K'_{qr}qr + K'_{pq}pq + K'_{p|p|}p\,|\,p\,|\right) \\
&+ \frac{1}{2}\rho L^4\left(K'_{p}\,up + K'_{r}\,ur + K'_{\dot{v}}\,\dot{v} + K'_{vq}vq + K'_{wp}wp + K'_{wr}wr\right) \\
&+ \frac{1}{2}\rho L^3\left[K'_{*}\,u^2 + K'_{v}\,uv + K'_{v|v|}v\left|(v^2+w^2)^{\frac{1}{2}}\right| + K'_{vw}vw + K'_{\delta_R}u^2\delta_R\right] \qquad (3.19) \\
&+ (y_G W - y_B B)\cos\theta\cos\varphi - (z_G W - z_B B)\cos\theta\sin\varphi \\
&+ \frac{1}{2}\rho L^3 K'_{*\eta}u^2(\eta-1)
\end{aligned}
$$

$$
\begin{aligned}
M =& \frac{1}{2}\rho L^5\left(M'_{\dot{q}}\dot{q} + M'_{pp}p^2 + M'_{rr}r^2 + M'_{rp}rp + M'_{q|q|}q|q|\right) \\
&+ \frac{1}{2}\rho L^4\left(M'_{\dot{w}}\dot{w} + M'_{vr}vr + M'_{vp}vp\right) \\
&+ \frac{1}{2}\rho L^4\left[M'_q uq + M'_{|q|\delta_s}u|q|\delta_s + M'_{|w|q}\left|(v^2+w^2)^{\frac{1}{2}}\right|q\right] \\
&+ \frac{1}{2}\rho L^3\left[M'_* u^2 + M'_w uw + M'_{w|w|}w\left|(v^2+w^2)^{\frac{1}{2}}\right|\right] \\
&+ \frac{1}{2}\rho L^3\left[M'_{|w|}u|w| + M'_{ww}\left|w(v^2+w^2)^{\frac{1}{2}}\right|\right] \\
&+ \frac{1}{2}\rho L^3(M'_{vv}v^2 + M'_{\delta_s}u^2\delta_s + M'_{\delta_B}u^2\delta_B) \\
&+ (x_G W - x_B B)\cos\theta\cos\varphi - (z_G W - z_B B)\sin\theta \\
&+ \frac{1}{2}\rho L^4 M'_{q\eta}\mu q(\eta-1) \\
&+ \frac{1}{2}\rho L^3\left[M'_{w\eta}uw + M'_{w|w|\eta}w\left|(v^2+w^2)^{\frac{1}{2}}\right| + M'_{\delta_s\eta}u^2\delta_s\right](\eta-1)
\end{aligned} \tag{3.20}
$$

$$
\begin{aligned}
N =& \frac{1}{2}\rho L^5\left(N'_{\dot{r}}\dot{r} + N'_{\dot{p}}\dot{p} + N'_{pq}pq + N'_{qr}qr + N'_{r|r|}r|r|\right) \\
&+ \frac{1}{2}\rho L^4\left(N'_{\dot{v}}\dot{v} + N'_{wr}wr + N'_{wp}wp + N'_{vq}vq\right) \\
&+ \frac{1}{2}\rho L^4\left[N'_p up + N'_r ur + N'_{|r|\delta_R}u|r|\delta_R + N'_{|v|r}\left|(v^2+w^2)^{\frac{1}{2}}\right|r\right] \\
&+ \frac{1}{2}\rho L^3\left[N'_* u^2 + N'_v uv + N'_{v|v|}v\left|(v^2+w^2)^{\frac{1}{2}}\right| + N'_{vw}vw + N'_{\delta_R}u^2\delta_R\right] \\
&+ (x_G W - x_B B)\cos\theta\sin\phi + (y_G W - y_B B)\sin\theta \\
&+ \frac{1}{2}\rho L^4 N'_{r\eta}ur(\eta-1) \\
&+ \frac{1}{2}\rho L^3\left[N'_{v\eta}uv + N'_{v|v|\eta}v\left|(v^2+w^2)^{\frac{1}{2}}\right| + N'_{\delta_R\eta}u^2\delta_R\right](\eta-1)
\end{aligned} \tag{3.21}
$$

3.3　惯性类水动力特性分析

3.3.1　作用于艇体的惯性类水动力

流体动力中的惯性类水动力是指公式（3.11）中展开项中与加速度有关的项，即流体动力中与加速度相关的力。其中惯性类水动力系数与前文提到的附加质量有一定的联系。本节将建立惯性类水动力系数与附加质量之间的联系。

由流体力学的知识可以知道，物体在无限边际的理想流体中运动时，流体扰动运动的动能为

$$T=\frac{1}{2}\sum_{i=1}^{6}\sum_{j=1}^{6}\lambda_{ij}v_i v_j \quad (i,j\in\{1,2,3,4,5,6\}) \tag{3.22}$$

式中，λ_{ij} 即为前文提到的附加质量。

将公式（3.22）展开可得

$$\begin{aligned}T=&\frac{1}{2}(\lambda_{11}u^2+\lambda_{22}v^2+\lambda_{33}w^2+\lambda_{44}p^2+\lambda_{55}q^2+\lambda_{66}r^2\\&+2\lambda_{12}uv+2\lambda_{13}uv+2\lambda_{14}up+2\lambda_{15}uq+2\lambda_{16}ur\\&+2\lambda_{23}vw+2\lambda_{24}vp+2\lambda_{25}vq+2\lambda_{26}vr\\&+2\lambda_{34}wp+2\lambda_{35}wq+2\lambda_{36}wr\\&+2\lambda_{45}pq+2\lambda_{46}pr+2\lambda_{56}qr)\end{aligned} \tag{3.23}$$

流体扰动运动的动量与动能满足

$$\boldsymbol{B}=\frac{\partial T}{\partial \boldsymbol{V}} \tag{3.24}$$

先基于对称性对公式（3.23）做一些简化。如前文所述，当海洋机器人艇体关于 xOz 面对称时，λ_{ij} 中满足 $i+j=$ 奇数 的项都为 0。并且当海洋机器人艇体关于 xOy 面对称时，λ_{13} 和 λ_{15} 为较小的量，可以忽略。再将公式（3.24）投影到动系上，可以得到

$$\begin{cases}B_x=\dfrac{\partial T}{\partial u}=\lambda_{11}u\\ B_y=\dfrac{\partial T}{\partial v}=\lambda_{22}v+\lambda_{24}p+\lambda_{26}r\\ B_z=\dfrac{\partial T}{\partial w}=\lambda_{33}w+\lambda_{35}q\\ K_x=\dfrac{\partial T}{\partial p}=\lambda_{44}p+\lambda_{46}r+\lambda_{24}v\\ K_y=\dfrac{\partial T}{\partial q}=\lambda_{55}q+\lambda_{35}w\\ K_z=\dfrac{\partial T}{\partial r}=\lambda_{66}r+\lambda_{46}p+\lambda_{26}v\end{cases} \tag{3.25}$$

海洋机器人所受的流体惯性类水动力 $\boldsymbol{F}$ 和 $\boldsymbol{M}$ 为

$$\begin{cases}\boldsymbol{F}=-\dfrac{\mathrm{d}\boldsymbol{B}}{\mathrm{d}t}\\ \boldsymbol{M}=-\dfrac{\mathrm{d}\boldsymbol{K}}{\mathrm{d}t}\end{cases} \tag{3.26}$$

应用动量和动量矩在动系下的求导公式，得到

$$
\begin{cases}
-X = \dfrac{\mathrm{d}B_x}{\mathrm{d}t} + qB_z - rB_y \\
-Y = \dfrac{\mathrm{d}B_y}{\mathrm{d}t} + rB_x - pB_z \\
-Z = \dfrac{\mathrm{d}B_z}{\mathrm{d}t} + pB_y - qB_x \\
-K = \dfrac{\mathrm{d}K_x}{\mathrm{d}t} + \left(qK_z - rK_y\right) + \left(vB_z - wB_y\right) \\
-M = \dfrac{\mathrm{d}K_y}{\mathrm{d}t} + (rK_x - pK_z) + (wB_x - uB_z) \\
-N = \dfrac{\mathrm{d}K_z}{\mathrm{d}t} + \left(pK_y - qK_x\right) + \left(uB_y - vB_x\right)
\end{cases}
\tag{3.27}
$$

将公式（3.25）代入公式（3.27），得到作用于海洋机器人的流体惯性力，用附加质量表示为

$$
\begin{cases}
X = -\lambda_{11}\dot{u} - \lambda_{35}q^2 + \lambda_{26}r^2 + \lambda_{22}vr - \lambda_{33}wq + \lambda_{24}pr \\
Y = -\lambda_{22}\dot{v} - \lambda_{24}\dot{p} - \lambda_{26}\dot{r} - \lambda_{11}ur + \lambda_{33}wp + \lambda_{35}pq \\
Z = -\lambda_{33}\dot{w} - \lambda_{35}\dot{q} - \lambda_{24}p^2 + \lambda_{11}uq - \lambda_{22}vp - \lambda_{26}pr \\
K = -\lambda_{24}\dot{v} - \lambda_{44}\dot{p} - \lambda_{46}\dot{r} + (\lambda_{22} - \lambda_{33})vw - (\lambda_{35} + \lambda_{26})vq \\
\qquad + \lambda_{24}wp + (\lambda_{26} + \lambda_{35})wr - \lambda_{16}pq + (\lambda_{55} - \lambda_{66})qr \\
M = -\lambda_{35}\dot{w} - \lambda_{55}\dot{q} + (\lambda_{33} - \lambda_{11})uw + \lambda_{35}uq + \lambda_{46}p^2 \\
\qquad - \lambda_{46}r^2 + \lambda_{26}vp - \lambda_{24}vr + (\lambda_{66} - \lambda_{44})pr \\
N = -\lambda_{26}\dot{v} - \lambda_{46}\dot{p} - \lambda_{66}\dot{r} + (\lambda_{11} - \lambda_{22})uv - \lambda_{24}up \\
\qquad - \lambda_{26}ur + \lambda_{24}vq - \lambda_{35}wp + \left(\lambda_{44} - \lambda_{55}\right)pq + \lambda_{46}qr
\end{cases}
\tag{3.28}
$$

若只关注水平面，运动公式（3.28）可以进一步简化为

$$
\begin{cases}
X = -\lambda_{11}\dot{u} + \lambda_{22}vr + \lambda_{26}r^2 \\
Y = -\lambda_{22}\dot{v} - \lambda_{11}ur - \lambda_{26}\dot{r} \\
N = -\lambda_{66}\dot{r} + (\lambda_{11} - \lambda_{22})uv - \lambda_{26}(\dot{v} + ur)
\end{cases}
\tag{3.29}
$$

认为 λ_{26} 较小忽略不计时，则有

$$
\begin{cases}
X = -\lambda_{11}\dot{u} + \lambda_{22}vr \\
Y = -\lambda_{22}\dot{v} - \lambda_{11}ur \\
N = -\lambda_{66}\dot{r} + (\lambda_{11} - \lambda_{22})uv
\end{cases}
\tag{3.30}
$$

3.3.2 附加质量与加速度系数的对应关系

对于由 $\dot{u}$ 引起的 X 方向流体惯性力，用多元函数泰勒展开后的水动力系数表示为公式（3.31），用附加质量表示为公式（3.32）。

$$
X_{(\dot{u})} = X_{\dot{u}}\dot{u}
\tag{3.31}
$$

$$X_{(\dot{u})} = -\lambda_{11}\dot{u} \tag{3.32}$$

对比两种表达方式，可以得到 $X_{\dot{u}} = -\lambda_{11}$。同理可以建立其他加速度系数与附加质量之间的关系，如下所示：

$$\begin{cases} \lambda_{11} = -X_{\dot{u}} \\ \lambda_{22} = -Y_{\dot{v}} \\ \lambda_{26} = -Y_{\dot{r}} = -N_{\dot{v}} \\ \lambda_{33} = -Z_{\dot{w}} \\ \lambda_{35} = -Z_{\dot{q}} = -M_{\dot{w}} \\ \lambda_{55} = -M_{\dot{q}} \\ \lambda_{66} = -N_{\dot{r}} \end{cases}$$

为了比较不同水动力系数的大小，在实际应用中，会对水动力系数进行无因次化，因为不同水动力系数的量纲不同，所以无因次化的系数也不同。

各物理量无因次化后的公式如下。

加速度和角加速度：

$$\dot{u}' = \frac{\dot{u}L}{V^2},\quad \dot{v}' = \frac{\dot{v}L}{V^2},\quad \dot{w}' = \frac{\dot{w}L}{V^2},\quad \dot{p}' = \frac{\dot{p}L^2}{V^2},\quad \dot{q}' = \frac{\dot{q}L^2}{V^2},\quad \dot{r}' = \frac{\dot{r}L^2}{V^2}$$

力：

$$X'_{\dot{u}} = \frac{X_{\dot{u}}}{\frac{1}{2}\rho L^3},\quad Y'_{\dot{v}} = \frac{Y_{\dot{v}}}{\frac{1}{2}\rho L^3},\quad Z'_{\dot{w}} = \frac{Z_{\dot{w}}}{\frac{1}{2}\rho L^3}$$

力矩：

$$Y'_{\dot{r}} = \frac{Y_{\dot{r}}}{\frac{1}{2}\rho L^4},\quad N'_{\dot{v}} = \frac{N_{\dot{v}}}{\frac{1}{2}\rho L^4}$$

$$Z'_{\dot{q}} = \frac{Z_{\dot{q}}}{\frac{1}{2}\rho L^4},\quad M'_{\dot{w}} = \frac{M_{\dot{w}}}{\frac{1}{2}\rho L^4}$$

$$N'_{\dot{r}} = \frac{N_r}{\frac{1}{2}\rho L^5},\quad M'_{\dot{q}} = \frac{M_{\dot{q}}}{\frac{1}{2}\rho L^5}$$

式中，L 为海洋机器人的长度；ρ 为水的密度；V 为海洋机器人的航速。

3.4　黏性类水动力系数

在无限深、广、静水中运动的海洋机器人，艇体-舵系统所受的黏性水动力由艇体的运动情况决定，为了消除惯性水动力的影响，选择海洋机器人初始等速直航基准运动，取 $\dot{u} = \dot{v} = \dot{r} = \dot{w} = \dot{q} = 0$，则黏性水动力一般表达式如下。

水平面运动：

$$\begin{cases} X = f_X(u,v,r,\delta) \\ Y = f_Y(u,v,r,\delta) \\ N = f_N(u,v,r,\delta) \end{cases} \tag{3.33}$$

垂直面运动：

$$\begin{cases} X = f_X(u,w,q,\delta_b,\delta_s) \\ Z = f_Z(u,w,q,\delta_b,\delta_s) \\ M = f_M(u,w,q,\delta_b,\delta_s) \end{cases} \tag{3.34}$$

由于选择海洋机器人初始等速直航基准运动，即 $u_0 \neq 0, v_0 = r_0 = \delta_0 = 0, w_0 = q_0 = \delta_{b_0} = 0$ 为泰勒级数展开点展开时，需要考虑到艇型的对称性、运动特点（弱机动与强机动，水平面与垂直面等）、计算是否简便、使用的数学模型形式、水动力系数对操纵运动的影响大小等因素，需进行必要的简化处理。

3.4.1 水平面黏性类水动力系数

1. 对称性对黏性类水动力的影响

由于艇体左右对称于纵中剖面，当 v 、r 、δ 改变方向（正负号）时，力 X 的大小和方向都不变，故纵向力 X 是 v 、r 、δ 的偶函数，则纵向力 X 的表达式中不含 v 、v^3 、r 、r^3 、rv^2 、vr^2 等，这些项的系数皆为 0。

同理，当 v 、r 、δ 改变方向（正负号）时，Y 、N 的大小不变，只改变符号，即 Y 、N 是 v 、r 、δ 的奇函数，则 Y 、N 对 v 、r 、δ 的偶次阶导数和偶次阶耦合导数皆为零。

2. 线性（小舵角）下的水动力系数及其无因次化

研究海洋机器人的航向稳定性和小舵角下的操纵运动时，运动参数相对初始基准运动状态的偏离 Δu 、v 、r 、δ 较小，可忽略泰勒展开式中的二阶项及其以上项，只保留线性项，得到水动力的线性表达式：

$$\begin{cases} X = X_0 + X_u \Delta u \\ Y = Y_0 + Y_u \Delta u + Y_v v + Y_r r + Y_\delta \delta \\ N = N_0 + N_u \Delta u + N_v v + N_r r + N_\delta \delta \end{cases} \tag{3.35}$$

式中，X_0 、Y_0 、N_0 为海洋机器人以 $u = u_0, v_0 = r_0 = \delta_0 = 0$ 做等速直航运动时，作用在艇体上的水动力（矩）。其中 X_0 即海洋机器人直线航行时的阻力；由于艇左右舷对称，故 $Y_0 = N_0 = 0$，同理，$Y_u \Delta u = N_u \Delta u = 0$。

水动力线性表达式可改写为

$$\begin{cases} X = X_0 + X_u \Delta u \\ Y = Y_v v + Y_r r + Y_\delta \delta \\ N = N_v v + N_r r + N_\delta \delta \end{cases} \tag{3.36}$$

式（3.36）中，各水动力导数和运动参数都是有因次的，为便于相互比较，要进行无因次化。

力遍除 $\rho V^2 L^2 / 2$，得到纵向力系数为

$$X' = \frac{X}{\frac{1}{2}\rho V^2 L^2}$$

横向力系数为

$$Y' = \frac{Y}{\frac{1}{2}\rho V^2 L^2}$$

力矩遍除 $\rho V^2 L^3 / 2$，得到偏航力矩系数为

$$N' = \frac{N}{\frac{1}{2}\rho V^2 L^3}$$

此外

$$\Delta u' = \frac{\Delta u}{V}, \quad v' = \frac{v}{V}, \quad r' = \frac{rL}{V}$$

$$X_u' = \frac{X_u}{\frac{1}{2}\rho V L^2}, \quad Y_v' = \frac{Y_v}{\frac{1}{2}\rho V L^2}$$

$$Y_r' = \frac{Y_r}{\frac{1}{2}\rho V L^3}, \quad Y_\delta' = \frac{Y_\delta}{\frac{1}{2}\rho V^2 L^2}$$

$$N_v' = \frac{N_v}{\frac{1}{2}\rho V L^3}, \quad N_r' = \frac{N_r}{\frac{1}{2}\rho V L^4}, \quad N_\delta' = \frac{N_\delta}{\frac{1}{2}\rho V^2 L^3}$$

将水动力的线性表达式改写为无因次形式：

$$\begin{cases} X' = X_0' + X_u' \Delta u' \\ Y' = Y_v' v' + Y_r' r' + Y_\delta' \delta \\ N' = N_v' v' + N_r' r' + N_\delta' \delta \end{cases} \tag{3.37}$$

3. 非线性（大舵角）下的水动力系数及其无因次化

研究海洋机器人在大舵角下的操纵运动和航向不稳定船的操纵性时，必须考虑运动参数的非线性项，如偏航力矩的非线性项（N_{vvv}'）在数值上大致是线性项（N_v'）的 10 倍。

根据经验，保留泰勒展开式至三阶项已经能够满足精度要求，但在实际应用中，关于海洋机器人水动力的非线性问题，根据不同的理论存在不同表示式，没有统一表达式。典型形

式有如下两种（除螺旋桨力外）：

$$
\begin{cases}
X = X_{uu}u^2 + X_{vv}v^2 + X_{rr}r^2 + X_{vr}vr + X_{\delta\delta}\delta^2 \\
Y = Y_v v + Y_r r + Y_{vvv}v^3 + Y_{rrr}r^3 + Y_{vvr}v^2 r + Y_{vrr}vr^2 \\
\quad + Y_\delta \delta + Y_{\delta\delta\delta}\delta^3 + Y_{rr\delta}r^2\delta \\
N = N_v v + N_r r + N_{vvv}v^3 + N_{rrr}r^3 + N_{vvr}v^2 r + N_{vrr}vr^2 \\
\quad + N_\delta \delta + N_{\delta\delta\delta}\delta^3 + N_{rr\delta}r^2\delta
\end{cases} \tag{3.38}
$$

以及

$$
\begin{cases}
X = X_{uu}u^2 + X_{vv}v^2 + X_{rr}r^2 + X_{vr}vr + X_{\delta\delta}\delta^2 \\
Y = Y_v v + Y_r r + Y_{v|v|}v|v| + Y_{r|r|}r|r| + Y_{v|r|}v|r| \\
\quad + Y_\delta \delta + Y_{|r|\delta}|r|\delta \\
N = N_v v + N_r r + N_{v|v|}v|v| + N_{r|r|}r|r| + N_{v|r|}v|r| \\
\quad + N_\delta \delta + N_{|r|\delta}|r|\delta
\end{cases} \tag{3.39}
$$

若将水平面运动时的加速度系数等代入公式（3.39），则可以得到当前常用的水平面操纵运动的非线性水动力表达式（除螺旋桨力外）为

$$
\begin{cases}
X = X_{\dot{u}}\dot{u} + X_{uu}u^2 + X_{vv}v^2 + X_{rr}r^2 + X_{vr}vr + X_{\delta\delta}\delta^2 \\
Y = Y_{\dot{v}}\dot{v} + Y_{\dot{r}}\dot{r} + Y_v v + Y_r r + Y_{v|v|}v|v| + Y_{r|r|}r|r| + Y_{v|r|}v|r| + Y_\delta \delta + Y_{|r|\delta}|r|\delta \\
N = N_{\dot{v}}\dot{v} + N_{\dot{r}}\dot{r} + N_v v + N_r r + N_{v|v|}v|v| + N_{r|r|}r|r| + N_{v|r|}v|r| + N_\delta \delta + N_{|r|\delta}|r|\delta
\end{cases} \tag{3.40}
$$

相应的无因次表达式为

$$
\begin{cases}
X' = X'_{\dot{u}}\dot{u}' + X'_{uu}u'^2 + X'_{vv}v'^2 + X'_{rr}r'^2 + X'_{vr}v'r' + X'_{\delta\delta}\delta^2 \\
Y' = Y'_{\dot{v}}\dot{v}' + Y'_{\dot{r}}\dot{r}' + Y'_v v' + Y'_r r' + Y'_{v|v|}v'|v'| + Y'_{r|r|}r'|r'| + Y'_{v|r|}v'|r'| + Y'_\delta \delta + Y_{|r|\delta}|r'|\delta \\
N' = N'_{\dot{v}}\dot{v}' + N'_{\dot{r}}\dot{r}' + N'_v v' + N'_r r' + N'_{v|v|}v'|v'| + N'_{r|r|}r'|r'| + N'_{v|r|}v'|r'| + N'_\delta \delta \\
\quad + N'_{|r|\delta}|r'|\delta
\end{cases} \tag{3.41}
$$

3.4.2 垂直面黏性类水动力系数

1. 线性部分

对于垂直面的黏性水动力表达式，与水平面运动的情况基本相同，主要区别在于，垂直面存在上下不对称的影响。

由于艇体上下不对称，当改变 w 方向时，正负攻角 α 对应的水动力规律不同，比如 $Z_w^{(+)}$ 与 $Z_w^{(-)}$ 的变化规律便不同，此时垂向力 $Z(w)$ 的线性水动力表示式为

$$
Z(w) = Z_w w + Z_{|w|}|w| \tag{3.42}
$$

式中，$Z_w = \frac{1}{2}\left(Z_w^{(+)} + Z_w^{(-)}\right)$表示$\pm w$区域的平均速度系数；

$Z_{|w|} = \frac{1}{2}\left(Z_w^{(+)} - Z_w^{(-)}\right)$表示艇型不对称的速度系数修正值。

同理，俯仰力矩$M(w)$的线性水动力表示为

$$M(w) = M_w w + M_{|w|}|w| \tag{3.43}$$

式中，$M_w = \frac{1}{2}\left(M_w^{(+)} + M_w^{(-)}\right)$表示$\pm w$区域的平均速度系数；

$M_{|w|} = \frac{1}{2}\left(M_w^{(+)} - M_w^{(-)}\right)$表示艇型不对称的速度系数修正值。

$Z(w)$、$M(w)$曲线图如图 3.1 所示。

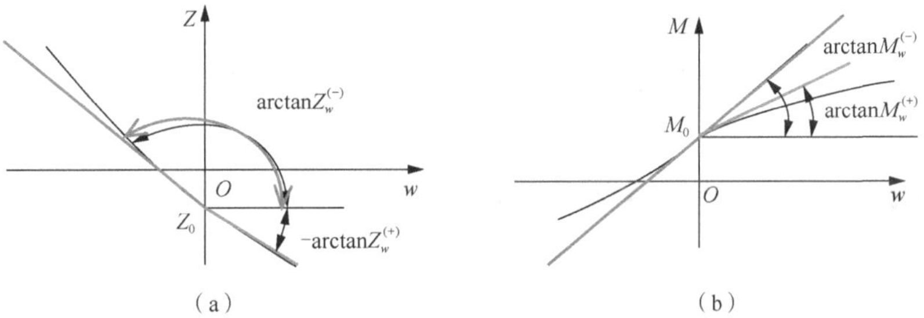

图 3.1　$Z(w)$、$M(w)$曲线图

2. 非线性部分

对于垂向速度所引起的水动力非线性部分$Z(w)_{\mathrm{NL}}$、$M(w)_{\mathrm{NL}}$，表示为

$$\begin{cases} Z(w)_{\mathrm{NL}} = Z_{w|w|}w|w| + Z_{ww}w^2 \\ M(w)_{\mathrm{NL}} = M_{w|w|}w|w| + M_{ww}w^2 \end{cases} \tag{3.44}$$

式中，$Z_{w|w|} = \frac{1}{2}\left(Z_{w|w|}^{(+)} + Z_{w|w|}^{(-)}\right)$表示二阶速度系数的平均值；

$Z_{ww} = \frac{1}{2}\left(Z_{w|w|}^{(+)} + Z_{w|w|}^{(-)}\right)$表示二阶速度系数的修正值；

$Z(w)_{\mathrm{NL}}$为对称函数时为 0；

$M_{w|w|} = \frac{1}{2}\left(M_{w|w|}^{(+)} + M_{w|w|}^{(-)}\right)$表示二阶速度系数的平均值；

$M_{ww} = \frac{1}{2}\left(M_{w|w|}^{(+)} + M_{w|w|}^{(-)}\right)$表示二阶速度系数的修正值；

$M(w)_{\mathrm{NL}}$为对称函数时为 0。

3.4.3　舵角系数

1. 水平面：方向舵的水动力系数

对于方向舵的水动力，试验表明，角速度 r 对方向舵的水动力会产生影响，故方向舵的水动力可写成

$$\begin{cases} Y(\delta,r)=Y_\delta\delta+Y_r r+Y_{|r|\delta}|r|\delta \\ N(\delta,r)=N_\delta\delta+N_r r+N_{|r|\delta}|r|\delta \end{cases}$$

2. 垂直面：升降舵（艏艉水平舵）的水动力系数

海洋机器人的水平舵分为艏水平舵和艉水平舵。垂直面舵角偏转引起的水动力与水平面的相似，只考虑角速度 q 的影响，即

$$\begin{cases} Z(\delta_s,q)=Z_{\delta_s}\delta_s+Z_q q+Z_{|q|\delta_s}|q|\delta_s \\ M(\delta_s,q)=M_{\delta_s}\delta_s+M_q q+M_{|q|\delta}|q|\delta_s \end{cases}$$

3.4.4　黏性类水动力系数的符号和意义

各线性水动力系数表示的是在海洋机器人以 $u=u_0$ 运动的情况下，保持其他运动参数都不变，只改变某一运动参数，引起艇体所受水动力的改变与该参数的比值。

1. 水平面

1）速度系数 Y_v、N_v

Y_v、N_v 是海洋机器人进行纵向速度 u_0 和横向速度 v 的叠加运动时，横向力 $Y(v)$ 和力矩 $N(v)$ 曲线在原点的斜率，如图 3.2 所示。

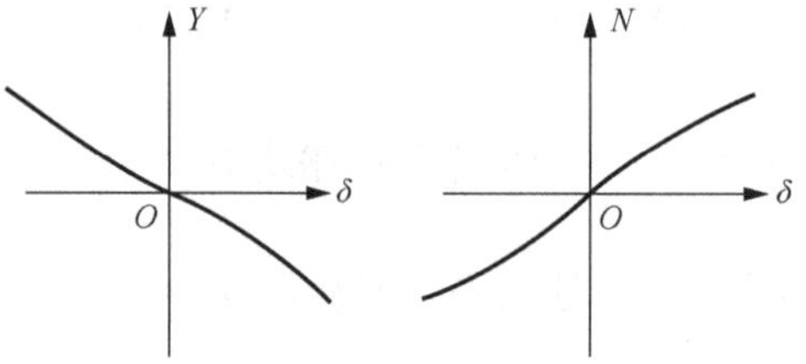

图 3.2　Y-δ、N-δ 曲线图

由于 $v'=\dfrac{v}{V}=-\sin\beta\approx-\beta$ 为海洋机器人运动的漂角，即水动力与海洋机器人（相对来流）的位置有关，所以 Y_v、N_v 也称为“位置导数”。

2）角速度系数 Y_r、N_r

Y_r、N_r 是艇以纵向速度 u_0、角速度 $r(v=\delta=0)$ 做匀速圆周运动时，横向力 $Y(r)$ 和力矩 $N(r)$ 曲线在原点的斜率，又称“旋转系数”。

2. 垂直面

1）零升力 Z_0 与零升力矩 M_0

当海洋机器人以 $u=u_0$、$w=q=\dot{u}=\dot{w}=\dot{q}=\delta_b=\delta_s=0$ 做等速直航运动时，由于艇体上下不对称，此时 $Z=Z_0$ 不为 0，称为零升力。由于艇体前后不对称，此时 $M=M_0$ 也不为 0，称为零升力矩。其无因次系数表示为

$$\begin{cases} Z_0'=\dfrac{Z_0}{\dfrac{1}{2}\rho V^2L^2} \\ M_0'=\dfrac{M_0}{\dfrac{1}{2}\rho V^2L^3} \end{cases} \tag{3.45}$$

2）速度系数 Z_w、M_w

Z_w、M_w 是海洋机器人进行纵向速度 u_0 和垂向速度 w 的叠加运动时，垂向力 $Z(w)$ 和力矩 $M(w)$ 曲线在原点的斜率，如图 3.3 所示。

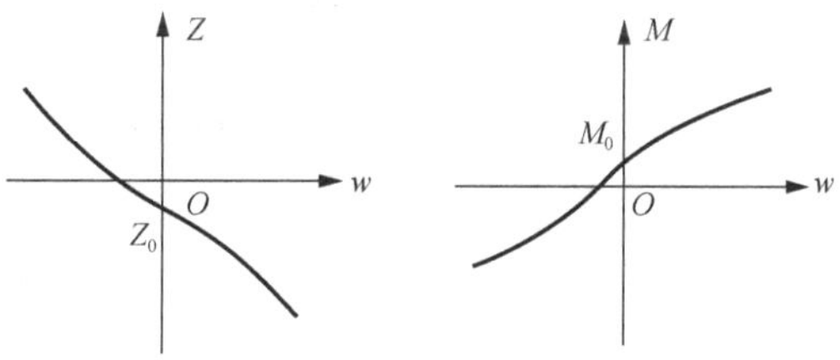

图 3.3　Z-w、M-w 曲线图

由于 $w'=\dfrac{w}{V}=\sin\alpha\approx\alpha$ 为海洋机器人运动的攻角，即水动力与潜器（相对来流）的位置有关，所以 Z_w、M_w 也称为“位置导数”。

3）角速度系数 Z_q、M_q

Z_q、M_q 与水平面类似，不再重复。

3.4.5　空间运动中的黏性类水动力系数

海洋机器人除水平面运动与垂直面运动之外，还存在空间运动，可将其空间运动看作水平面运动与垂直面运动的耦合，在等速直航的运动条件下，通过同时改变多个运动参数的方式来对耦合水动力系数进行求解计算。

1. Y_{vw} 和 N_{vw}

在等速直航的运动条件下，通过同时改变漂角 β 和攻角 α 的方式，可以计算得到垂向速度 w 与横向速度 v 的速度系数耦合项。

2. Y_{wr} 和 N_{wr}

在等速直航的运动条件下，通过同时改变角速度 r 和攻角 α 的方式，可以计算得到回转角速度 r 与垂向速度 w 的速度系数耦合项。

3.5 水动力系数的获取

目前主要通过拘束船模试验获得比较精确的水动力系数。拘束船模试验是用机械的拘束，强迫船模做规定运动。试验时，在基准运动上叠加一个或两个扰动运动，定量地改变其扰动量，测定其作用于船模上的水动力，从而求得各水动力系数。试验设施和设备主要为悬臂水池、拖曳水池、低速风洞、平面运动机构等。拘束船模试验是目前唯一能够比较精确确定水动力系数的试验技术。

3.5.1 斜航试验

1. 速度系数

斜航试验在普通的长条形水池中进行，用来确定漂角 β 或攻角 α（以水平面运动为例，模型横滚 90°就变成了垂直面运动）的水动力系数。以改变漂角为例，试验时将船模斜置于拖车上，纵中剖面与水池中心线成一夹角 β，拖车以航速 V 直线前进，当漂角为小量时有

$$\begin{cases} u = V\cos\beta \approx V \\ v = -V\sin\beta \approx -V\beta \end{cases} \tag{3.46}$$

在拖曳过程中，船模的运动可以被理解为在 Ox 轴方向上进行匀速直线运动，并叠加一个在该方向上的侧向扰动速度分量。其他所有方向的扰动速度分量在此过程中都假设为零。斜航运动示意图如图 3.4 所示。

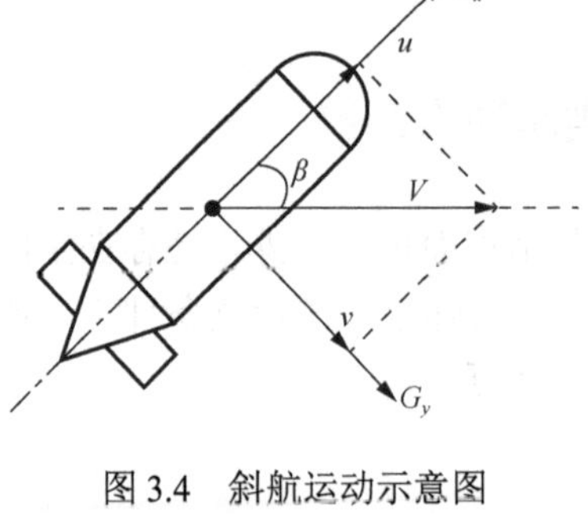

图 3.4 斜航运动示意图

在试验过程中，一般设置 $\beta = -12°$、$-9°$、$-6°$、$-3°$、0、3°、6°、9°、12°，利用机械式或电测式多分力天平测量船模受到的侧向力 Y 和转艏力矩 N，其与 v 的关系曲线在零点

的切线斜率即船模的速度系数Y_v、N_v。但实际上，求取水动力系数一般不用绘图求切线的方法，而是利用多项式曲线拟合的方法，将测得的数据点拟合成曲线，拟合曲线如图 3.5 所示。

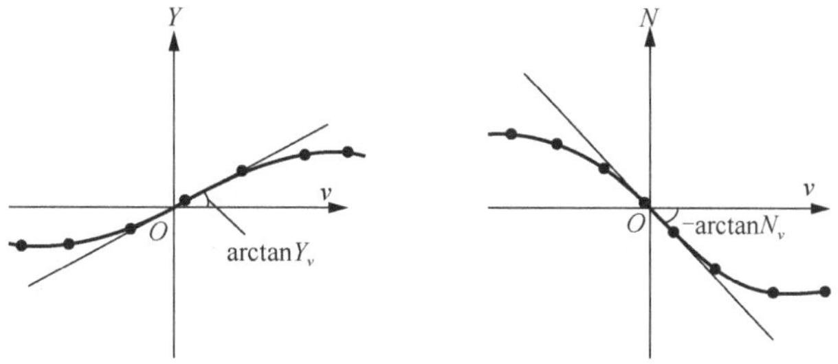

图 3.5　拟合曲线

2. 耦合水动力系数和非线性水动力系数

利用斜航试验，还能测定耦合水动力系数和非线性水动力系数。例如，在斜航拖曳的同时，在每个漂角下改变模型的攻角α，可以测得有关v和w的线性和非线性水动力系数及耦合水动力系数。$Y(v,w)$可以写成

$$Y(v,w)=Y_0+Y_v v+Y_{vw}vw+Y_{v|v|}v|v| \tag{3.47}$$

式中，Y_v为线性速度系数；$Y_{v|v|}$为非线性速度系数；Y_{vw}为耦合速度系数；

在处理数据过程中，对于测得的多元数据点$\{(v_i,w_j,Y_{ij}),\cdots\}$、$\{(v_i,w_j,N_{ij}),\cdots\}$、$\{(v_i,w_j,Z_{ij}),\cdots\}$、$\{(v_i,w_j,M_{ij}),\cdots\}$，用回归分析方法，得到水动力系数。

如数据点$\{(v_i,w_j,Y_{ij}),\cdots\}$，可以表示未知函数$Y(v,w)$曲面上的点，根据最小二乘法，应有$\min\sum\limits_i\sum\limits_j\left[Y(v_i,w_j)-Y_{ij}\right]^2$，即

$$\min\sum_i\sum_j\left(Y_0+Y_v v+Y_{vw}vw+Y_{v|v|}v|v|-Y_{ij}\right)^2 \tag{3.48}$$

由极值原理，待定系数应是下述方程组的解：

$$\begin{aligned}
&\frac{\partial\sum\limits_i\sum\limits_j\left[Y(v_i,w_j)-Y_{ij}\right]^2}{\partial Y_0}=0,\qquad \frac{\partial\sum\limits_i\sum\limits_j\left[Y(v_i,w_j)-Y_{ij}\right]^2}{\partial Y_v}=0\\
&\frac{\partial\sum\limits_i\sum\limits_j\left[Y(v_i,w_j)-Y_{ij}\right]^2}{\partial Y_{vw}}=0,\qquad \frac{\partial\sum\limits_i\sum\limits_j\left[Y(v_i,w_j)-Y_{ij}\right]^2}{\partial Y_{v|v|}}=0
\end{aligned} \tag{3.49}$$

公式（3.49）具有 4 个方程、4 个未知数，可以求解得到水动力系数Y_0、Y_v、Y_{vw}、$Y_{v|v|}$。

3.5.2 旋臂试验

1. 旋转系数

旋臂试验（Rotating-Arm Test，RAT）在圆形的旋臂水池中进行，水池有一横臂，一端置于池壁的轨道上，可绕水池中心以不同的角速度r旋转，如图 3.6 所示。海洋机器人模型纵中剖面垂直于旋臂，与旋臂成各种角度（漂角与攻角），被拖曳沿水平面匀速回转，通过测力天平测出连接点对船模的拘束力，求得模型上的流体动力和力矩。将试验结果绘制成$Y(r)$、$N(r)$曲线，曲线在零点的斜率是角速度力或力矩系数Y_r、N_r，即旋转系数。

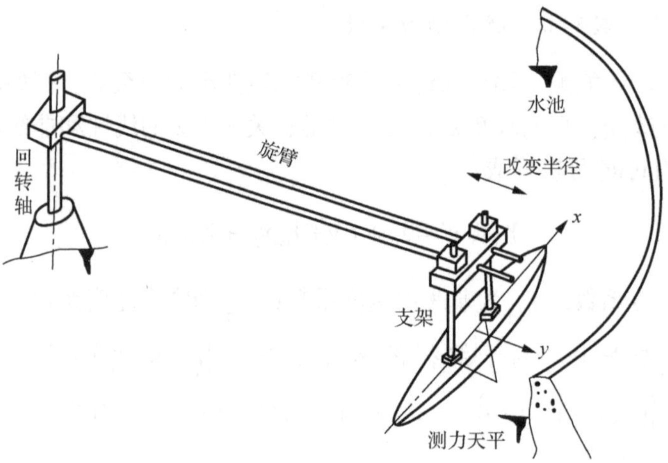

图 3.6　旋臂试验示意图

在确定旋转系数时，需要设置不同的回转半径，即将模型安装在旋臂的不同半径处，但保持同一线速度（u_1）拖曳模型回转，回转角速度分别为

$$r_1 = \frac{u_1}{R_1},\quad r_2 = \frac{u_1}{R_2},\quad r_3 = \frac{u_1}{R_3},\quad \cdots,\quad r_i = \frac{u_1}{R_i}$$

此时模型所受外力$\bar{Y}$及力矩$\bar{N}$为

$$\begin{cases} \bar{Y} = Y_0 + Y(r) = mu_1 r \\ \bar{N} = N_0 + N(r) = mx_G u_1 r \end{cases} \tag{3.50}$$

式中，$Y(r)$、$N(r)$表示作用于模型的水动力；Y_0、N_0分别表示试验测得的力、力矩，即模型受到的支架的拘束力。Y、N受力曲线如图 3.7 所示。

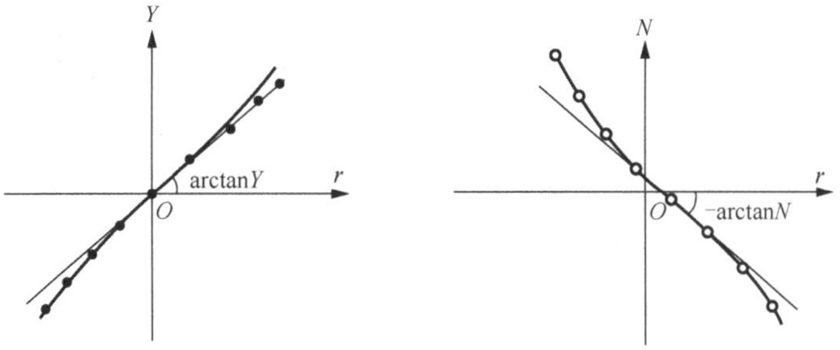

图 3.7　Y、N 受力曲线图

2. 耦合水动力系数

旋臂试验中，在保证相同纵向速度u的前提下，系列改变模型的安装漂角β_i（即v）和半径R_j，可以测得有关v和r的耦合水动力系数，例如$Y(v,r)$可以写成

$$Y(v,r)=Y_v v+Y_r r+Y_{v|v|}v|v|+Y_{v|r|}vr+Y_{r|r|}r|r| \tag{3.51}$$

通过系列数据点进行最小二乘法回归，即可得到水动力系数。

3. 注意事项

（1）旋臂试验要求旋臂启动、加速、稳速和测量均在一圈内完成，避免船模进入自身伴流中运动；待水面波平静后，再进行第二次试验。

（2）由于模型试验要满足弗劳德数Fr相似、雷诺数Re高于临界值，因而模型尺度L和速度V都不能太小。

（3）旋转系数是指$r=0$处的值，所以试验应尽可能达到较低的角速度r值。

（4）由于$r=v/R$，根据上述描述，动力学相似要求模型具备较大的航速V，而测量水动力系数又要求模型具备较小的角速度r，因而要求旋臂水池的半径应该足够大。

（5）旋臂水池是一种规模大、造价高、技术较为复杂的试验设备。

（6）将模型横滚 90°，即可进行垂直面水动力系数的测量。

3.5.3　平面运动机构试验

斜航试验与旋臂试验只能测定速度系数、舵角系数与角速度系数。不能完全得到操纵性预报中所必需的大量水动力系数。应用古德曼和格特勒于 1957 年设计的平面运动机构（Planar Motion Mechanism，PMM），将其安装在普通长条形水池的拖车上，可测量海洋机器人操纵性所需的各种速度系数、角速度系数、加速度系数和耦合水动力系数。

PMM 试验包括垂直面试验和水平面试验，并按照其振荡的振幅可分为小振幅平面运动机构和大振幅平面运动机构，本书主要介绍小振幅平面运动机构原理及其测定水动力系数的方法。

1. 机构简介

PMM 由振荡机构、驱动电控系统和测力数据处理系统等三部分组成，如图 3.8 所示。通过调节振荡杆垂直振荡的振幅、相位、频率与拖车速度，可以使模型在平面内做特定的运动，如垂直面的纯升沉、纯俯仰运动，以及水平面的纯艏摇与纯横荡运动。

2. 纯升沉运动

纯升沉运动指模型在垂直面内进行正弦规律运动，如图 3.9 所示。纯升沉运动可测量拖体的垂直面水动力系数 $Z'_{\dot{w}}$ 、Z'_{w} 、$M'_{\dot{w}}$ 、M'_{w} ，相当于在等速直航基础上，叠加了垂向速度 w 和垂向加速度 $\dot{w}$ 。

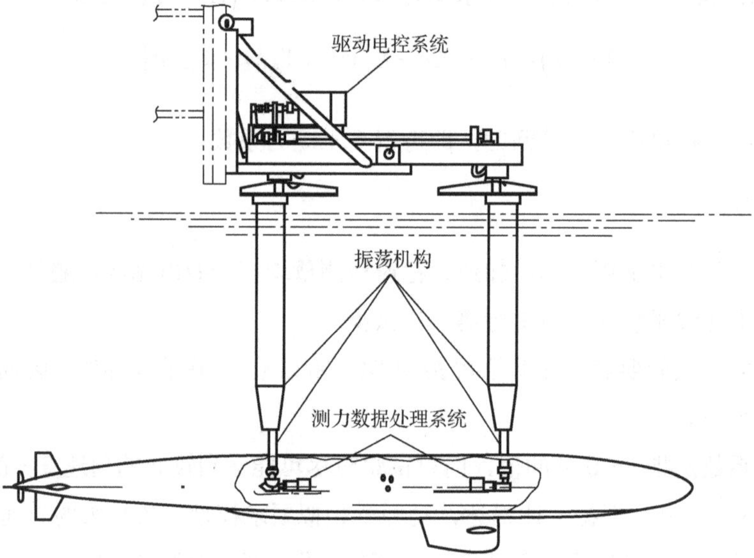

图 3.8　机构示意图

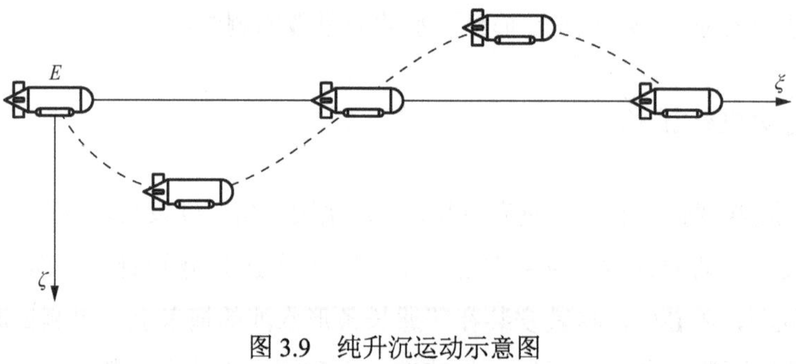

图 3.9　纯升沉运动示意图

调节两支振荡杆同相位、同振幅和同频率做正弦振荡，此时船模在水下垂直平面内做正

弦运动，船模的纵倾角始终为零。同时，通过调节水槽流速，可使船模保持相对静水航行状态（即水流速度等于船速）。此时有

$$\zeta_1=\zeta_2=a\sin\omega t \tag{3.52}$$

式中，ζ_1、ζ_2为振荡杆的垂向位移；ω为支杆的振荡频率；a为振幅。进而得到海洋机器人模型的运动参数为

$$\begin{cases}\theta=\dot\theta=0\\ w=\dot\zeta=a\omega\cos\omega t\\ \dot w=-a\omega^2\sin\omega t\end{cases} \tag{3.53}$$

设前后支杆的作用力分别为F_1、F_2，即作用在模型上的垂向力为$Z=F_1+F_2$，力矩为$M=(F_2-F_1)l_0$，l_0为两杆间距离的二分之一。船模在Z、M作用下做纯升沉运动，根据垂直面运动一般方程，纯升沉运动线性方程为

$$\begin{cases}Z_{\dot w}\dot w+Z_w w+Z_0+F_1+F_2=m\dot w\\ M_{\dot w}\dot w+M_w w+M_0+\left(F_2-F_1\right)l_0=0\end{cases} \tag{3.54}$$

将模型的运动参数代入公式（3.54），求得作用在模型上的力和力矩为

$$\begin{cases}F_1+F_2=a\omega^2\left(Z_{\dot w}-m\right)\sin\omega t-\left(a\omega Z_w\right)\cos\omega t-Z_0\\ \left(F_2-F_1\right)l_0=a\omega^2M_{\dot w}\sin\omega t-\left(a\omega M_w\right)\cos\omega t-M_0\end{cases} \tag{3.55}$$

由公式（3.55）可见，测力系统测得的拘束力和力矩包括以下三部分。

（1）与支杆振荡（位移）同相位的流体惯性力（矩）（sin 项）。

（2）与支杆振荡相位正交的阻尼力项（cos 项）。

（3）常量部分（即零升力Z_0和零力矩M_0）。

将纯升沉运动得到的拘束力和力矩写成相同的格式，用下标 in 表示同相分量、下标 out 表示正交分量、下标 c 表示常量，则纯升沉运动可表示为

$$\begin{cases}F_1+F_2=Z_{\text{in}}\sin\omega t+Z_{\text{out}}\cos\omega t+Z_{\text{c}}\\ \left(F_2-F_1\right)l_0=M_{\text{in}}\sin\omega t+M_{\text{out}}\cos\omega t+M_{\text{c}}\end{cases} \tag{3.56}$$

式中

$$\begin{cases}Z_{\text{in}}=a\omega^2\left(Z_{\dot w}-m\right)\\ Z_{\text{out}}=-a\omega Z_w\\ Z_{\text{c}}=-Z_0\end{cases}$$

$$\begin{cases}M_{\text{in}}=a\omega^2M_{\dot w}\\ M_{\text{out}}=a\omega M_w\\ M_{\text{c}}=-M_0\end{cases}$$

根据公式（3.56）可计算得到用 F_1 和 F_2 表示的水动力，通过无因次化后，即可得到水动力系数。

3. 纯俯仰运动

纯俯仰运动示意图如图 3.10 所示，可测量拖体的垂直面水动力系数 $Z'_{\dot{q}}$、Z'_q、$M'_{\dot{q}}$、M'_q，相当于在等速直航基础上，叠加了角速度 q 和角加速度 $\dot{q}$。

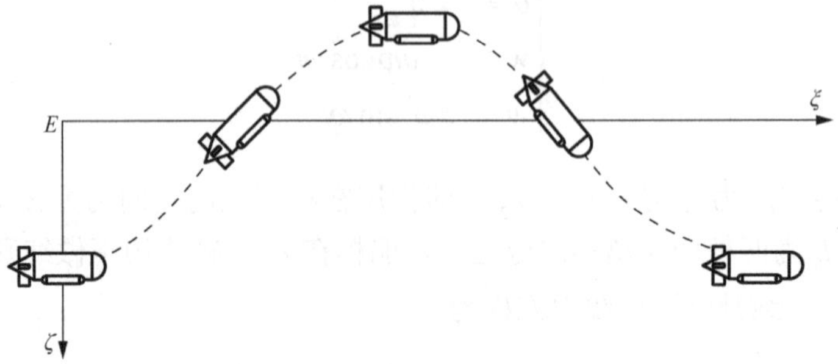

图 3.10　纯俯仰运动示意图

对于纯俯仰运动，船模运动速度与重心轨迹曲线相切，船模攻角、动坐标系的垂向速度与加速度均为 0，即 $\alpha = \omega = \dot{\omega} = 0$。

保持前后支杆振幅相等，调节相位差，使后杆对前杆有滞后角 ε，其计算公式为

$$\varepsilon = 2\arctan\frac{l_0\omega}{V} \tag{3.57}$$

式中，l_0 为两杆间距离的二分之一；ω 为振荡圆频率；V 为模型速度（即流速）。

此时，两支杆的位移为

$$\begin{cases} \zeta_1 = a\cos\left(\omega t + \dfrac{\varepsilon}{2}\right) \\ \zeta_2 = a\cos\left(\omega t - \dfrac{\varepsilon}{2}\right) \end{cases} \tag{3.58}$$

模型的运动参数为

$$\begin{cases} \theta = \theta_0 \sin\omega t \\ q = \dot{\theta} = \theta_0\omega\cos\omega t \\ \dot{q} = -\theta_0\omega^2\sin\omega t \\ \omega = \dot{\omega} = 0 \end{cases} \tag{3.59}$$

式中，$\theta_0 = \dfrac{a}{l_0}\sin\dfrac{\varepsilon}{2}$。

与纯升沉运动类似，支杆作用在模型上的垂向力为 $Z = F_1 + F_2$ ，力矩为 $M = (F_2 - F_1)l_0$ ，得到纯俯仰运动的线性方程为

$$\begin{cases} Z_{\dot{q}}\dot{q} + Z_q q + Z_0 + F_1 + F_2 = -mVq - mx_G\dot{q} \\ M_{\dot{q}}\dot{q} + M_q q + M_0 - mgh\theta + \left(F_2 - F_1\right)l_0 = I_y\dot{q} + mx_G Vq \end{cases} \tag{3.60}$$

求得模型所受的拘束力和力矩为

$$\begin{cases} F_1 + F_2 = \theta_0\omega^2\left(Z_{\dot{q}} + mx_G\right)\sin\omega t \\ \qquad\qquad - \theta_0\omega\left(Z_q + mV\right)\cos\omega t - Z_0 \\ \left(F_2 - F_1\right)l_0 = \theta_0\left[\omega^2\left(M_{\dot{q}} - I_y\right) + mgh\right]\sin\omega t \\ \qquad\qquad + \theta_0\omega\left(mx_G V - M_q\right)\cos\omega t - M_0 \end{cases} \tag{3.61}$$

由公式（3.61）可知，纯俯仰运动的拘束力和力矩同样包括三部分，具体如下。

（1）与纵倾角振荡同相部分。

（2）与纵倾角振荡正交部分。

（3）常量部分（零升力和零升力矩）。

将纯俯仰运动得到的拘束力和力矩写成相同的形式，用下标 in 表示同相分量、下标 out 表示正交分量、下标 c 表示常量，则纯俯仰运动可表示为

$$\begin{cases} F_1 + F_2 = Z_{\text{in}}\sin\omega t + Z_{\text{out}}\cos\omega t + Z_{\text{c}} \\ \left(F_2 - F_1\right)l_0 = M_{\text{in}}\sin\omega t + M_{\text{out}}\cos\omega t + M_{\text{c}} \end{cases} \tag{3.62}$$

式中

$$\begin{cases} Z_{\text{in}} = \theta_0\omega^2\left(Z_{\dot{q}} + mx_G\right) \\ Z_{\text{out}} = -\theta_0\omega\left(Z_q + mV\right) \\ Z_{\text{c}} = -Z_0 \end{cases} \tag{3.63}$$

$$\begin{cases} M_{\text{in}} = \theta_0\left[\omega^2\left(M_{\dot{q}} - I_y\right) + mgh\right] \\ M_{\text{out}} = \theta_0\omega\left(mx_G V - M_q\right) \\ M_{\text{c}} = -M_0 \end{cases} \tag{3.64}$$

将公式（3.63）和公式（3.64）代入公式（3.62）中，得到用 F_1 和 F_2 表示的水动力，通过无因次化可以得到水动力系数。

4. 纯艏摇与纯横荡运动

类似地，在水平面做纯艏摇运动、纯横荡运动可以分别求得下列水动力系数：$Y_{\dot{r}}$，Y_r，$N_{\dot{r}}$，N_r；$Y_{\dot{v}}$，Y_v，$N_{\dot{v}}$，N_v。

3.5.4 基于 CFD 的拘束船模试验水动力系数测量方法

由于拘束船模试验成本高、实现困难，为了简化工作，实际操纵性研究中，通常使用计算流体力学（Computational Fluid Dynamics，CFD）方法进行模拟试验。

CFD 方法可以用来计算物体在流体中的运动和受力情况。在计算水动力系数时，CFD 方法通常会使用纳维-斯托克斯（Navier-Stokes）方程描述流体的运动，同时考虑物体表面的边界条件和运动情况。在对海洋机器人操纵性的研究中，通常利用 CFD 方法来设置模型的运动，监测其受到的水动力及力矩，从而得到研究操纵性的方程中所需要的水动力系数。

计算水动力系数的过程可以大致分为以下几步。

（1）建立数值模型：将物体和流体域进行离散化，划分成网格，并建立数值计算模型。

（2）确定计算条件：确定流体的性质、边界条件、初始条件、模型的运动状态等计算条件。

（3）设置报告：监测模型所受力/力矩，用于后续拟合水动力系数。

（4）计算水动力系数：通过流场数据可以计算出物体的水动力系数，如阻力系数、速度系数、加速度系数等，这些系数可以用来分析物体在流体中的运动和受力情况。

需要注意的是，采用 CFD 方法计算的结果往往受到多种因素的影响，如模型精度、计算精度、网格质量等，因此需要进行验证和修正，以保证计算结果的准确性。

下面是平面运动机构模拟试验的示例。

1. 建立数值模型

分别建立流场区域和模型区域，并划分网格。

如图 3.11 所示，其中流场区域设置的边界范围需要遵循：入口距离海洋机器人艏部 2～3 倍艇长，出口距离海洋机器人艉部 3～4 倍艇长，上下左右边界距离艇中心 2 倍艇长。同时对 AUV 的升沉或俯仰运动范围的网格进行加密，该范围称为加密区域。

应用重叠网格法对 AUV 的平面运动试验进行计算，分区独立生成网格，并在相交区域采用分割技术。同时，在海洋机器人的任务执行区域增强网格的精细度，以提高计算的分辨率。

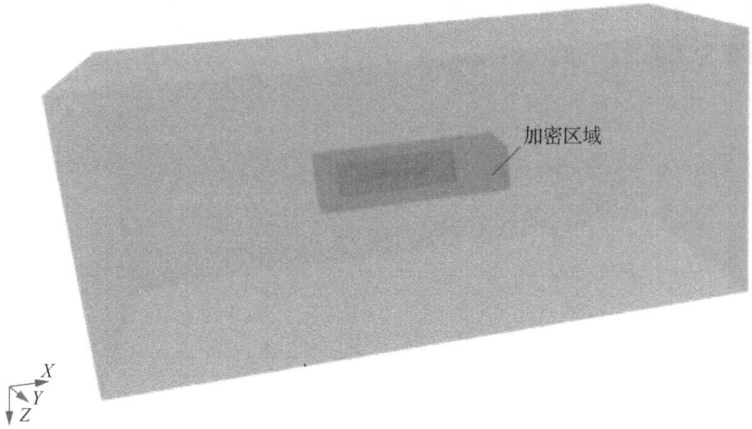

图 3.11　区域设置示意图

2. 确定计算条件

1）流场物理模型

如图 3.12 所示，对于流场的物理模型，选择：液体＞分离流＞恒密度＞隐式非稳态＞湍流＞K-ω 或 K-ε（具体模型根据实际计算需要决定）。

图 3.12　物理模型设置界面

2）边界条件

流场入口处、顶部、底部为速度进口，流速根据计算需求进行设置；侧面和对称面设置为对称平面；出口为压力出口；模型边界类型均设置为壁面。

3）初始条件

运用 STAR-CCM+中的 DFBI 功能，如图 3.13 所示，选择六自由度体运动中的平面运动机构，设置海洋机器人在垂直面内做纯升沉运动（勾选纯横摆时为纯俯仰运动），幅值为 0.04m，振荡频率为 $1.4s^{-1}$。

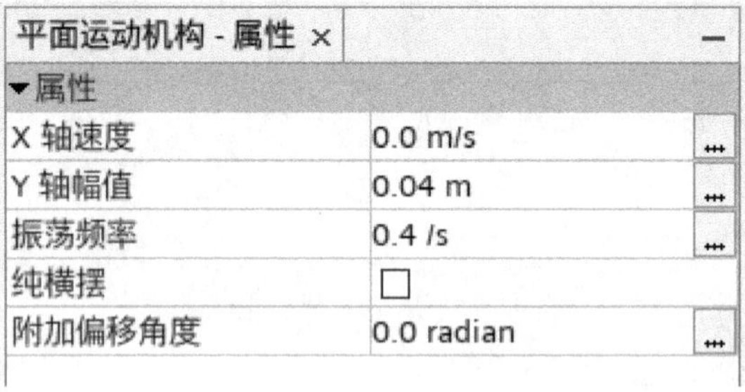

图 3.13　平面运动机构设置界面

3. 设置报告

对模型所受的水动力进行监测，通过设置报告的方式来实现，如图 3.14 所示，右键报告＞新建报告＞DFBI＞6 自由度体力/6 自由度体力矩，选择需要的方向，再根据报告创建监视器和绘图。

图 3.14　报告界面

在纯升沉或纯俯仰运动中，主要关注垂向力 Z 和俯仰力矩 M，最终会得到力和力矩有关时间的曲线图。

4. 计算水动力系数

得到力和力矩有关的曲线图后，根据 3.5.3 节给出的计算方法，对数据进行处理，即可得到对应的水动力系数。

第 4 章　海洋机器人操纵装置及控制力分配

4.1　海洋机器人操纵装置概述

4.1.1　以推进器为主的海洋机器人操纵装置

4.1.1.1　推进器的布置方式

为了满足运动的基本要求，海洋机器人至少应具备三个自由度的运动，即进退、潜浮和艏摇。绝大多数中大型机器人运动自由度为六个，这样才能实现各种运动的要求。海洋机器人的控制系统设计与其推进器的布置有关，而推进器布置与海洋机器人的结构、线型、尺度及运动要求有关。本节从控制的角度讨论推进器布置和推力计算问题。

1. 推进器布置的基本原则

（1）应尽可能地使海洋机器人三个方向上的合力交于一点，该点还应尽量靠近载体重心，这样可以防止附加运动给系统控制带来麻烦。

（2）在中小型海洋机器人的设计中，应考虑螺旋桨的转动对载体形成的反作用力矩，即引起载体滚动的横滚力矩。

（3）推进器的重量在海洋机器人中占有较大的比重，因此尽可能减少推进器的数量也是很重要的，特别是小型海洋机器人。

（4）为获取推力的最大效率，应使推进器的轴线与动坐标系平行。

2. 几种常见的推进器布置及推力计算

为了简单起见，在两个及两个以上推进器的布置方案中，我们假设推进器完全一样，推进器正反推力的最大值也相同，同时不考虑一切外界干扰因素。推进器的布置大体上有五种基本形式：单推进器布置、双推进器平行布置、双推进器交叉布置、四推进器环形布置和锥形推进器布置。下面分别进行讨论。

1）单推进器布置

单推进器通常只需沿坐标轴方向布置，如图 4.1 所示。图中推进器用粗箭头表示。

此时推力和力矩的计算公式如下：

$$\begin{bmatrix} \boldsymbol{T} \\ \boldsymbol{M} \end{bmatrix} = \begin{bmatrix} T_1 \\ 0 \\ 0 \\ 0 \\ 0 \\ 0 \end{bmatrix} \tag{4.1}$$

式中，$\boldsymbol{T}$、$\boldsymbol{M}$ 分别表示推力和力矩；T_1 表示沿 x 轴的推力。

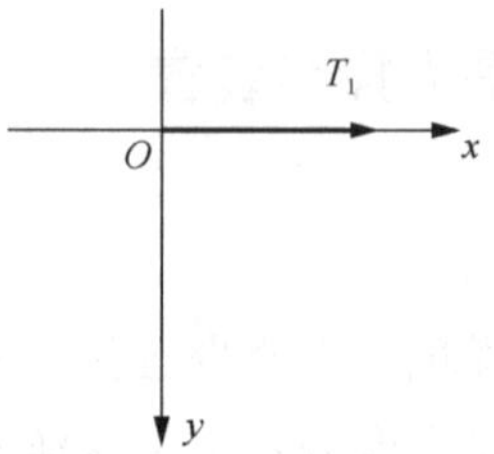

图 4.1　单推进器布置示意图

此种布置方式只产生 x 轴的推力，其他坐标轴的分力为零，力矩也为零。在许多中小型海洋机器人的垂向和侧向控制中采用此种方式。

2）双推进器平行布置

双推进器平行布置见图 4.2。

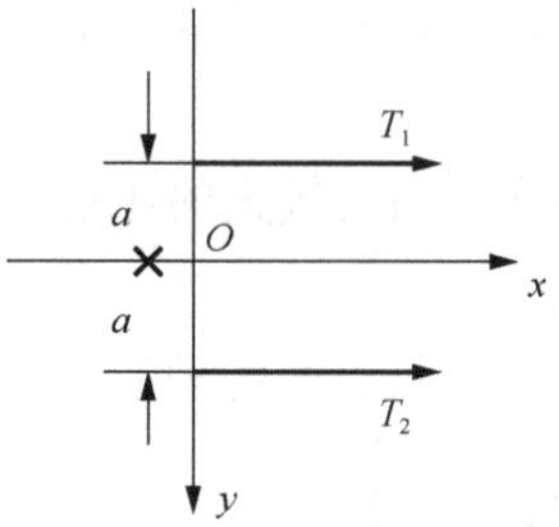

图 4.2　双推进器平行布置示意图

此时推力和力矩的计算公式如下：

$$\begin{bmatrix} \boldsymbol{T} \\ \boldsymbol{M} \end{bmatrix} = \begin{bmatrix} \sum_{i=1}^{2} T_i \\ \sum_{i=1}^{2} M_i \end{bmatrix} \begin{bmatrix} T_1 + T_2 \\ 0 \\ 0 \\ 0 \\ 0 \\ a(T_1 - T_2) \end{bmatrix} \tag{4.2}$$

式中，T_i、M_i 分别表示第 i 个推进器的推力和力矩；a 表示原点至推力 T_1 、T_2 的垂向距离。

在这种布置方案中，通过改变推进器的方向，既可以产生推力，也可以产生力矩，各自由度之间无耦合。这是一种最常用的布置方案，十分适用于海洋机器人的分布式并行运动控制。

3）双推进器交叉布置

双推进器交叉布置见图 4.3。这种布置方式中推进器产生的推力 T_1 和 T_2 的方向分别与 x 轴成 α 角。

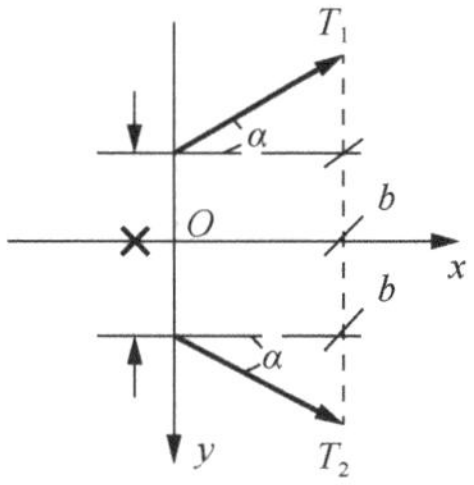

图 4.3　双推进器交叉布置示意图

此时推力和力矩的计算公式如下：

$$\begin{bmatrix} \boldsymbol{T} \\ \boldsymbol{M} \end{bmatrix} = \begin{bmatrix} \sum_{i=1}^{2} T_i \\ \sum_{i=1}^{2} M_i \end{bmatrix} \begin{bmatrix} (T_1 + T_2)\cos\alpha \\ -(T_1 - T_2)\sin\alpha \\ 0 \\ 0 \\ 0 \\ b(T_1 - T_2)\cos\alpha \end{bmatrix} \tag{4.3}$$

式中，b 为原点至推力 T_1 、T_2 的作用点沿 y 轴的距离。

由公式（4.3）可见，当沿 x 方向推进时，两个推进器的横向力相互抵消，损失了部分能量。公式（4.3）还表明侧移运动和转向运动是同时存在的，这是一种有害的耦合。改变 α 角可以改变 x、y 方向力的比例，α 角可以根据实际需要确定。

4）四推进器环形布置

四推进器分布于正方形四角且关于 O 点对称，呈环形布置，如图 4.4 所示。这种布置方案使用的推进器较多，其水面机动性较好。

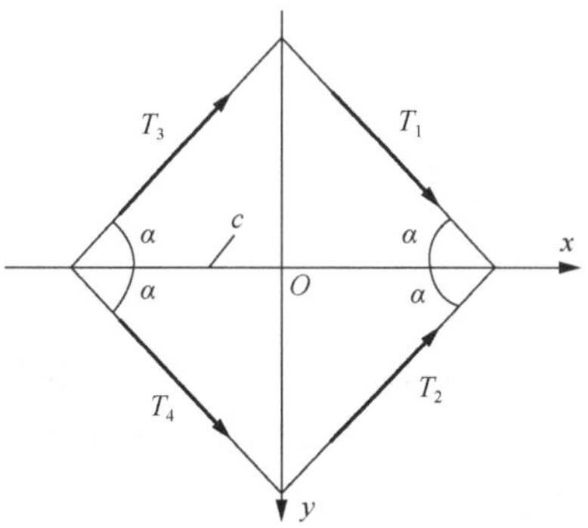

图 4.4　四推进器环形布置示意图

此时推力和力矩的计算公式如下：

$$\begin{bmatrix} \boldsymbol{T} \\ \boldsymbol{M} \end{bmatrix} = \begin{bmatrix} \sum_{i=1}^{4} T_i \\ \sum_{i=1}^{4} M_i \end{bmatrix} = \begin{bmatrix} (T_1+T_2+T_3+T_4)\cos\alpha \\ (T_1-T_2-T_3+T_4)\sin\alpha \\ 0 \\ 0 \\ 0 \\ c(T_1-T_2+T_3-T_4)\sin\alpha \end{bmatrix} \tag{4.4}$$

式中，c 表示各推进器对原点 O 的力臂。

显然，以上四种水平面推进器布置的讨论也适用于垂直面的推进器布置。

5）锥形推进器布置

锥形推进器布置指推进器在空间内呈圆锥形对称布置，设每个推进器与 Ox 轴成 α 角，如图 4.5 所示。

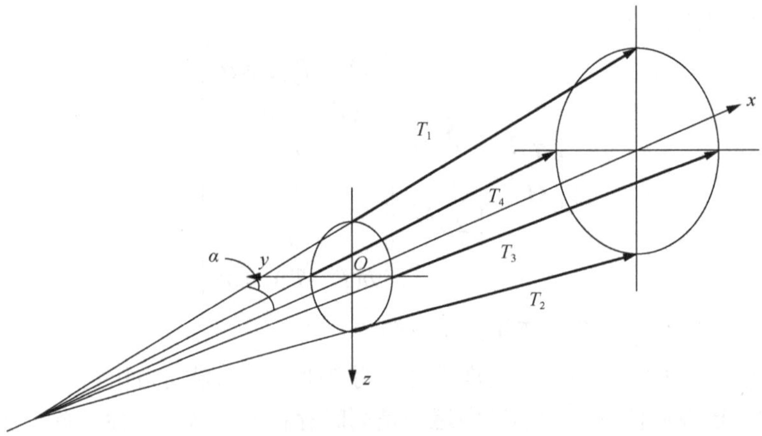

图 4.5　锥形推进器布置示意图

此时推力与力矩的计算公式如下：

$$\begin{bmatrix} \boldsymbol{T} \\ \boldsymbol{M} \end{bmatrix} = \begin{bmatrix} \sum_{i=1}^{4} T_i \\ \sum_{i=1}^{4} M_i \end{bmatrix} = \begin{bmatrix} (T_1+T_2+T_3+T_4)\cos\alpha \\ (-T_3+T_4)\sin\alpha \\ (-T_1+T_2)\sin\alpha \\ 0 \\ c(-T_1+T_2)\sin\alpha \\ c(T_3-T_4)\sin\alpha \end{bmatrix} \tag{4.5}$$

从原理上看，使用三个推进器也可以实现与四个推进器构成的环形布置和锥形布置等效的控制，但是，在实际应用中，推进器的非线性会给推力分配计算带来很大的麻烦，因而三推进器布置在实际应用中较少见。

3. 推进器布置实例

1）REMUS 系列航行器

REMUS 系列航行器部分采用螺旋桨加十字型艉舵的形式，如图 4.6 所示。其中，螺旋桨提供推进力，通过舵与水流的不同接触方向，实现姿态的变化。

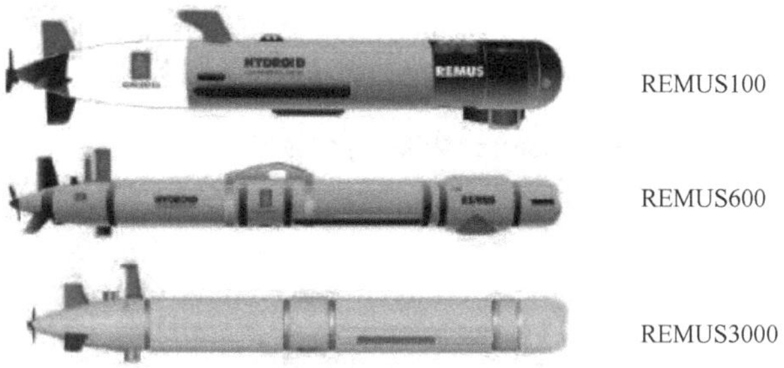

图 4.6　REMUS 系列航行器

2）Bluefin 系列航行器

Bluefin 系列航行器如图 4.7 所示，推进装置为螺旋桨矢量推进器，可以完成俯仰、转向等动作。

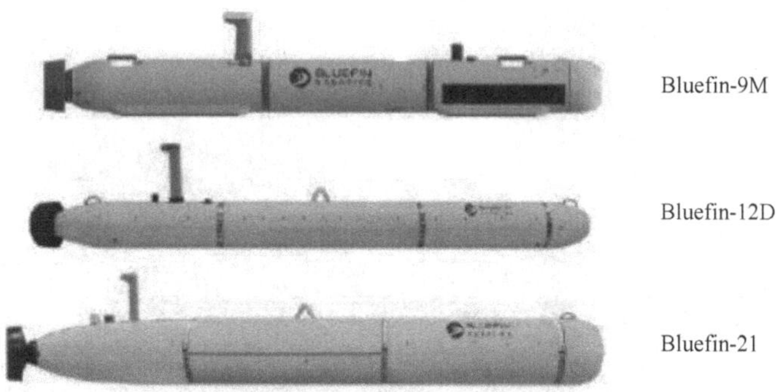

图 4.7　Bluefin 系列航行器

3）Alister300 航行器

Alister300 航行器采用多推进器布置方式，如图 4.8 所示，其艉部配备两个水平推进器，配合十字型艉舵，通过控制两个水平推进器的转速和转向，增大转向的力矩。其具有良好的机动性，可以实现俯仰、转向等动作。

图 4.8　Alister300 航行器

4）SeaOtter 航行器

SeaOtter 航行器如图 4.9 所示，其布置两个水平推进器，不布置操纵舵，特定角度的推进器布置可以使 SeaOtter 航行器实现浮潜、侧移等动作。

图 4.9　SeaOtter 航行器

5）“CR-01”和“CR-02”航行器

“CR-01”和“CR-02”航行器如图 4.10 所示，搭载了四推进器作为主推，还搭载了 X 型舵，这种布置保障了海洋机器人的操纵控制性能。

图 4.10　“CR-01”和“CR-02”航行器

4.1.1.2　海洋机器人运动的主要特点

1. 后置推进器布置

后置推进器保证了海洋机器人向前的运动具有较高的速度，而在转向时可能需要额外的侧置推进器或者转向舵来保证基本的操纵性。

2. 侧置推进器布置

侧置推进器使海洋机器人具备侧向运动能力，例如平行于水面或海底的滑动。在操纵性方面，侧置推进器在转向时可以直接实现操控，适用于需要快速改变方向的任务需求。

3. 垂向推进器布置

垂向推进器使海洋机器人能够控制深度，实现垂向运动及水中悬停功能，该特性使其适用于需要在不同深度执行的任务（如数据采集、定深观测等）。

4.1.1.3　以推进器为主的操纵装置优缺点

1. 以推进器为主的操纵装置的优点

（1）推进器的控制简单，具有直接控制、快速响应、独立控制以及稳定性高的优点，为控制器设计提供便利，使控制器能够更好地控制水下机器人运动。

（2）推进器执行机构简单，具有可靠性较高、易于监测以及大范围推力调节等优势，这使得海洋机器人在不同任务和工作环境下具有更大的灵活性和适应性。

（3）推进器执行机构通过精确控制推进器的推力输出，再根据传感器和反馈机制，可以获得海洋机器人当前的位置和姿态信息的实际值与期望值的误差，能够实现水中定深、悬停等高精度的位置控制要求，并且可实现横荡、纯升沉运动。

（4）推进器操纵机构通常在设计时考虑了海洋机器人在不同速度下的性能，并根据需求进行优化。在低速下，推进器可以提供足够的扭矩和推力来应对需要的动作，同时也能更好地响应操纵信号，提供较高的控制灵敏度。此外，低速运行还有助于减小海洋机器人的惯性和运动惯量，使得海洋机器人在高精度位置控制过程中更加稳定。

（5）由于推进器通常位于机体的后部或艇身内部，并不在艇体外布置，其安全性能够得到保障。在必须布置在艇体外部时，通常会配备防护罩来保护推进器，使其免受直接碰撞的伤害。

2. 以推进器为主的操纵装置的缺点

（1）操纵装置的功率与其输出的力和力矩密切相关。在对大型海洋机器人进行操纵控制时，推进器可能无法产生足够的力和力矩。

（2）推进器通常为海洋机器人提供推进力，需要消耗大量能量来运行。而其携带的能源受其重量和体积的限制，因此高消耗会导致航程缩短。

（3）槽道推进器装置的安装需要在海洋机器人主体上形成一条通道，以容纳推进器。这就要求在主体结构中开孔，可能会影响耐压舱的设计和布置。同时海洋机器人内部空间通常是有限的，槽道推进器的安装会占用内部空间，可能会对其他组件和设备产生影响。

（4）槽道推进器在海洋中容易吸附水草等杂物，这可能导致故障或降低推进效率。可以安装槽道推进器网罩，这样能够防止大尺寸杂物进入槽道，但网罩会引入额外的阻力，对海洋机器人的水动力性能产生一定的影响。

4.1.2　以舵翼操纵装置为主的海洋机器人操纵装置

4.1.2.1　舵翼的布置方式

与水面船舶一样，海洋机器人在水下运动时也应具有良好的操纵性，不仅需要保证其水平面的操纵性，还需要保证垂直面的操纵性，即对海洋机器人升降运动和水平转向运动的控制能力。操纵性能包括稳定性和回转性，这与操纵面的设计密切相关。

1. 舵型

一般的海洋机器人升沉运动需依靠操纵艉舵实现，同时艉舵还被用于控制航向。为了提高此类海洋机器人的机动能力，增强其运动灵活性，海洋机器人发展史上出现了多种多样的艉舵舵型，包括十字型、木字型、T 型等。木字型和 T 型舵主要出现在早期的潜艇上，但随着人们对操纵性的研究越来越深入，这两种舵型逐渐被淘汰。十字型艉舵（简称十字舵）是目前应用最多，也是发展最完善的一种舵型。而随着现代海洋机器人的发展，其各项性能要求也越来越高，如今越来越多的海洋机器人开始使用 X 型舵（简称 X 舵）来提高其机动性和安全性。

下面主要介绍十字舵和 X 舵，具体形式如图 4.11 所示。

图 4.11　十字舵与 X 舵

1）十字舵

十字舵布置方案，包括方向舵和升降舵的布置。方向舵在艉部竖直布置，转舵时可提供海洋机器人转向的作用力，完成转向运动；升降舵在艉部水平布置，可提供海洋机器人升降所需的作用力，完成升降运动。当没有转舵角度时，作用在舵叶上的力是对称的，还可以保证维持海洋机器人正常航向的稳定性。十字舵结构比较简单，成本也相对较低，更加适合海洋机器人艉部空间不足的情况。

2）X 舵

X 舵出现于 1961 年，X 舵的四个操纵面需要相互配合，以完成对海洋机器人水平运动和升降运动的控制。X 舵中每个舵都有转向和升降功能，可以有效补偿单个操纵面失效的情况。但 X 舵的结构更加复杂，其四个面的控制是相对独立的，需要四套传动装置，对内部机械装置的布置和控制系统有更高的要求。

X 舵在同等舵面积条件下，等效舵力较十字舵能够提高 2.414 倍，直观的表现就是拥有更小的回转半径。由于 X 舵四舵独立，通过对角舵可以产生横倾力矩，从而控制横滚。但 X 舵也存在一定缺点，四套控制机构成本提高的同时也需要更复杂的控制系统，也意味着操纵性更加复杂，在发生故障时很难通过简单的判断发现故障的舵叶。

2. *舵翼*

在舵翼型设计上，各国对于艉舵舵翼有不同的翼型水动力设计数据库，多以机构或个人命名，主要系列包括：NACA 系列、НЕЖ 系列、ЦАГИ 系列、JFS 系列、TMB 系列、NSS 系列。其中 NACA 系列剖面由于具有升力大、阻力小的特点，因此应用最为广泛。NACA-4 数字系列翼型是美国国家航空咨询委员会（National Advisory Committee for Aeronautics，NACA）最早建立的一个低速翼型系列。这类翼型具有较高的最大升力系数和较低的最小阻力系数。这类翼型的前缘半径大、头部丰满，有利于避免或缓和前缘分离，适用于低速海洋机器人的鳍舵。

3. 海洋机器人舵型实例

1）十字舵

哈尔滨工程大学联合华中科技大学、中国船舶重工集团的下属研究所等单位，成功研制出了“智水”系列水下机器人，如图 4.12 所示，标志着我国的水下机器人智能控制技术已经接近世界先进水平。

图 4.12　“智水”系列水下机器人

挪威国防研究机构和康斯伯格海事公司合作开展了“HUGIN”系列项目研究，如图 4.13 所示。“HUGIN”水下机器人采用了模块化的设计结构，能够更好地适应不同的负载和电池配置，在海洋学、环境监测和水下资源研究等领域有着广泛的应用。

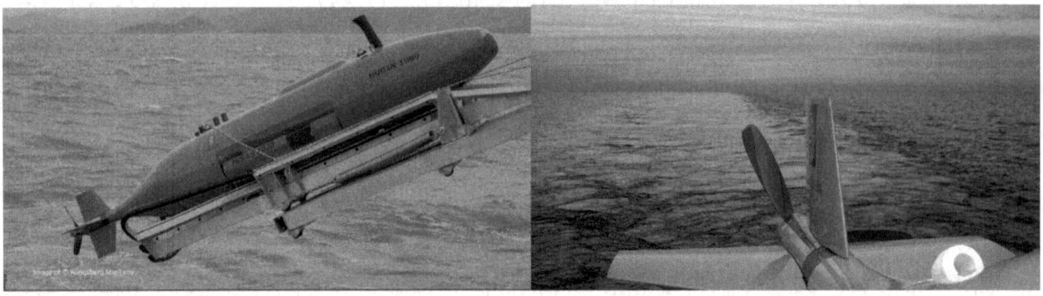

图 4.13　“HUGIN”水下机器人

2）X 舵

1959 年，美国海军在高速试验艇“大青花鱼”号第三次改换装中，将常规十字舵改换成了桨前 X 舵，如图 4.14 所示。但由于其操控难度极高，在当时自动操纵系统刚起步的年代并没有被广泛应用。

图 4.14　“大青花鱼”号桨前 X 舵

日本海洋研究开发机构（Japan Agency for Marine-Earth Science and Technology，JAMSTEC）于 2012 年建造了一台 X 舵水下机器人“JINBEI”，如图 4.15 所示。该水下机器人用于监测深海二氧化碳分布和探测海洋矿产资源。2013 年建造了一艘 3000m 级 X 舵水下机器人“Yumeiruka”，如图 4.16 所示。该航行器艏艉各有一组 X 舵，具备对海底不规则地形的追踪能力。

图 4.15　“JINBEI”水下机器人

图 4.16　“Yumeiruka”水下机器人

中国科学院沈阳自动化研究所与国内几所重点高校，以及中国船舶重工集团有限公司下属研究所开展合作，研制出了 CR 系列水下机器人，其 X 舵如图 4.17 所示。在国外专家提供的技术支持下，几个机构研制的“CR-01”水下机器人于 1994 年开展了相关的海洋作业任务试验，在海洋资源调查方面提供了宝贵的资料。而后又研制出了 6000m“CR-02”水下机器人并进行了湖试，为后期海上试验提供了很好的参考试验和理论数据。

图 4.17　“CR-01”和“CR-02”水下机器人 X 舵

4.1.2.2 海洋机器人运动的主要特点

安装有控制面舵片的机器人，当海洋机器人在水中前进时，如果舵片与前进方向之间有攻角，舵片上下面会有压力差，产生上升或下降力矩。舵片产生的力矩是海洋机器人本体与舵片的共同作用，具有强耦合性与非线性。

控制面（舵、翼）受到的流体动力可分解为垂直水流方向的升力 L 和沿水流方向的阻力 D，升力和阻力按如下公式计算：

$$\begin{cases} L = C_L\left(\dfrac{1}{2}\rho A_{\mathrm{R}} V^2\right) \\ D = C_D\left(\dfrac{1}{2}\rho A_{\mathrm{R}} V^2\right) \end{cases} \tag{4.6}$$

式中，C_L 为升力系数；C_D 为阻力系数；A_{R} 为参考面积。

由公式可知，舵的效果与速度的平方成正比，因此在低速条件下，舵的效果大打折扣。因此，以舵翼操纵装置为主的海洋机器人适用于大范围高速运动任务，例如海底地形测绘、海洋环境监测等。

以舵翼操纵装置为主的海洋机器人具有明显的特征：其系统属于欠驱动型。欠驱动系统是指由控制输入向量构成的空间的维数小于位形空间维数的系统，即独立控制输入维数少于系统自由度。其只有纵向速度、艏向/俯仰角速度是直接可控的。因此在姿态调整和精确操作方面可能存在一定限制。例如在水平面进行定常回转时便出现了以下用于描述运动的特征参数：定常回转直径，战术直径，纵距，正横距，反横距，定常回转的航速、漂角、横倾角，回转时间，初始转艏时间。

针对全驱动海洋机器人，为了保持其流线型外形，通常安装隧道式推进器作为辅助推进器来构成全驱动系统，但全驱动是相对于机器人航速而言的，随着机器人前进速度的增加，槽道推进器的推力减额将越来越严重，推力将由强逐渐减弱，甚至消失。

4.1.2.3 以舵翼为主的操纵装置优缺点

1. 以舵翼为主的操纵装置的优点

（1）对速度较高的大型海洋机器人，舵翼操纵装置能够输出较大的控制力和力矩，从而更好地满足其在高速运动时的操纵要求。通过优化舵翼形状可有效增加输出的控制力和力矩，在高速运动时能够更好地保持稳定性和可控性。

（2）舵翼操纵装置通过调整舵翼的角度和位置改变海洋机器人的方向和姿态，与推进器等其他驱动方式相比，舵翼操纵装置的能量需求较低。这主要是因为舵翼操纵装置利用水流的动力来产生所需的控制力和力矩，而不需要额外的能源供应。因此可以节省机器人的能源消耗从而延长机器人的航程。

（3）耐压舱是海洋机器人中承受外部水压的关键结构，需要根据额定工作深度具备对应强度耐压性能。舵翼操纵装置的设计可以在主要耐压舱段之外或周围进行，以确保耐压舱的完整性，做到简化耐压舱的设计和布局，节省空间。

（4）舵翼操纵装置通常由舵翼、操纵杆、传动装置等机械结构组成，不需要复杂的动力系统和推进机制，同时舵翼的维护成本相对较低，这就使得相对于昂贵的推进器，舵翼操纵装置有较低的成本。

2. 以舵翼为主的操纵装置的缺点

（1）舵翼操纵装置通常由多个部件组成，例如舵翼、操纵杆、传动装置等。这些部件之间的连接和运动传递需要保持良好的工作状态，以确保装置的正常运行。然而，如果其中任何一个部件发生故障（如卡死或损坏），都有可能导致舵翼无法正常运动或停留在一个固定位置，从而影响海洋机器人的控制和机动性能，对其安全构成威胁。

（2）舵翼操纵装置通常依靠水流的动力来产生控制力和力矩。在低速时，水流的速度相对较慢，导致舵翼操纵装置受到的水动力影响较小，从而减少了舵效。低速时舵效低可能会使海洋机器人出现转向受限和转向不稳定的问题。

（3）难以实现精确的定位，不能进行横荡、纯升沉运动，难以实现机器人在海底的精确作业。

（4）舵翼位于艇体外，在收放过程中，由于操作误差、环境复杂性或其他因素，其容易与周围物体发生碰撞而被损坏。

4.2　海洋机器人操纵装置的控制

操纵装置控制是海洋机器人的最底层控制。海洋机器人根据自身状态与期望状态经过控制器计算得到控制输入信号，控制输入信号传递给执行层的操纵装置，操纵装置根据控制输入信号执行动作产生海洋机器人运动需要的控制输入。要研究操纵装置控制输入的产生，必须对操纵装置的控制方式与推力（力矩）产生原因有所认识。

4.2.1　螺旋桨推进器的控制

螺旋桨推进器是海洋机器人较常用的推进器。它可以通过调整螺旋桨的角度和推力大小来控制机器人的运动。本节将介绍螺旋桨推进器的控制方式、螺旋桨推进器推力产生原理和螺旋桨推进器敞水试验。

4.2.1.1　螺旋桨推进器的控制方式

海洋机器人是一个技术密集型综合系统，其内部结构复杂且受外界众多不确定性因素影响，因而其工作状况复杂多变。海洋机器人航速除了与推动力有关外，还与水中结构物的形状、海洋机器人潜深和海水流速等因素有关。

在实际的潜航过程中，海洋机器人的工作状态（如载荷、潜深、航速等）及航行环境（如水深、浪、流等）的变化表现为一个时变、非线性、大干扰的动态过程，难于建立精确的数学模型。海洋机器人螺旋桨推进器的控制属于航行综合控制的一部分。为了提高航行自动化程度，并确保航行安全，应使其按照预定的工作位置或路径航行，有效控制海洋机器人航速。

为了完成各种复杂的控制任务，首先要将被控制对象和控制装置按照一定的方式连接起来，组成一个有机的总体。由控制器、执行器和被控对象所组成的整体叫作自动控制系统。自动控制系统理论的发展经历了经典控制理论、现代控制理论和智能控制理论三个阶段。

经典控制理论采用微分方程转化系统硬件的物理参数得到传递函数，研究系统的传递函数所使用的数学模型通常是频域中的频率响应函数。由于经典控制理论没有涉及系统内部状态的考量，不能描述系统内部的结构和系统内部的变化，且忽略了复杂变化的初始条件，不能进行全面的描述，因此其只适用于单输入单输出线性定常系统。不能对系统进行全面的综合分析。

现代控制理论通常使用状态空间法建立数学模型，其研究对象更为广泛，包括线性系统与非线性系统、定常系统与非定常系统、多输入多输出系统、强变量耦合系统等。

智能控制理论的概念较广泛，是建立在现代控制理论和其他相关学科的发展基础上的，是人工智能在控制上的应用。智能控制的概念和原理主要是针对被控对象、环境、指控目标或任务的复杂性提出来的。其依照人的思维方式和处理问题的技巧，能够解决如今需要人的智能才能解决的复杂控制问题。

海洋机器人操纵装置的控制是实现海洋科学研究和海洋资源开发的关键。其中，螺旋桨推进器和操纵面是常用的控制装置。

1. 开环控制与闭环控制

首先主要介绍以螺旋桨推进器为执行器的自动控制系统设计。

螺旋桨推进器的控制系统有两种基本的控制形式，分别是开环控制和闭环控制。螺旋桨推进器的开环控制是一种最简单的控制方式，开环控制流程图如图 4.18 所示。

开环控制的特点是：在控制器与被控对象之间只有顺向控制作用而没有反向联系，即控制是单方向进行的，系统的输出量对控制作用没有影响，控制作用直接由系统的输入量经控制器产生。

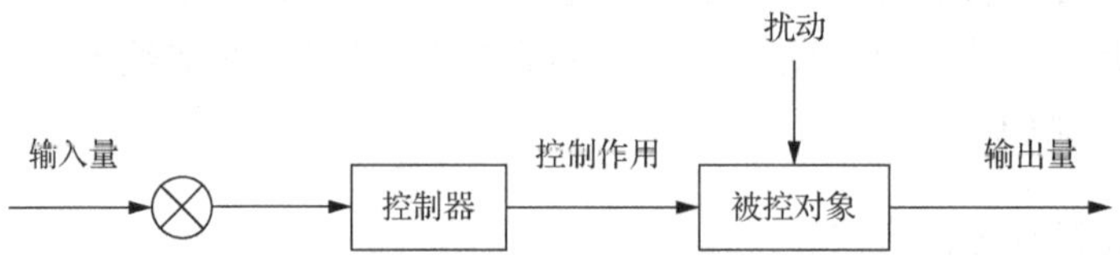

图 4.18　开环控制流程图

闭环控制在控制器与被控对象之间不仅存在着顺向控制作用，还存在着反向控制作用，即控制系统的输出量对控制作用有直接影响，其流程图如图 4.19 所示。

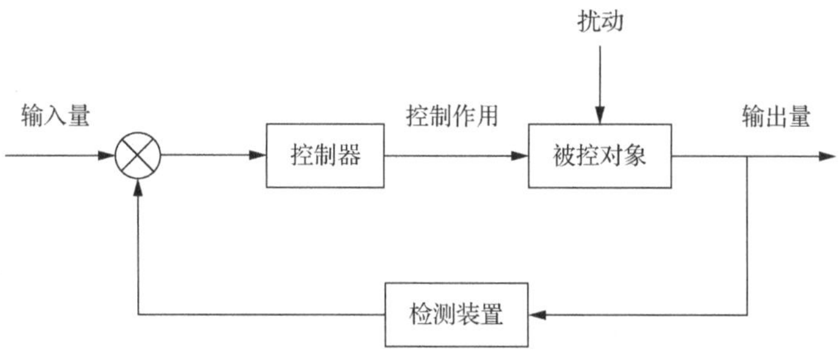

图 4.19 闭环控制流程图

当前对定距桨海洋机器人的航速控制普遍采用闭环控制方式：在保持螺旋桨螺距不变的情况下，通过调节主机转速来实现对海洋机器人航速的控制[3]。

2. 螺旋桨推进器的内部系统

随着科学技术的高质量发展，电液伺服控制技术在工业控制领域得到了广泛的应用，凡要求响应快、精度高、便于调节、可进行大功率输出的控制系统，都普遍采用了电液伺服控制技术。

伺服系统是用来精确地跟随或复现某个过程的反馈控制系统。在很多情况下，伺服系统专指被控制量（系统的输出量）是机械位移或角位移、位移速度、加速度或角加速度等的反馈控制系统，其作用是使输出的机械位移（或角位移）准确地跟踪输入的位移（或角位移）。伺服系统的结构组成和其他形式的反馈控制系统没有原则上的区别。

伺服系统是使物体的位置、方位、状态等输出被控量能够跟随输入目标（或给定值）的任意变化的自动控制系统。

伺服系统通常是具有负反馈的闭环自动化控制系统，由控制器、伺服驱动器、伺服电机和反馈装置组成。伺服系统有三种控制方式，即转矩控制（电流环）、速度控制（电流环、速度环）、位置控制（电流环、速度环、位置环）。

转矩控制：通过外部模拟量的输入或者直接的数据文件地址的赋值来设定电机轴对外输出转矩的大小，主要应用于需要严格控制转矩的场合。

速度控制：通过模拟量的输入或者脉冲的频率对转动的速度进行控制。

位置控制：伺服中最常见的控制，位置控制模式一般是通过外部输入脉冲的频率来确定转动速度的大小，通过脉冲的个数来确定转动的角度，所以一般应用于定位装置。

在人工智能时代，海洋机器人面临更高性能需求，而自动控制系统的强化正成为提升其运动性能的关键技术之一。

目前常见的海洋机器人控制算法有：比例-积分-微分（Proportional-Integral-Derivative，PID）控制、滑动模态控制、神经网络控制、非线性控制、自适应控制及模糊控制等。在如上介绍的算法基础之上，还设计出了算法之间相融合的控制算法，可弥补各自的不足之处。如模糊 PID 控制、基于滑模的神经网络控制、基于非线性的自适应控制等。

常规 PID 控制系统原理如图 4.20 所示，这是一个典型的单位负反馈控制系统。系统由 PID 控制器和被控对象组成。

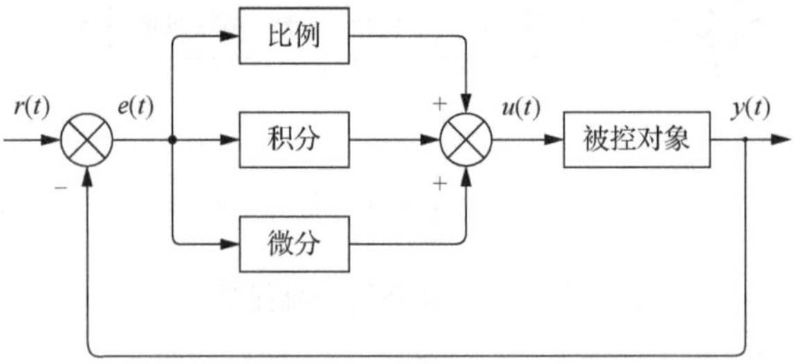

图 4.20　常规 PID 控制系统原理框图

PID 控制器是一种线性控制器，它根据给定值 $r(t)$ 与实际输出值 $y(t)$ 构成偏差：$e(t)=r(t)-y(t)$。将偏差的比例、积分和微分通过线性组合构成控制量，对受控对象进行控制。其控制规律为

$$u(t)=K_\mathrm{p}\left[e(t)+\frac{1}{T_\mathrm{i}}\int_0^t e(t)\mathrm{d}t+T_\mathrm{d}\frac{\mathrm{d}e(t)}{\mathrm{d}t}\right]=K_\mathrm{p}e(t)+K_\mathrm{i}\int_0^t e(t)\mathrm{d}t+K_\mathrm{d}\frac{\mathrm{d}e(t)}{\mathrm{d}t} \tag{4.7}$$

传递函数为

$$G(s)=\frac{U(s)}{E(s)}=K_\mathrm{p}\left(1+\frac{1}{T_\mathrm{i}s}+T_\mathrm{d}s\right)=K_\mathrm{p}+K_\mathrm{i}\frac{1}{s}+K_\mathrm{d}s \tag{4.8}$$

式中，K_p 为比例系数；T_i 为积分时间常数；T_d 为微分时间常数；$K_\mathrm{i}=K_\mathrm{p}/T_\mathrm{i}$ 为积分系数；$K_\mathrm{d}=K_\mathrm{p}\times T_\mathrm{d}$ 为微分系数；s 为复频率变量。

尽管智能控制理论在实用性方面取得显著进展，解决了诸多经典控制理论难以应对的问题，但这并未动摇 PID 控制在工业领域的核心地位。PID 控制作为早期发展的经典策略，凭借其算法简单、鲁棒性强、可靠性高的优势，至今仍占据工业过程控制 90%的应用份额。其核心原理是通过线性组合系统偏差的比例、积分、微分分量，生成控制量实现对被控对象的精准调节。

3. 海洋机器人螺旋桨推进器控制硬件系统

典型的海洋机器人螺旋桨推进器控制硬件系统由控制板、D/A（数模转换器，Digital-to Analog Converter）、电源隔离模块和螺旋桨电机组成。

PC/104 控制板符合 IEEE“P996.1”的设计标准，其名称源自两个总线插头的引脚总数：64 脚和 40 脚（合计 104 脚）。该控制板具有体积小、结构紧凑的特点。其总线除结构外与 PC 总线标准完全兼容，其信号传输及处理方式如图 4.21 所示。

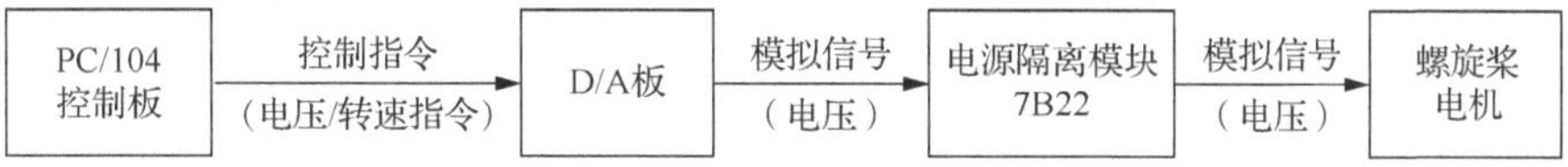

图 4.21　信号传输及处理方式

该控制系统的工作流程如下：PC/104 嵌入式系统通过 D/A 板 RMM-4-XT 发出控制指令，将数字信号转换为模拟电压信号；该信号经电源隔离模块 7B22 处理后，隔离输出至 Tecnadyne 推进器的磁耦合伺服电机系统。该系统依据输入的模拟量或脉冲频率，精确控制螺旋桨的电流和转速。在使用螺旋桨推进器产生推进力时，均需对螺旋桨转速进行精准控制。例如螺旋桨推进器的转速可以通过控制电机输入信号，通过 D/A 板的信号处理来对电压进行精准控制，从而使转速能够满足实际需要（模拟电压或脉宽调制信号）[4]。

Tecnadyne 推进器是一种由 Tecnadyne 公司制造的小型无刷直流助推器，适用于小型检查 ROV 和小型 AUV。该推进器的螺旋桨是磁耦合的。标准配置螺旋桨推进器的额定水深为 850m，而在使用钛压力元件时，在一个标准大气压下，该推进器的额定水深达到 1500m。所采用的直流电机的转速与控制电压是正比关系。300 型模拟控制器通过接收 ± 5V 模拟信号（含速度与方向指令），实现对推进器的精准调速。此外，可以向推进器提供单独的数字速度反馈信号。

海洋机器人螺旋桨控制硬件系统主要设备组成如图 4.22～图 4.25 所示。

图 4.22　PC/104 控制板

图 4.23　D/A 板

图 4.24　电源隔离模块

图 4.25　Tecnadyne 推进器

4.2.1.2 螺旋桨推进器推力产生原理

1. 理想推进器理论

1）诱导速度

推进器一般都是依靠将水推进后方产生的反作用力来产生推力的，而水流受到推进器的作用获得与推力方向相反的附加速度（通常称之为诱导速度）。显然推进器的作用力与形成的水流情况密切相关。

2）理想推进器理论的基本假定

（1）推进器为一轴向尺寸趋于零、水可以自由通过的盘。此盘可以向后拨水，称为鼓动盘。

（2）水流速度和压力在盘面上均匀分布。

（3）水为不可压缩理想流体。

注意：对螺旋桨而言，其水流断面为盘面；对明轮而言，其水流断面为桨板的浸水板面。

3）理想推进器的力学模型

理想推进器的力学模型如图 4.26～图 4.28 所示。

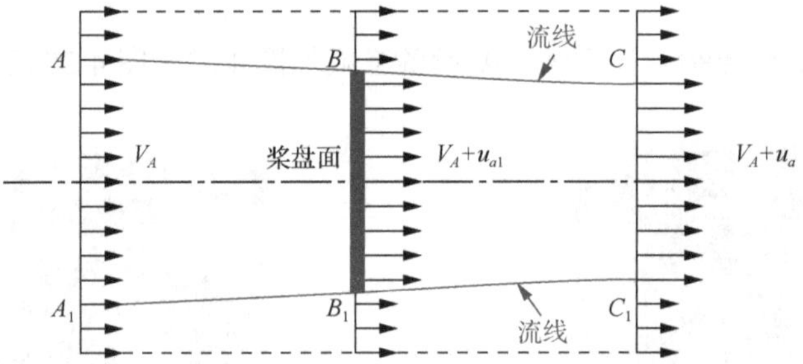

图 4.26 理想推进器内速度分布

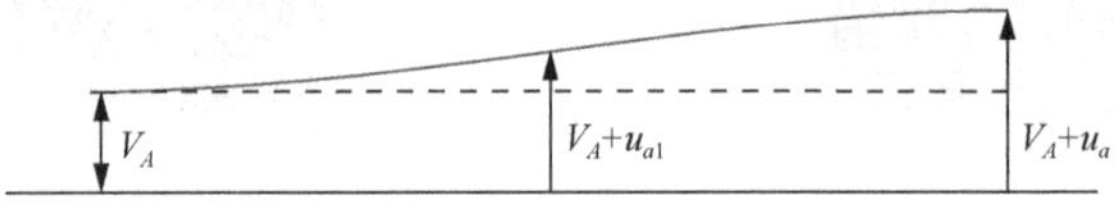

图 4.27 轴向速度分布

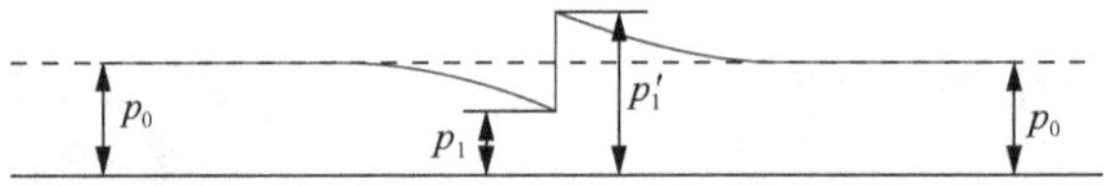

图 4.28 轴向压力分布

流过桨面的流体质量为

$$m = \rho A_0 \left(V_A + u_{a1}\right)$$

式中，ρ 为密度；A_0 为盘面积。

进流的动量为 mV_A，出流的动量为 $m\left(V_A + u_a\right)$，动量的变化为 $m\left(V_A + u_a\right) - mV_A = mu_a = \rho A_0 \left(V_A + u_{a1}\right) u_a$。

理想情况下的推力为

$$T_i = \rho A_0 \left(V_A + u_{a1}\right) u_a \tag{4.9}$$

假设流体为理想流体、不可压、定常，体积力为重力。

分别对截面 AA_1 和桨盘面 BB_1 紧前端、紧后端和截面 CC_1 应用伯努利（Bernoulli）方程可得

$$\frac{1}{2}\rho V^2 + p + \rho g z = \text{const} \tag{4.10}$$

$$p_0 + \frac{1}{2}\rho V_A^2 = p_1 + \frac{1}{2}\rho (V_A + u_{a1})^2 \tag{4.11}$$

$$p_1' + \frac{1}{2}\rho (V_A + u_{a1})^2 = p_0 + \frac{1}{2}\rho (V_A + u_a)^2 \tag{4.12}$$

式中，const 为常数。

由公式（4.11）、公式（4.12）得盘面前后压力差为

$$p_1' - p_1 = \frac{1}{2}\rho \left(V_A + u_a\right)^2 - \frac{1}{2}\rho V_A^2 \tag{4.13}$$

即

$$p_1' - p_1 = \rho (V_A + \frac{1}{2}u_a) u_a \tag{4.14}$$

将公式（4.14）乘以盘面积 A_0 可以得到推进器的推力 T_i：

$$T_i = A_0 \left(p_1' - p_1\right) = \rho A_0 \left(V_A + \frac{1}{2}u_a\right) u_a \tag{4.15}$$

对比公式（4.9）和公式（4.15）可得

$$u_{a1} = \frac{1}{2}u_a \tag{4.16}$$

即理想推进器盘面处速度增量为全部增量的一半，其中水流速度的增量 u_a 为轴向诱导速度。

4）理想推进器的效率

推进器的效率等于有效功率和所有消耗功率的比值。推进器在静水中以 V_A 航速前进时产生的推力为 T_i，则有效功率为 $T_i V_A$。单位时间内推进器会使得质量为 $\rho A_0 \left(V_A + \frac{1}{2}u_a\right)$ 的水流加速进入尾流并消耗掉，则由此单位时间内消耗的能量为

$$\frac{1}{2}\rho A_0 \left(V_A + \frac{1}{2}u_a\right) u_a^2 = \frac{1}{2} T_i u_a \tag{4.17}$$

从而单位时间内总消耗能量为

$$T_i V_A + \frac{1}{2} T_i u_a = T_i \left(V_A + \frac{1}{2}u_a\right) \tag{4.18}$$

因此理想推进器的效率为

$$\eta_{iA} = \frac{T_i V_A}{T_i \left(V_A + \frac{1}{2}u_a\right)} = \frac{V_A}{V_A + \frac{1}{2}u_a} \tag{4.19}$$

由公式（4.19）可知，推进器必须给水流以向后的诱导速度才能产生推力，故可知理想推进器的效率必然小于 1。

理想推进器效率的另一种表达形式是解关于 u_a 的一元二次方程得到的，即

$$u_a = -V_A + \sqrt{V_A^2 + \frac{2T_i}{\rho A_0}} \tag{4.20}$$

推进器载荷系数为 $\sigma_T = \dfrac{T_i}{\frac{1}{2}\rho A_0 V_A^2}$，则可得

$$\frac{u_a}{V_A} = \sqrt{1 + \frac{T_i}{\frac{1}{2}\rho A_0 V_A^2}} - 1 = \sqrt{1+\sigma_T} - 1 \tag{4.21}$$

将公式（4.21）代入公式（4.19）中可得

$$\eta_{iA} = \frac{2}{1+\sqrt{1+\sigma_T}} \tag{4.22}$$

由以上推导可知，若已知推进器载荷系数 σ_T，便可确定诱导速度 u_a 和效率 η_{iA}，且载荷系数越小，效率越高。螺旋桨推进效率曲线如图 4.29 所示。

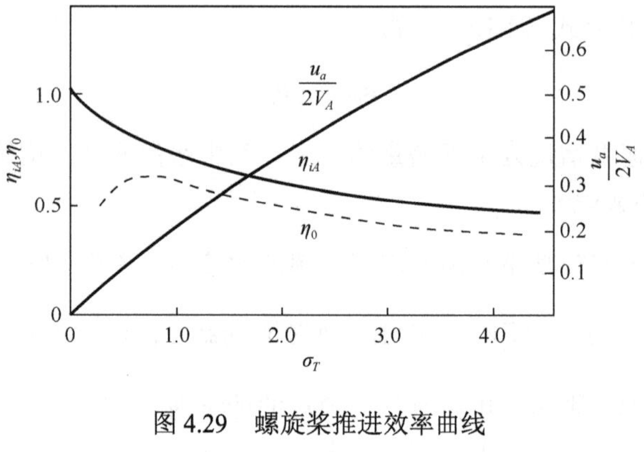

图 4.29　螺旋桨推进效率曲线

η_0 为敞水效率

理想推进器理论小结如下。

（1）推进器产生推力则必然会有诱导速度。

（2）理想推进器效率必然小于 1。

（3）推进器诱导速度越小，则载荷系数越小，效率越高。

（4）在推力 T_i 和进流速度 V_A 一定的条件下，推进器盘面积越大，载荷系数越小，效率越高。

2. 理想螺旋桨理论

理想推进器理论中没有涉及的几个问题：

（1）如何吸收外来功率。

（2）如何实现推水向后。

（3）对螺旋桨来说，通过旋转运动来吸收外来功率；通过旋转除产生轴周向诱导速度外，还产生了周向诱导速度（与旋转方向相同）。

1）理想螺旋桨理论的基本内容

首先介绍理想螺旋桨理论基本假定。

基本假定 1：流体为开阔水域的不可压缩理想流体、无旋。

基本假定 2：桨盘面前周向诱导速度为 0，经过盘面后，在同一半径处的周向诱导速度相等。

理想螺旋桨理论模型如图 4.30 所示。

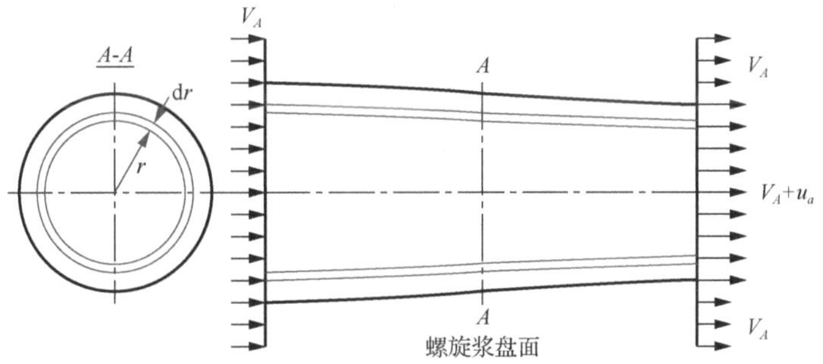

图 4.30　理想螺旋桨理论模型

2）周向诱导速度推导

设螺旋桨在无限、静止流场中以速度 V_A 前进，以角速度 $\omega = 2\pi n$ 旋转。则半径 r 处的 $\mathrm{d}r$ 段圆环流的面积为

$$\mathrm{d}A_0 = 2\pi r \mathrm{d}r$$

流过圆环的质量为

$$\mathrm{d}m = \rho \mathrm{d}A_0 \left(V_A + \frac{1}{2} u_a \right)$$

圆环的转动惯量为

$$I_P = \mathrm{d}m r^2 = \rho \mathrm{d}A_0 \left(V_A + \frac{1}{2} u_a \right) r^2$$

根据动量矩定理，流体在单位时间内流经流管两截面的动量矩等于作用在流管上的力矩 $Q = \dfrac{I_P \mathrm{d}\Omega}{\mathrm{d}t}$，其中力矩 $Q = \mathrm{d}F_i \cdot r$ 表示螺旋桨在 r 半径处作用于流体的力 $\mathrm{d}F_i$ 产生的旋转力矩。

桨盘面紧前方的角速度为$\Omega'=0$，盘面紧后方的角速度为$\Omega''=\dfrac{u_t}{r}$，因此可得角速度增量为$\mathrm{d}\Omega=\Omega''-\Omega'=\dfrac{u_t}{r}$。

由此可得在单位时间内：$\mathrm{d}F_i r=\mathrm{d}mru_t$，即$\mathrm{d}F_i=\mathrm{d}mu_t$。

假定在半径r处圆环周向诱导速度为u_{t1}，则根据动能定理得

$$\mathrm{d}F_i u_{t1}=\mathrm{d}mu_t u_{t1}=\frac{1}{2}\mathrm{d}mu_t^2$$

因此$u_{t1}=\dfrac{1}{2}u_t$，表明盘面处周向诱导速度等于后面截面处周向诱导速度的一半。

3）诱导速度的正交性

如图 4.31 所示，$\mathrm{d}r$段圆环面积$\mathrm{d}A_0$吸收的功率为$\mathrm{d}F_i\cdot\omega r$，有效做功为$\mathrm{d}T_i\cdot V_A$，轴向损失的动能为$\dfrac{1}{2}\mathrm{d}m\cdot u_a^2$，周向损失的动能为$\dfrac{1}{2}\mathrm{d}m\cdot u_t^2$。

根据能量守恒可得

$$\mathrm{d}F_i\cdot\omega r=\mathrm{d}T_i\cdot V_A+\frac{1}{2}\mathrm{d}m\cdot u_a^2+\frac{1}{2}\mathrm{d}m\cdot u_t^2 \tag{4.23}$$

由于$\mathrm{d}F_i=\mathrm{d}mu_t$，$\mathrm{d}T_i=\mathrm{d}mu_a$，将其代入公式（4.23）可得

$$u_t\omega r=u_a V_A+\frac{1}{2}u_a^2+\frac{1}{2}u_t^2$$

$$u_t\left(\omega r-\frac{1}{2}u_t\right)=u_a\left(V_A+\frac{1}{2}u_a\right)$$

$$\frac{u_a}{u_t}=\frac{\omega r-\dfrac{1}{2}u_t}{V_A+\dfrac{1}{2}u_a} \tag{4.24}$$

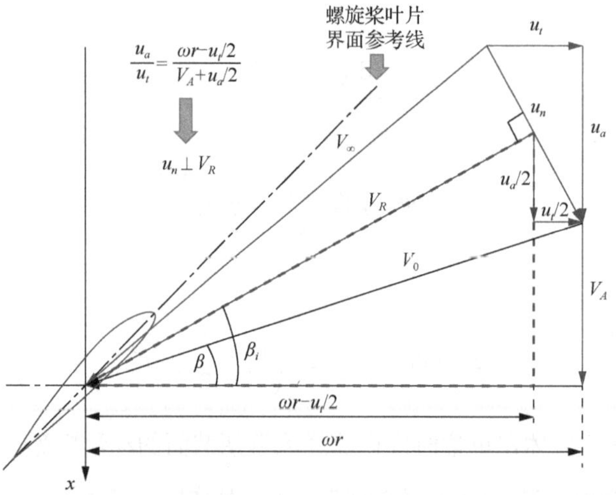

图 4.31　诱导速度的正交性

4）理想螺旋桨的效率

半径 r 处 dr 段圆环的理想效率为

$$\eta_i = \frac{\mathrm{d}T_i V_A}{\mathrm{d}F_i \omega r} = \frac{\mathrm{d}m u_a V_A}{\mathrm{d}m u_t \omega r} = \frac{u_a V_A}{u_t \omega r} \tag{4.25}$$

将公式（4.24）代入公式（4.25）可得

$$\eta_i = \frac{V_A}{V_A + \dfrac{u_a}{2}} \cdot \frac{\omega r - \dfrac{u_t}{2}}{\omega r} = \eta_{iA}\eta_{iT} \tag{4.26}$$

式中，η_{iA} 为理想推进器效率，或称理想螺旋桨的轴向诱导效率；η_{iT} 为理想螺旋桨的周向诱导效率。

$$\eta_{iT} = \frac{\omega r - \dfrac{u_t}{2}}{\omega r} \tag{4.27}$$

由公式（4.26）和公式（4.27）可得出结论：理想螺旋桨的周向诱导效率 η_{iT} 总是小于理想推进器效率 η_{iA}。

3. 叶元体理论

1）叶元体理论（Blade Element Theory）基本内容

之前的理想螺旋桨理论中假定为无限桨叶，而真实情况则为有限个桨叶（2,3,4…），本部分讨论在固定角速度 ω 和固定速度 V_A 条件下，有限桨叶数螺旋桨的性能表现。

在考虑黏性的无限水域中，叶元体为半径 r 处 $r+\mathrm{d}r$ 之间的桨叶段，其力学模型如图 4.32 所示，受力分析如图 4.33 所示。

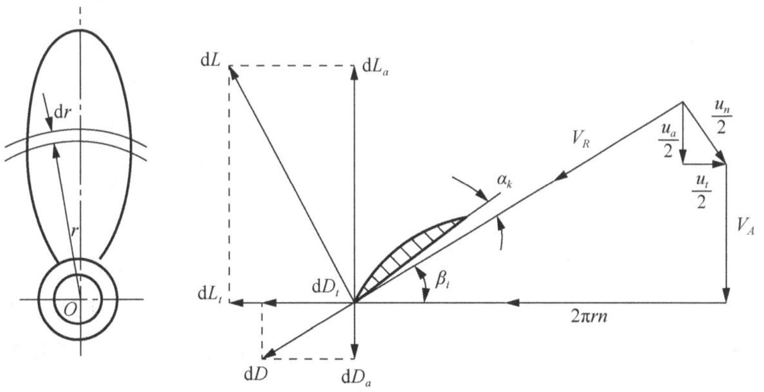

图 4.32　叶元体力学模型

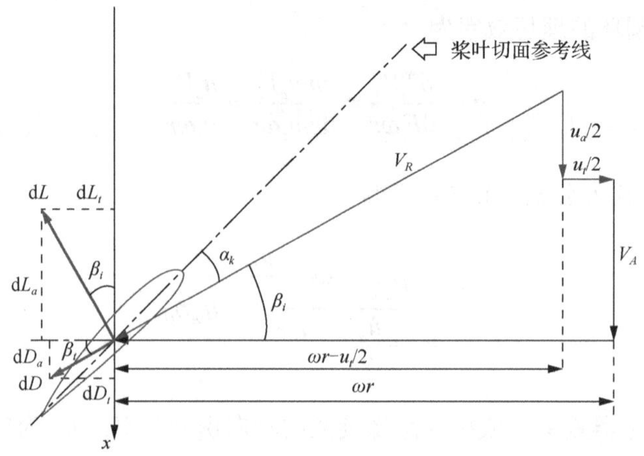

图 4.33　叶元体受力分析

2）叶元体理论模型

叶元体理论模型涉及的符号如下。

进角：$\beta = \tan^{-1}\dfrac{V_A}{\omega r}$。

水动力螺距角：$\beta_i = \tan^{-1}\dfrac{V_A + \dfrac{1}{2}u_a}{\omega r - \dfrac{1}{2}u_t}$。

螺距角：$\Phi = \tan^{-1}\dfrac{P}{2\pi r}$。

攻角：$\alpha_k = \Phi - \beta_i$。

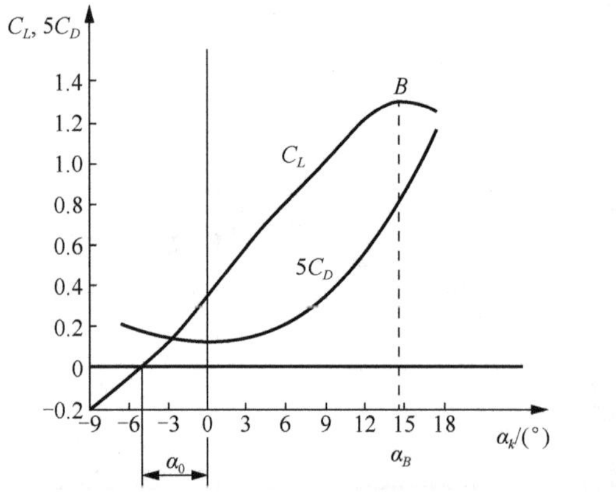

图 4.34　机翼的升力系数和阻力系数随攻角的变化关系

已知每个叶元体的受力之后，就可以在桨叶上进行积分从而得到螺旋桨的推力和扭矩。

3）叶元体上的受力分析

叶元体上的受力分析需要参照流体力学中的二维机翼理论。

（1）机翼升力和阻力的产生机理。

（2）升力系数和阻力系数随攻角的变化关系，如图 4.34、图 4.35 所示。

（3）茹科夫斯基升力公式。

（4）翼梢自由涡。

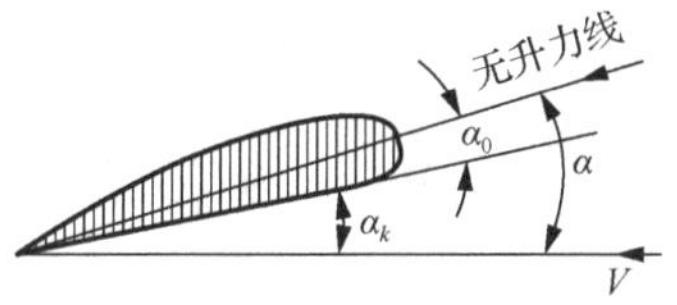

图 4.35　机翼模型的几何攻角 α_k、无升力角 α_0 和绝对攻角 α

结论：桨叶切面的复杂运动可以归结为水流以速度 V_R、攻角 α_k 流向桨叶切面。

4）叶元体的受力分析

叶元体推力：

$$\mathrm{d}T = \mathrm{d}L\cos\beta_i - \mathrm{d}D\sin\beta_i = \mathrm{d}L\cos\beta_i\left(1-\varepsilon\tan\beta_i\right) \tag{4.28}$$

式中，$\varepsilon = \dfrac{\mathrm{d}D}{\mathrm{d}L}$ 为叶元体的阻升比。

叶元体遭受的旋转阻力：

$$\mathrm{d}F = \mathrm{d}L\sin\beta_i + \mathrm{d}D\cos\beta_i = \mathrm{d}L\sin\beta_i\left(1+\frac{\varepsilon}{\tan\beta_i}\right) \tag{4.29}$$

叶元体的转矩为 $\mathrm{d}Q = \mathrm{d}F\cdot r$。

由茹科夫斯基升力公式可得叶元体升力：

$$\mathrm{d}L = \rho V_R(r)\Gamma(r)\mathrm{d}r \tag{4.30}$$

式中，$\Gamma(r)$ 为环量。

由叶元体速度多角形可知：

$$V_R\cos\beta_i = \omega r - \frac{1}{2}u_t \tag{4.31}$$

$$V_R\sin\beta_i = V_A + \frac{1}{2}u_a \tag{4.32}$$

由公式（4.28）～公式（4.32）可得

$$\mathrm{d}T = \rho\Gamma(r)\left(\omega r - \frac{1}{2}u_t\right)(1-\varepsilon\tan\beta_i)\mathrm{d}r \tag{4.33}$$

$$\mathrm{d}Q = \rho\Gamma(r)\left(V_A + \frac{1}{2}u_a\right)\left(1+\frac{\varepsilon}{\tan\beta_i}\right)r\mathrm{d}r \tag{4.34}$$

5）叶元体的效率

叶元体的效率为

$$\eta_{0r} = \frac{V_A\mathrm{d}T}{\omega r\mathrm{d}F} = \frac{V_A}{\omega r}\cdot\frac{\omega r - \dfrac{1}{2}u_t}{V_A + \dfrac{1}{2}u_a}\cdot\frac{1-\varepsilon\tan\beta_i}{1+\dfrac{\varepsilon}{\tan\beta_i}} = \eta_{iA}\eta_{iT}\eta_{\varepsilon} \tag{4.35}$$

式中，η_{iA} 和 η_{iT} 分别为轴向诱导效率和周向诱导效率；η_{ε} 为叶元体的结构效率，是由流体黏性引起的。

沿桨叶对 $\mathrm{d}T$ 、 $\mathrm{d}Q$ 进行积分，可得螺旋桨的推力 T 和扭矩 Q ：

$$\begin{cases} T = Z\int_{r_h}^{R}\mathrm{d}T = \rho Z\int_{r_h}^{R}V_R(r)\Gamma(r)\cos\beta_i(r)[1-\varepsilon(r)\tan\beta_i(r)]\mathrm{d}r \\ Q = Z\int_{r_h}^{R}\mathrm{d}Q = \rho Z\int_{r_h}^{R}V_R(r)\Gamma(r)\sin\beta_i(r)\left[1+\dfrac{\varepsilon(r)}{\tan\beta_i(r)}\right]r\mathrm{d}r \end{cases} \tag{4.36}$$

式中， r_h 为桨毂半径； R 为桨叶半径； Z 为桨叶数。

公式（4.36）将螺旋桨的推力、转矩与流场及螺旋桨的几何特征联系起来，因此比动量理论的结果更加精密。

当螺旋桨以进速 V_A 和转速 n 工作时，必须吸收主机所供给的转矩 Q 才能发出推力 T ，这时的螺旋桨效率 η_0 为

$$\eta_0 = \frac{TV_A}{2\pi nQ} \tag{4.37}$$

根据公式（4.36）、公式（4.37）可知，欲求得给定进速和转速时的 T 、 Q 、 η_0 ，必须知道环量 $\Gamma(r)$ 和诱导速度沿半径方向的分布情况，这些可以通过螺旋桨环流理论解决。

上述是螺旋桨推力产生的理论分析。详细内容可见文献[5]。

在实际应用中，螺旋桨转动时，周围的流体相对反方向运动使得螺旋桨获得反作用力。把螺旋桨桨盘（或者旋翼、涵道）看成一个通道，通道排出空气的时候会受到空气的反作用力，即推力。

螺旋桨推进时，其几何因素（包括翼型剖面、展长、扭转角、桨距）在很大程度上决定了螺旋桨的推力。螺旋桨的翼型剖面和展长直接影响其推力的大小，而所需的扭转力矩则由发动机提供，用来克服螺旋桨旋转时所产生的阻力并产生推力。

螺旋桨背风面被排出的流动结构（下洗气流-直升机，滑流-螺旋桨推进器），可以看作是每一片螺旋桨叶片飞行时所产生下洗流体的综合影响结果。

螺旋桨周向旋转运动过程中，叶片在运动中的瞬时具有切向线速度，其升力的产生如图 4.36 所示，螺旋桨叶片截面是有翼型的，螺旋桨旋转产生的推力实际就是单元机翼叶切面产生的升力的合力。

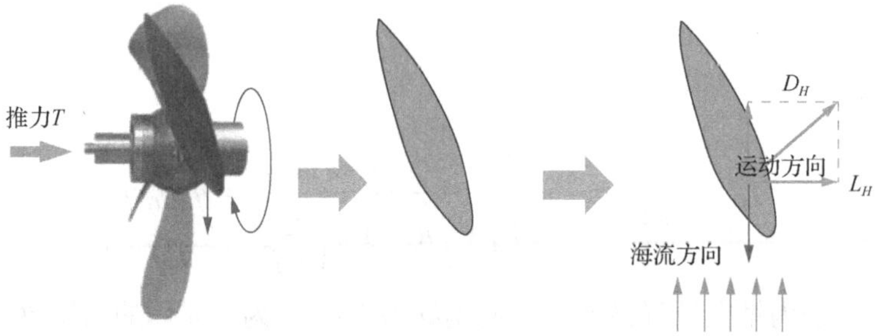

图 4.36　螺旋桨升力的产生

由理论分析总结后可得，螺旋桨的推力 T 由如下因素决定。

（1）螺旋桨的几何外形（叶数、螺距、叶片形状）。

（2）螺旋桨的转速（n）。

（3）海洋机器人航速（V）。

推力与诸多因素有关，表达式比较复杂，一般情况下，采用推力曲线来定量地判断螺旋桨的推进性能及螺旋桨敞水曲线。从而得到螺旋桨水动力性能的定义：一定形体的螺旋桨在水中运动时所产生的推力、消耗的转矩和效率与其运动（进速和转速）间的关系。

4.2.1.3　螺旋桨推进器敞水试验

1. 敞水试验

螺旋桨模型单独在均匀水流中进行的试验称为敞水试验，试验可以在船模试验池、循环水槽或空泡水筒中进行。它是检定和分析螺旋桨性能较为简便的方法。螺旋桨模型试验对于研究它的水动力性能具有重要的作用，除为螺旋桨设计提供丰富的资料外，对理论的发展也提供可靠的基础。

在实际应用中，需要对海洋机器人螺旋桨进行详细的图谱设计，在设计航速下根据已知转速确定最佳的螺旋桨直径，而后进行强度校核，确保螺旋桨满足强度要求。最后还需要对螺旋桨进行敞水试验，以验证其在海水中的推进效果和性能。考虑到螺旋桨与水的相互作用对船体的推进效果和性能的影响，需要根据敞水试验结果对螺旋桨进行参数优化，改进螺旋桨的推进效率。

2. 敞水试验基本步骤

（1）采用循环水槽的人工造流功能。

循环水槽（Circulating Water Channel）是专门从事船舶推进器性能研究和操纵性研究的装置。模型固定不动，水流在水槽内循环流动，并且保证工作段水流均匀。可以进行螺旋桨的敞水试验，也可以进行譬如海洋机器人等简单几何体的操纵性研究。

（2）测定推进器在不同来流速度、不同转速（电压）下的推力曲线。

螺旋桨推进器敞水试验的目的就是要测定螺旋桨的性能，故在试验过程中应使进速系数有足够大的变化范围。各试验池中不外乎采用下列两种方法以得到不同的进速系数值。

第一种方法：保持模型的转速不变，而以不同的进速进行试验。

第二种方法：保持模型的进速不变，而以不同的转速进行试验。

采用第二种方法时因转速不能无限加大，因而进速系数的变动范围有一定限度，不能得到进速系数为零时的情况。故试验池中常采用第一种方法或第一种与第二种结合的方法来进行螺旋桨模型的敞水试验。

（3）进行数据的分析与处理，得到不同流速下、不同转速的推力曲线。

实时记录试验数据，包括螺旋桨的性能参数和环境条件，并对试验数据进行详细的分析，评估螺旋桨的推进效率、功耗、噪声等性能。最后根据试验结果得出结论，并提出改进螺旋桨设计或性能的建议。

以上工作能为海洋机器人的水动力建模和运动控制的推力分配提供数据支持。

3. 螺旋桨推进器敞水试验目的

（1）它是检定和分析推进器性能较为简便的方法。

（2）进行螺旋桨系列试验，将所得结果分析、整理、绘制成图谱，供设计时使用。

（3）根据螺旋桨系列试验的结果，可以系统地分析螺旋桨各几何要素对性能的影响，帮助设计者正确地选择各种参数，为改善螺旋桨性能指出方向。

（4）螺旋桨敞水试验是校核和验证理论方法必不可少的手段。

（5）可以配合自航试验进行同一螺旋桨模型的敞水试验，以分析推进效率成分，比较各种设计方案的优劣，便于选择最合适的螺旋桨。

注意螺旋桨敞水试验分为对模型的敞水试验和对实物的敞水试验。二者在试验中有一定的区别：

（1）由于模型和实物的推进器形状相似而大小不同，所以流体力学中相似理论的运用非常关键。

（2）根据相似原理，要达到力学上的全相似，必须满足几何相似、运动相似及动力相似。但这在试验过程中是不可能的，因此雷诺数和弗劳德数的选择变得尤其重要。

4. 螺旋桨推进器敞水试验设备

试验设备包括水平循环水槽、螺旋桨推进器、测力天平、电源、记录仪等。

螺旋桨推进器敞水试验实例如下。

本试验采用螺旋桨实物进行测定。图 4.37 展示的是一个已经安装在测力天平上的导管螺旋桨平台。该平台通过水平梁上的电线分别实现导管螺旋桨的供电与控制，以及测力天平数据采集系统的信号传输。图 4.38 呈现了本次试验使用的推力传感器和相关数据记录装置的布局。

图 4.37 导管螺旋桨进行敞水试验图

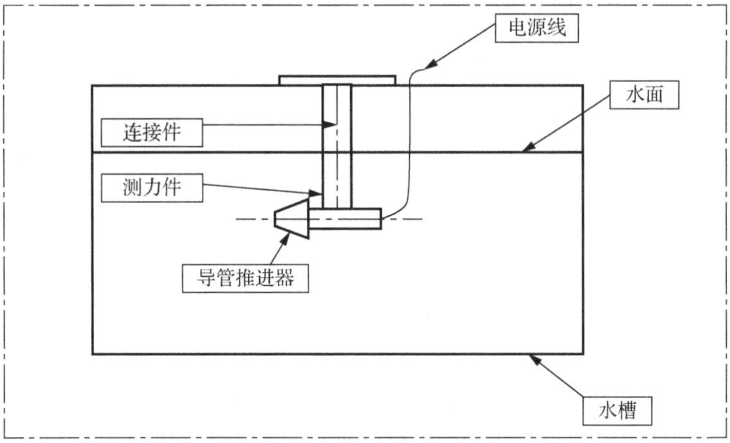

图 4.38　螺旋桨敞水试验示意图

5. 螺旋桨敞水推力曲线

螺旋桨敞水推力曲线如图 4.39 所示。

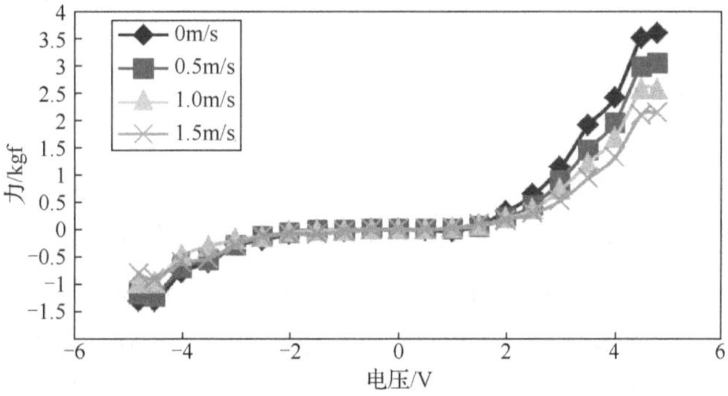

（a）螺旋桨1前进正、倒车

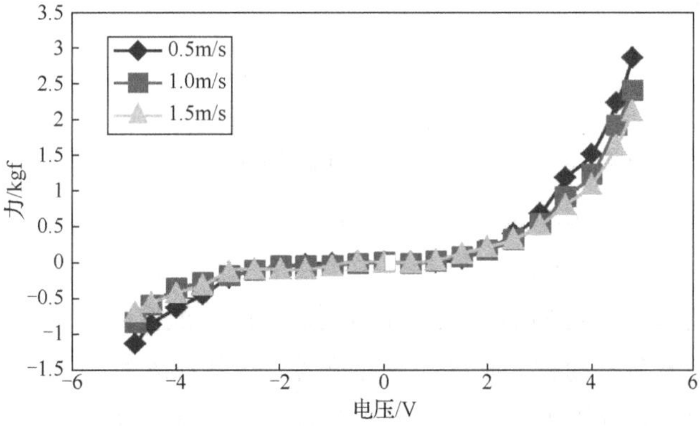

（b）螺旋桨2前进正、倒车

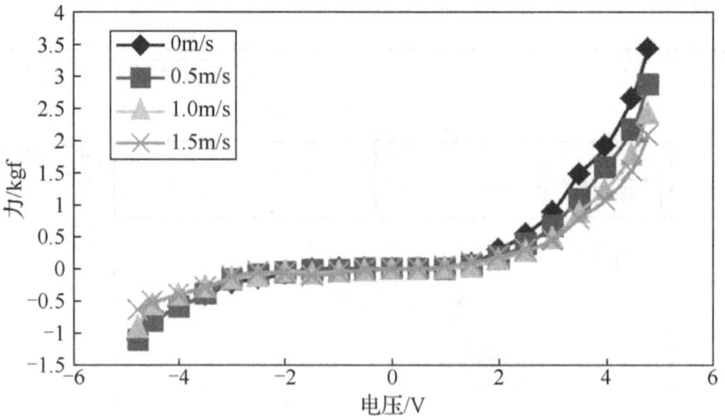

（c）螺旋桨3前进正、倒车

图 4.39　螺旋桨 3 敞水试验电压与推力的关系

1kgf=9.80665N

4.2.2　操纵面的控制

操纵面的种类包括：舵、螺旋桨、推进器等。海洋机器人的操纵面一般是舵、稳定翼或是其组合体（亦称鳍）的统称。升降舵、方向舵的舵叶和稳定翼一般是短翼。

海洋机器人技术的发展对高速机动的控制和艇体的操纵提出了更严格的要求。操纵面及自动控制系统对海洋机器人的操纵性能起着关键作用，在研制发展新型海洋机器人过程中占有重要地位。

在海洋机器人总体设计中必须兼顾操纵性的要求。设计实践表明，操纵性的要求主要靠改变艇体艏艉的局部形状、设置一定的鳍状附体和操纵器（含操艇系统的专用气、水及可弃压载等）来满足，就是通常所说的“车、舵、气、水”操纵性设计。而从水动力学的角度出发，只是进行操纵面（舵和稳定翼）的设计，主要设计任务是确定面积，进行布置。

操纵面是海洋机器人的重要控制组件，可以通过控制它们的位置和方向来改变机器人的运动状态。本节将介绍操纵面的控制方式、操纵面的几何要素、操纵面的水动力特性、操纵面的水动力试验等内容。

4.2.2.1　操纵面的控制方式

操纵面的控制是指可以改变船体方向和航向的控制。操纵面的控制方式可以分为经典控制和智能控制。经典控制是指通过控制舵杆等执行装置，控制操纵面的角度、位置等，从而改变潜行方向的控制方式。智能控制则是指采用自适应控制、非线性控制、模糊 PID 控制、神经网络 PID 控制等更先进可靠的方式对操纵面进行的智能控制方式。

操纵面的几何要素包括面积、长度、弯曲度等。这些要素对操纵面的性能和控制效果有着重要的影响。同时，操纵面的水动力特性也是控制效果和性能的重要因素。

对于 AUV 等海洋机器人，一般采用舵机作为舵面的操纵执行部件。很多海洋机器人的操纵就是通过操舵（方向舵、艏舵和艉舵）来改变海洋机器人的航向、深度和姿态的。操纵好海洋机器人的基础是控制好艇体姿态。因为水中的海洋机器人受水下洋流或其他水文因素的影响较大。当然，海洋机器人在水下各种姿态的改变和保持，除了靠舵之外，还有螺旋桨、均衡系统和主压载水舱等多种方式来完成操纵。

海洋机器人的自动操纵面控制系统在未来有以下几大发展方向。

（1）自主决策与路径规划：未来的海洋机器人自动控制将拥有更强大的自主决策能力，能够基于采集数据和任务目标，实时规划路径并做出决策，例如在遇到障碍物或未知区域时能够选择最优路径。

（2）机器学习与人工智能：海洋机器人可能会更多地应用机器学习和人工智能技术，以便从海量的数据中学习并不断优化自身的控制策略。

（3）高级感知和感知融合：海洋机器人将更加依赖先进的感知技术，如高精度摄像头、声呐、激光雷达等融合技术，以获取更准确的环境信息。同时多种感知数据可以提供更全面、准确的环境认知，有助于海洋机器人更好地适应复杂的水下环境。

（4）环境适应与自主学习：海洋机器人会朝着预设的方向前进，能够根据不同的水下环境发展自动调整导航策略。通过自主学习，海洋机器人可以更好地适应不同的水下条件和任务需求。

（5）能源效率与持久性：未来的海洋机器人仍可能考虑能源效率和持久性，可以通过更优化的路径规划和能源管理，延长海洋机器人的工作时间和动作半径。

（6）安全性与鲁棒性：海洋机器人自动舵的发展还需要更强的安全性和鲁棒性，使其能够应对各种突发情况和环境变化，保证海洋机器人的安全操作。

总体而言，海洋机器人操纵控制是实现海洋科学研究和海洋资源开发的关键，需要综合考虑多种因素，采用现代化技术手段，实现准确的控制和海洋机器人控制效能的提升。未来海洋机器人自动舵的发展方向将涵盖航行、决策、学习、协作等多个方面，旨在使海洋机器人能够更加智能、自主地完成各种水下任务。这些发展将需要跨学科的合作，涵盖船舶工程、电子工程、计算机科学、海洋学等领域的知识和技术。

4.2.2.2　操纵面的几何要素

海洋机器人舵的设计主要考虑三个方面，分别是舵翼的剖面形状、舵面积大小以及舵的安装位置。首先的研究对象是舵翼的剖面。操纵面叶剖面是机翼、舵面、螺旋桨等外形设计的基本元素，也是影响操纵面综合性能的核心因素之一。

舵叶的几何要素如图 4.40 所示。表示舵叶的几何要素如下。

展长l：在舵叶平面内与来流垂直方向上的长度。对于非矩形舵，可用平均展长$\bar{l}$表示。

弦长b：在舵叶平面内与舵展垂直方向上的长度。对于非矩形舵，可用平均几何弦长$\bar{b}$表示。

剖面厚度t：舵弦剖面的最大厚度。对于非矩形舵，可用平均弦长剖面的最大厚度t表示。

后掠角Λ：距导缘 1/4 弦长点的连线与舵展方向的夹角。

舵面积 S：舵叶的水平或侧投影面积。

平衡面积 S_0：舵轴至导缘间的舵水平或侧投影面积。

展弦比 λ：舵展长 l 与弦长 b 之比值，对于非矩形舵可用平均值之比表示。

平衡比 $\dfrac{S_0}{S}$：舵的平衡面积 S_0 与舵面积 S 之比。

倾斜比 $\dfrac{b_t}{b_r}$：舵的叶梢弦长 b_t 与叶根弦长 b_r 之比。

厚度比 $\dfrac{t}{b}$：剖面厚度 t 与弦长 b 之比。

将舵翼的剖面作为研究对象，在设计中通常选择对称翼型。

对称翼型的中弧线是一根与翼型弦线重合的直线。翼型上下弧是对称的。这种翼型的阻力系数比较小，但升阻比也小，主要用作线操纵和遥控特技模型的机翼翼型，以及海洋机器人模型的尾翼翼型。

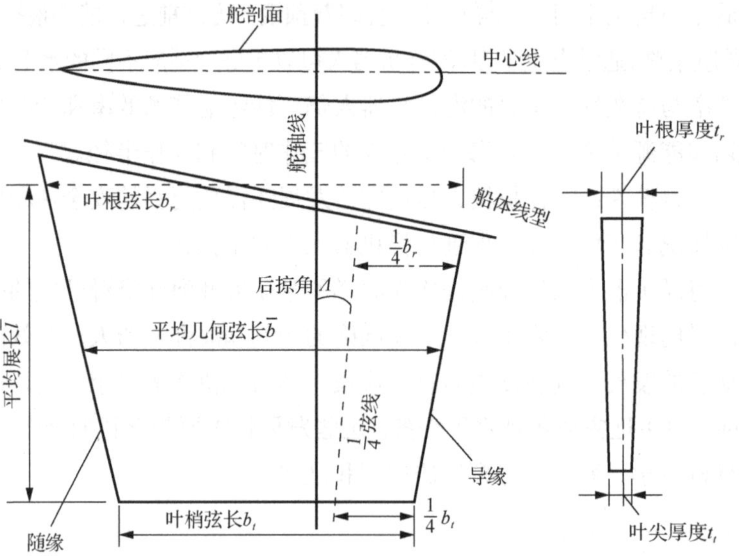

图 4.40　舵叶的几何要素

为了提高舵翼的水动力性能，各国研究机构发布了许多舵剖面形状和水动力的系列试验资料。比较著名的有：NACA 系列、НЕЖ 系列、ЦАГИ 系列、JFS 系列、TMB 系列、Gottingen 系列等。

表 4.1 列出 NACA、НЕЖ 和 ЦАГИ 剖面的型值，其余的可参考有关的手册。

表 4.1　NACA、НЕЖ 和 ЦАГИ 剖面的型值表

至导缘的距离（以弦长百分数计）/%	舵厚度（以最大厚度百分数计）/%		
	NACA	НЕЖ	ЦАГИ
0	0	0	0
3.5	43.6	48.5	62
5	59.3	65.5	82.9
10	83.1	87	97.5
20	96.6	100	99.6
30	100	100	93.2
40	97.7	93.5	78.4
50	88.2	82	58.8
60	77.1	66.5	43.6
70	62.1	46	31.2
80	43.1	28	18.4
90	25.1	12	8.9
100	3.1	3	2

航空研究机构试验过的翼型中，本节着重介绍美国国家航空航天局（National Aeronautics and Space Administration，NASA）的前身美国国家航空咨询委员会（National Advisory Committee for Aeronautics，NACA）开发的一系列翼型。每个翼型的代号由“NACA”四个字母与一串数字组成，将这串数字所描述的几何参数代入特定方程即可得到翼型的精确形状。

在模型上常用的 NACA 翼型分两个系列，即四位数字翼型和五位数字翼型。其中 NACA 四位数字翼型是美国 NACA 最早建立的一个低速翼型系列。与早期的其他翼型相比，有较高的升力系数和较低的阻力系数。

现以四位数字翼型 NACA-XYZZ 为例，将有关数码字的含义说明如下：

X——相对弯度，表示中弧线最大弧高，例如 6 就是 6%翼弦长。

Y——最大弯度位置，表示中弧线最大弧高的位置，例如 4 表示在 4%翼弦长度处（从前缘向后量）。

ZZ——相对厚度，表示翼型最大厚度与翼弦长之比，例如 09 即 9%翼弦长，四位数字翼型最大厚度都在 30%的地方，所以不再标注。

根据这个规律，可知 NACA-6412 翼型与 NACA-6409 基本上相同（中弧线完全相同），只是最大厚度不是 9%，而是 12%。

如果第一和第二两个数字是 0，表示这类翼型是对称翼型。如 NACA-0009 表示是 9%翼弦长的对称翼型。NACA 四位数字对称翼型是目前应用最广泛的对称翼型剖面，兼具升力系数大和阻力系数小的气动特性。其标号为“NACA-00××”，例如 NACA-0015 表示 15%翼弦长的对称形 NACA 剖面，其形状如图 4.41 所示。NACA 剖面的几何特征可通过厚度坐标来表示，即以中弧线为基准，上下表面按特定厚度分布曲线构建。

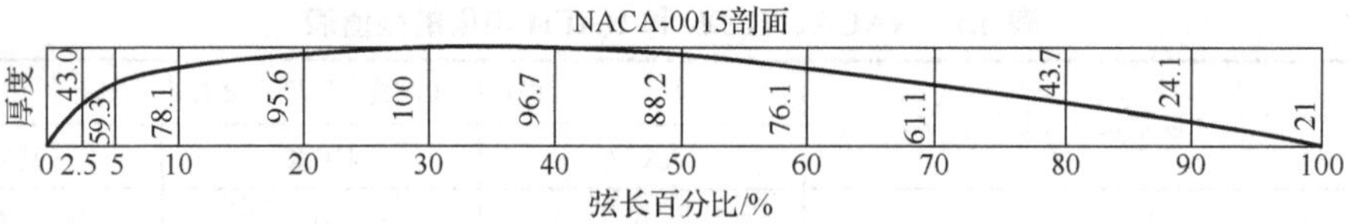

图 4.41 NACA-0015 剖面厚度坐标

舵面积的大小很大程度上影响了海洋机器人的操纵性，因此对舵翼的设计来说，舵面积的确定尤为重要。舵面积的确定必须综合考虑海洋机器人的回转性能、水平方向和垂直方向的稳定性能以及附体的阻力性能。如果适当增大舵翼的面积，可以减小定常回转直径，提高海洋机器人的直线稳定性，但是也会使得全艇体的阻力值增加，此外还有舵机的功率、舵设备重量以及舵翼所占的空间亦会有所增加。模型试验表明，舵面积达到一定程度后，对回转性的影响相对不再显著。

操纵面面积的确定主要考虑回转性和快速性，其设计目标是使海洋机器人在满足稳定性的基础上，机动性能达到最佳，这是一个优化设计问题。优化设计的主要过程是根据垂直舵面积来计算水平面相对定常回转直径，以及计算艇长相对于定常回转直径的比例[1]。

4.2.2.3 操纵面的水动力特性

单独舵在无限流场中以某一攻角 α 和速度 V 运动时，相当于有限展机翼的定常运动，受到流体动力 R 的作用。流体动力 R 可分解为垂直水流方向的升力 L 和沿水流方向的阻力 D；流体动力 R 也可分解为垂直于舵平面的法向力 N 和沿舵平面的切向力 T 。其相互关系为

$$\begin{cases} R = (L^2 + D^2)^{\frac{1}{2}} = (N^2 + T^2)^{\frac{1}{2}} \\ N = L\cos\alpha + D\sin\alpha \\ T = D\cos\alpha - L\sin\alpha \end{cases} \tag{4.38}$$

作用于舵上的水动力对导缘的力矩 M 、对舵轴的扭矩 M_Q、对舵叶根剖面的力矩 M_r 分别为

$$\begin{cases} M = N \cdot b_p \\ M_Q = N \cdot (b_p - d) \\ M_r = R \cdot h_p \end{cases} \tag{4.39}$$

式中，b_p 为舵上水动力合力作用点至导缘的距离；d 为舵轴至导缘的距离；h_p 为舵上水动力合力作用点至舵叶根剖面的距离。

一般将力和力矩表示成无因次形式：

升力系数 $C_L = \dfrac{L}{\frac{1}{2}\rho S V^2}$；阻力系数 $C_D = \dfrac{D}{\frac{1}{2}\rho S V^2}$；

法向力系数 $C_N = \dfrac{N}{\dfrac{1}{2}\rho SV^2}$；切向力系数 $C_T = \dfrac{T}{\dfrac{1}{2}\rho SV^2}$；

压力中心系数 $C_p = \dfrac{b_p}{b}$；力矩系数 $C_m = \dfrac{M}{\dfrac{1}{2}\rho SV^2\overline{b}}$；

舵轴扭矩系数 $C_{m_Q} = \dfrac{M_Q}{\dfrac{1}{2}\rho SV^2\overline{b}}$。

设计过程中可以依据各种剖面的舵已发表的水动力试验资料，查阅有关手册选用合适的舵剖面形式。

4.2.2.4　操纵面的水动力试验

操纵面的水动力试验是研究海洋机器人操纵性能的重要手段之一。其目的在于验证操纵面设计的可行性和优化性能，同时评估海洋机器人操纵面在实际潜行运动中的效果。这些试验数据对于设计新型舵面翼型和改进舵面翼型的操纵性能具有重要意义。

在操纵面水动力试验设计中，首先需要确定试验目标和指标，然后设计合适的试验装置和流场模拟方法。试验步骤通常包括制备试验样机、搭建试验设备、制订试验方案、进行试验数据采集和分析等。

操纵面水动力试验可分为真实模型的操纵面水动力试验和计算流体力学模拟操纵面水动力试验。设计中通常会采取模型试验与模拟试验相结合的方式，以更好地验证操纵面的水动力性能。

操纵面水动力试验相比 CFD 模拟具有更加真实的航行环境和更为复杂的流场情况，其数据真实性和验证性更高，但试验成本与周期显著增加。CFD 模拟则更经济高效，但需要谨慎选择模型和参数，并不能完全取代真实试验。在实践中，研究人员和专业工程师通常会综合运用这两种方法，从而形成多维度的理解视角并推动设计优化。

4.3　海洋机器人的控制力分配

4.3.1　舵桨联合操纵海洋机器人的控制力分配

4.3.1.1　舵桨联合操纵基本原理

海洋机器人通常由多个推进器（例如，螺旋桨或喷水推进器）和控制面（如襟翼或方向舵）组成。这些部件可以独立或联合操纵，以使海洋机器人执行各种复杂的运动和姿态任务。

海洋机器人控制研究的首要任务是推力的分配，也就是将根据算法得出的结果分配到螺旋桨和舵翼控制面上。以某微小型海洋机器人为例，该海洋机器人采用一个主推器、两个舵、两个翼，其结构如图 4.42 所示。

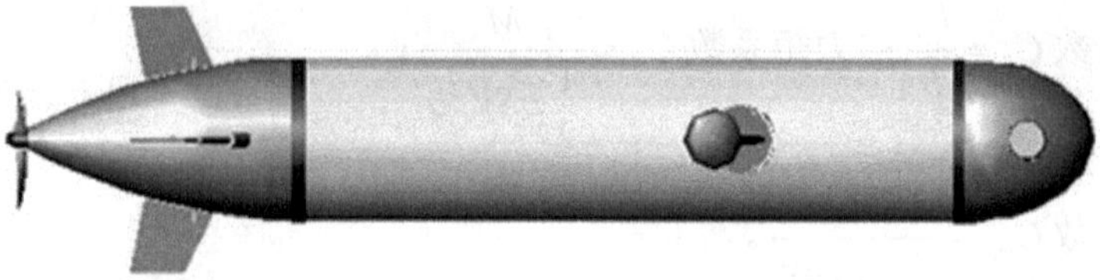

图 4.42　海洋机器人执行机构布置

舵桨联合运动控制器系统流程如图 4.43 所示，将控制算法得出的结果分配到具体的执行机构，实现海洋机器人的姿态控制、航迹控制以及速度控制[6]。

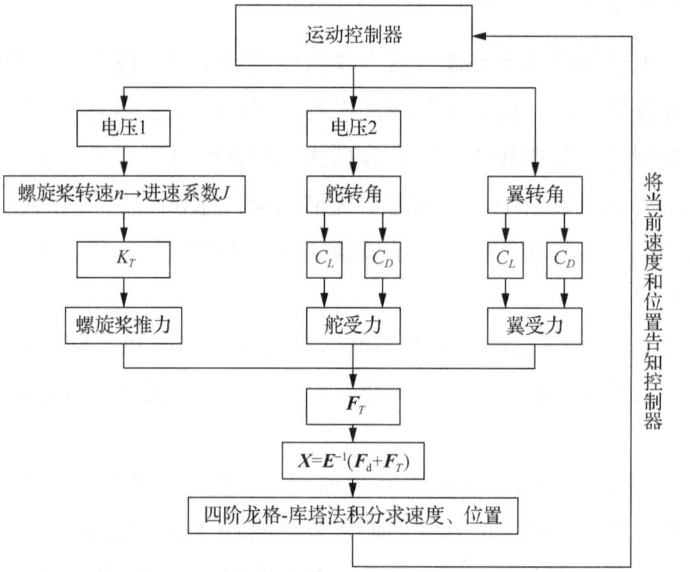

图 4.43　舵桨联合运动控制器系统流程框图

E 为质量矩阵

1. 螺旋桨

求解海洋机器人螺旋桨推力，首先要通过敞水试验获得进速系数 J 与推力系数 K_T 的一系列实测数据，如图 4.44 所示[7]。

用最小二乘法拟合由敞水试验测得的数据，得到拟合好的 J-K_T 曲线。设输入进速系数为 J，输出推力系数为 K_T，求解推力过程如下：

第一步，由航速 V 与螺旋桨转速 n（由控制器的控制指令决定）求得 $J=\dfrac{v}{nD}$；

第二步，将 J 代入拟合好的 J-K_T 曲线，求得推力系数 K_T；

第三步，由推力系数求得推力 $F_T=K_T n^2 D^4$，再由力臂求得力矩。

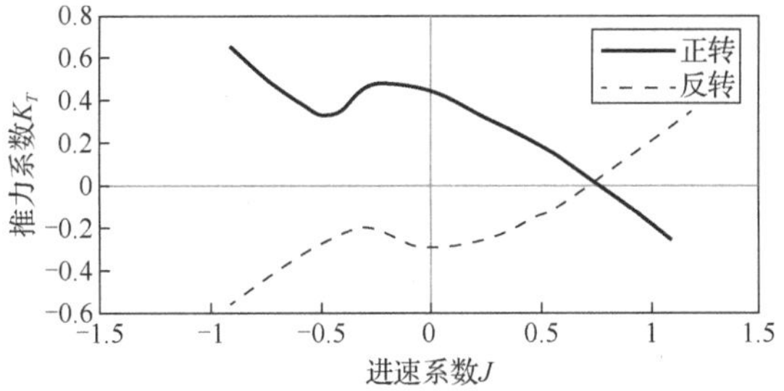

图 4.44　螺旋桨推力性能曲线

2. 舵翼控制面

控制面受到的流体动力可分解为垂直水流方向的升力 L 和沿水流方向的阻力 D，升力系数与阻力系数曲线如图 4.45 所示，升力与阻力的计算公式如下：

$$L = C_L\left(\frac{1}{2}\rho A_{\mathrm{R}} V^2\right) \tag{4.40}$$

$$D = C_D\left(\frac{1}{2}\rho A_{\mathrm{R}} V^2\right) \tag{4.41}$$

式中，C_L 为升力系数；C_D 为阻力系数；A_{R} 为参考面积。

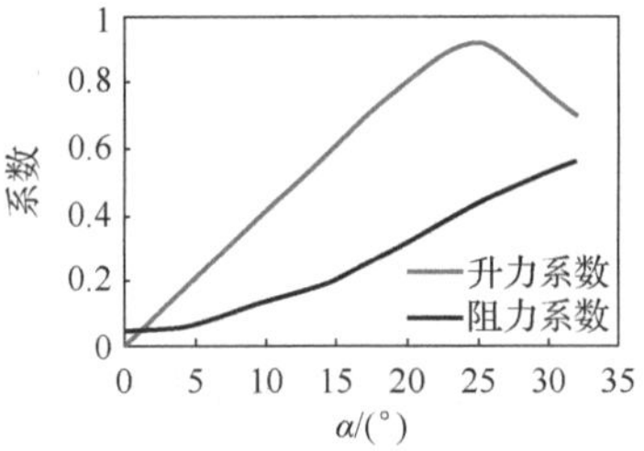

图 4.45　升力系数与阻力系数曲线

4.3.1.2　基于舵桨联合的低速运动控制力分配

在低速或近乎静态的水域环境中，可以使用舵桨联合操纵来精确分配控制力。通过协同调节推进器和舵的输入，使海洋机器人在六个自由度上实现精确的运动。低速控制力分配的关键在于理解并利用推进器和舵的相互作用，以及它们对不同环境条件（如流速、水深等）的响应。

下面是低速航行时舵桨推力分配的示例。

已知舵桨联合推进器操纵的海洋机器人（其推进器与舵分布如图 4.46 所示）在 1.5m/s 低速航行时根据艏向控制的 PID 控制器计算得到的推力为 21kgf，转艏力矩为−8N·m，请问如何分配推力比较合理？请给出螺旋桨转速和舵角的计算过程（已知垂直舵有上下两个，且对称分布，舵的水动力中心距离重心 1.8m，每个舵的面积为 1.1m^2）。

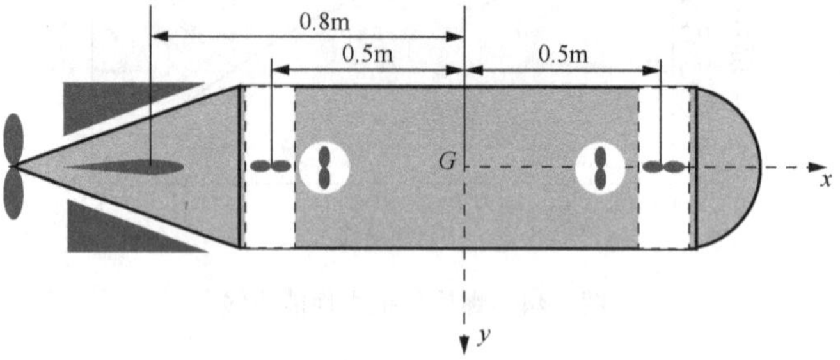

图 4.46　推进器与舵分布示意图

1.5m/s 低速航行时螺旋桨推力特性曲线如图 4.47 所示。

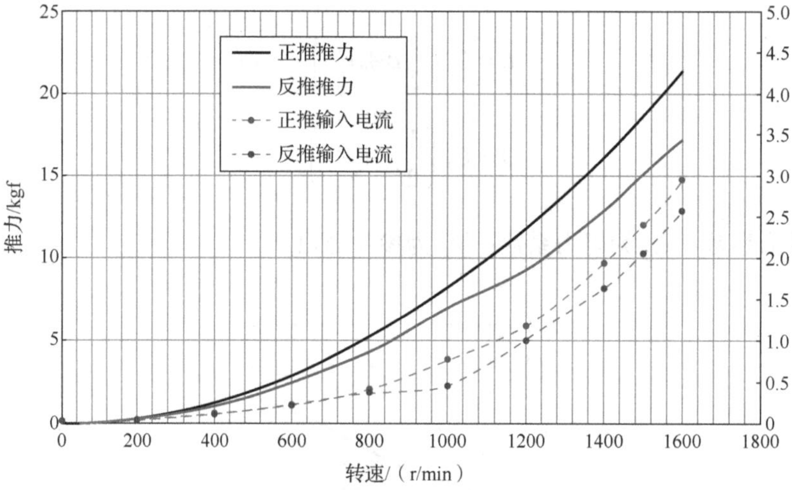

图 4.47　1.5m/s 低速航行时螺旋桨推力特性曲线图

由图 4.47 可得推力为 21kgf 时的螺旋桨转速为 1560r/min。

根据如下公式：

$$\begin{aligned} N &= Fl \\ F &= \frac{1}{2} C_L \rho S V^2 \end{aligned} \tag{4.42}$$

计算得到 $C_L = 0.2$，由图 4.45，得到舵角为 5°，由于转艏力矩为负，因此为左舵 5°。

4.3.1.3　基于舵桨联合的高速运动控制力分配

在高速航行状态下，海洋机器人是一个各自由度运动互相耦合的强非线性系统；另外，在进行舵、桨的切换操纵时，很可能会因为控制输出的突变而导致系统振荡甚至发散。

在这些情况下，推进器和舵的操纵需要更加快速和精确，以保持机器人的稳定性和控制精度。高速控制力分配的关键在于理解并利用推进器和舵的动态特性，以及它们在快速变化环境中的响应。此外，高速环境中的流体动力学特性（如流速、流态等）也会对控制力的分配产生重要影响。

下面是高速航行时舵桨推力分配的示例。

已知舵桨联合推进器操纵的海洋机器人在3.5m/s高速航行时根据艏向控制的PID控制器计算得到的转艏力矩为−200N·m，请问如何分配推力比较合理？请给出舵角的计算过程（已知垂直舵有上下两个，且对称分布，舵的水动力中心距离重心 1.8m，每个舵的面积为 1.1m²）。

由舵的作用原理可知，当舵以速度V和攻角α运动时，相当于流体以速度V、攻角α向舵运动，并可以将这个作用力分解为垂直于水流方向的升力L和由于水的黏性作用产生的阻力D。

高速航行，推力只分配给舵，舵产生的力矩和升力：

$$\begin{aligned} N &= Fl \\ F &= \frac{1}{2} C_L \rho S V^2 \end{aligned} \tag{4.43}$$

由上式计算得到$C_L = 0.4$，由图 4.45 得到舵角为 10°，由于转艏力矩为负，因此为左舵 10°。

4.3.2　多推进器操纵海洋机器人的控制力分配

4.3.2.1　多推进器操纵基本原理

在海洋机器人中，通常配备多个推进器来提供推力，并通过合理的推力分配，将控制算法得出的结果分配到具体的执行机构，即电机的控制量上，从而实现精准的操纵和控制。通过推力分配能够实现海洋机器人的姿态控制、航迹控制以及速度控制。在推力分配研究中，通常会使用控制理论、动力学模型以及数值优化等方法。

海洋机器人通过控制算法计算出各自由度上的推力和力矩，然后通过推力分配计算出各执行机构（推进器、舵机等）所要提供的推力，再根据目标推力值计算出推进器的目标转速，从而实现海洋机器人的空间运动[8]。海洋机器人运动控制流程图如图 4.48 所示。

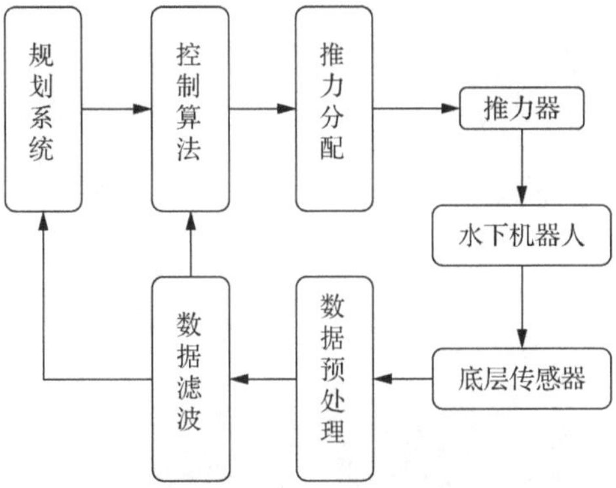

图 4.48　海洋机器人运动控制流程图

文献[9]提出了一种推力分配策略，即根据最低能耗且最小化推力的准则，来计算并分配控制系统期望输出的力和力矩到各个推进器上。经过多年发展，推力分配策略已走向成熟。其中，伪逆法和直接分配法较早被应用于推力分配问题的求解，它们均是计算过程简单、实时性高的方法，得到了广泛的应用。然而，基于伪逆法的推力分配未考虑推进器的物理约束，导致其计算结果可能超出推进器的推力限制，出现过饱和现象。而与伪逆法相比，二次规划和序列二次规划方法的计算更复杂、适用范围更广，可用于求解含转速加速度限制、回转速率限制等约束的全回转推进系统的推力分配问题。此外，许多智能优化算法，如遗传算法、蜂群算法、粒子群优化算法、和声搜索算法、强化学习算法等也被用于推力分配问题的求解。

对螺旋桨推进器而言，推进器产生的推力与螺旋桨转速之间存在对应关系，其关系通常用推进器的推力特性曲线来表示，可以认为推进器的推力是关于转速的函数，并且在多数情况下，推进器转速与产生的推力之间是一个二次函数关系[10]。为了获得推力特性曲线，制造商会在推进器的设计和制造阶段进行仿真测试和试验测试，以确定推进器在不同转速下的推力输出，并将测试结果绘制成推力特性曲线，如图 4.47 所示。

螺旋桨推进器的推力模型一般通过公式（4.44）来表示：

$$\begin{cases} T = K_T \rho n^2 D^4 \\ Q = K_Q \rho n^2 D^5 \\ J = \dfrac{V_A}{nD} \end{cases} \tag{4.44}$$

式中，T 表示螺旋桨产生的推力；Q 表示螺旋桨输入的扭矩；K_T 表示推力系数；K_Q 表示扭矩系数；ρ 表示液体密度，通常是水的密度；n 表示螺旋桨转速；D 表示螺旋桨直径；J 表示进速系数；V_A 表示螺旋桨相对于水的运动速度。

根据桨叶方向将螺旋桨划分为顺桨和逆桨两种类型，如图 4.49 所示。推进器桨叶前后不一致，因此桨叶的正向推力特性和反向推力特性具有一定的差别。同时，推进器在正向推力和反向推力之间存在一定死区，所以在进行推力拟合时需要区分正向推力、死区推力和反向推力。

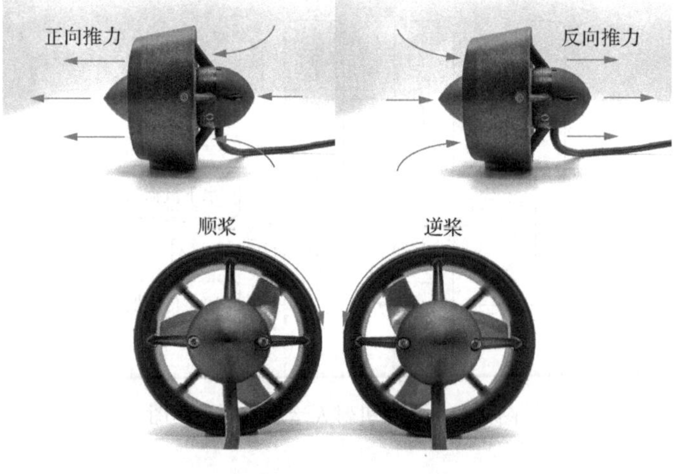

图 4.49　顺桨、逆桨

4.3.2.2　基于多推进器控制力分配实例

与以舵翼为主的海洋机器人相比，以推进器为主的海洋机器人能够实现悬停时的控制。当海洋机器人在悬停工作模式时，主推不提供推力，其前进速度近似为零，此时舵翼不能提供所需的控制力，只能通过两个侧置推进器对其进行控制，通过侧置推进器可以在悬停工作模式使海洋机器人转动任意的角度及进行侧移控制[11]。

1．双推进器平行布置控制力分配实例

双推进器平行布置示意图如图 4.2 所示。

已知海洋机器人速度和艏向控制器的计算输出为纵向力 100N、转艏力矩−20N·m，假设 a=0.5m。下面介绍如何给两推进器 T_1, T_2 分配推力。

由双推进器平行布置力和力矩表示式［公式（4.2）］可得

$$\begin{cases} T_1 + T_2 = 100 \\ 0.5\left(T_1 - T_2\right) = -20 \end{cases} \tag{4.45}$$

$$\begin{cases} T_1 = 30\text{N} \\ T_2 = 70\text{N} \end{cases} \tag{4.46}$$

根据推进器厂家提供的输入脉冲宽度调制（Pulse Width Modulation，PWM）值和实测推力大小的数据集（图 4.50），以及对应的设备使用电压值，找到计算结果对应的 PWM 值，并通过此 PWM 信号进行推进器的控制[12]。

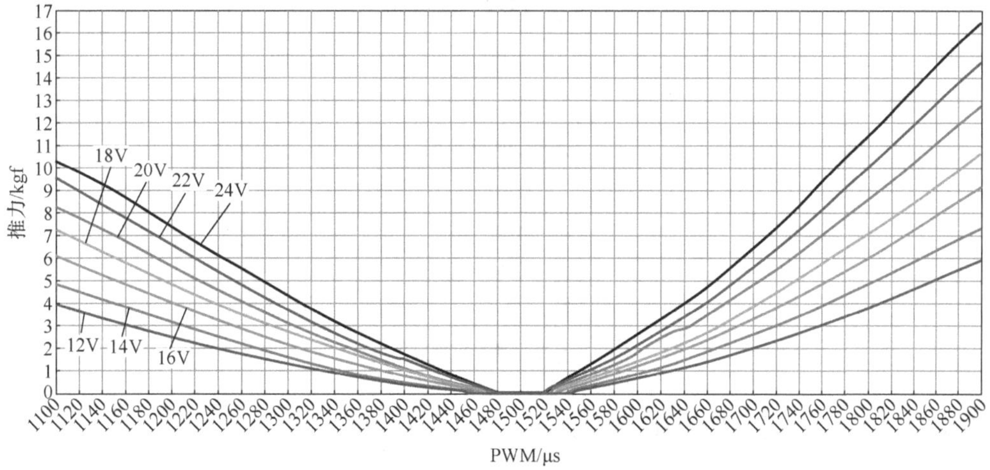

图 4.50　推进器推力控制图

2. 锥形推进器控制力分配实例

锥形推进器布置示意图如图 4.5 所示。

作用在锥形推进器上的力和力矩的表示式为

$$\begin{bmatrix} \boldsymbol{T} \\ \boldsymbol{M} \end{bmatrix} = \begin{bmatrix} \sum_{i=1}^{4} T_i \\ \sum_{i=1}^{4} M_i \end{bmatrix} \begin{bmatrix} (T_1+T_2+T_3+T_4)\cos\alpha \\ (-T_3+T_4)\sin\alpha \\ (-T_1+T_2)\sin\alpha \\ 0 \\ c(-T_1+T_2)\sin\alpha \\ c(T_3-T_4)\sin\alpha \end{bmatrix} \tag{4.47}$$

以水平面为例，在机器人产生转艏力矩的同时不可避免地会产生横向力，在我们仅进行转艏运动时，还需要其他推进器（如侧推槽道推进器）进行补偿。

已知海洋机器人速度和艏向控制器的计算输出为纵向力$100\sqrt{3}\mathrm{N}$，转艏力矩$-20\mathrm{N}\cdot\mathrm{m}$，当$\alpha=30°$时，锥形推进器布置相对重心力臂$c=1\mathrm{m}$，两水平侧推在纵轴上关于重心对称，距离$b=0.5\mathrm{m}$。求水平面推进器$T_3$、$T_4$以及侧推$T_5$、$T_6$推力布置。

$$\begin{bmatrix} X \\ Y \\ N \end{bmatrix} = \begin{bmatrix} (T_3+T_4)\cos\alpha \\ (-T_3+T_4)\sin\alpha \\ c(T_3-T_4)\sin\alpha \end{bmatrix} \tag{4.48}$$

$$\begin{bmatrix} Y' \\ N' \end{bmatrix} = \begin{bmatrix} T_5+T_6 \\ (T_5-T_6)b \end{bmatrix} \tag{4.49}$$

$$\begin{cases} X = 100\sqrt{3} \\ Y + Y' = 0 \\ N + N' = -20 \end{cases} \tag{4.50}$$

$$\begin{cases} T_3 = 60 - 2T_5 \\ T_4 = 140 + 2T_5 \\ T_5 = T_5 \\ T_6 = -40 - 3T_5 \end{cases} \tag{4.51}$$

在本实例中，海洋机器人为过驱动系统，满足方程的解不唯一。

第 5 章　海洋机器人操纵性分析

5.1　预 备 知 识

5.1.1　运动稳定性的一般概念

5.1.1.1　静平衡稳定性和运动稳定性

刚体位置的稳定性是物体平衡状态的属性。由物理学可知，刚体有三种不同的静平衡方式，即稳定平衡、不稳定平衡和随遇平衡（图 5.1）。判断某平衡位置是否稳定的方法是：给刚体瞬时小扰动，使刚体相对原平衡状态造成偏离，然后看物体能否自行回到原平衡状态，如能回到未受扰动时的状态，则此平衡位置相对于这种小扰动来说是稳定的，反之是不稳定的或随遇的。

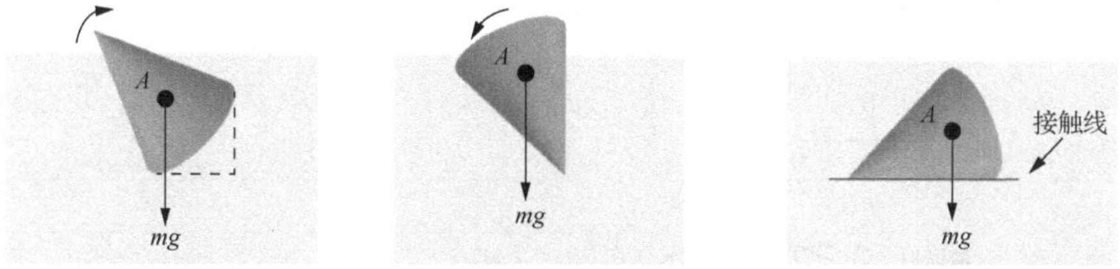

（a）稳定平衡　　（b）不稳定平衡　　（c）随遇平衡

图 5.1　静平衡的三种类型

物体的平衡状态可以是静止的，也可以是动平衡的。静力学研究静浮海洋机器人的平衡稳定性，而将处于动平衡状态的海洋机器人做定常运动时的平衡稳定问题归结为运动稳定性。当海洋机器人处于等速定深直航状态时，不可避免地会受海流冲击、海水密度梯度扰动及水动力的微小改变等随机干扰，导致运动学参数（如艏向角、纵倾角、航行深度）的偏离。海洋机器人能否通过自身动力学特性恢复至初始定常运动状态，构成流体动力学的稳定性问题。

运动稳定性定义：海洋机器人做定常运动时，受瞬时小扰动后，受扰的运动参数能否自行回到初始运动状态的性能。如重心坐标 $\zeta_G(t)$（即航行深度）受扰后，最终能自行（未施加操舵等控制）回到初始的定常运动状态，则称 $\zeta_G(t)$ 具有自动稳定性。若不具有 $\zeta_G(t)$ 的自动稳定性，通过不断地操纵（操舵或静载等）能保持航行深度，则称海洋机器人具有 $\zeta_G(t)$ 的控制稳定性。

需要指出，物体运动的稳定性对不同的运动参数来说是不同的，可能对这一运动参数来说是稳定的，而对另一运动参数来说是不稳定的。因此在研究海洋机器人的运动稳定性时必须指明是对哪一个运动参数而言的，例如，是指对航行深度ζ_G，还是对纵倾角θ、水平面的艏向角ψ或偏航角速度r等。

自动稳定性是一定的海洋机器人（艇体和舵翼等）自身的属性，故也称为海洋机器人的固有稳定性。海洋机器人的自动稳定性是整个双平面控制系统（水平面的航向控制系统与垂直面的深度控制系统）中一个基本环节的重要特性，自动稳定性太差的潜器要保持航向与深度必须频繁地操舵，导致对舵手的技术要求高、作业强度大，同时引发舵装置磨损加剧、功率损耗增加、航行阻力提升等，严重时甚至出现航向失稳或深度失控现象。本章为操纵性分析，主要讨论自动稳定性，对于控制稳定性只作一般介绍。

5.1.1.2　运动稳定性的种类

根据海洋机器人受扰后的最终航迹保持其初始定常运动状态的特性，运动稳定性可分成以下几种情况。

（1）直线稳定性：受扰后海洋机器人沿另一航向做直线航行（图 5.2 中 A）。如水平面运动中，当$t \to \infty, \Delta r \to 0, \Delta\psi \to$常数，但$\Delta\eta_G \neq 0$时，称为具有直线稳定性。

（2）方向稳定性：受扰后海洋机器人仍循原航向运动，但并不与原航线重合（图 5.2 中 B）。如水平面运动中，当$t \to \infty, \Delta r \to 0, \Delta\psi \to 0$，但$\Delta\eta_G \neq 0$时，称为具有方向稳定性。

（3）航线稳定性：受扰后海洋机器人仍按原航线的延长线航行（图 5.2 中 C）。如水平面运动中，当$t \to \infty, \Delta r \to 0, \Delta\psi \to 0, \Delta\eta_G \to 0$时，称为具有航线稳定性，也称为位置运动稳定性。

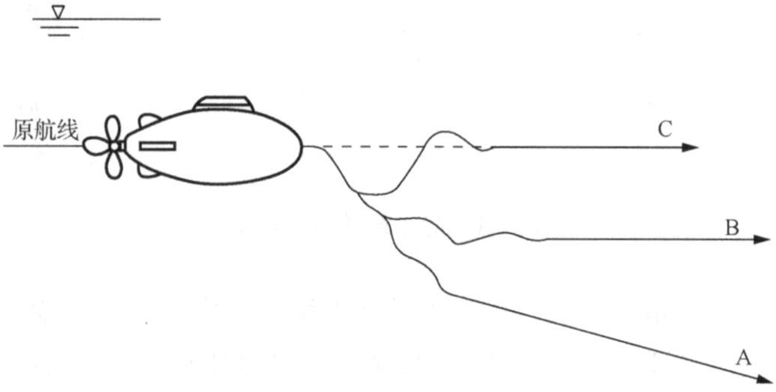

图 5.2　稳定的种类

A-直线稳定性；B-方向稳定性；C-航线稳定性

此外，还有定常回转运动的稳定性。

显然，具有航线稳定性的艇必同时具有直线稳定性和方向稳定性；具有方向稳定性的艇必同时具有直线稳定性；不具有直线稳定性的艇也一定不具有方向稳定性和航线稳定性。可见上述几种稳定性是按升级次序来划分的，而且上述运动稳定性的划分也适用于操舵控制或舵自由摆动的情形，但通常指的是舵固定的情况，即自动稳定性。

对海洋机器人在水平面和垂直面的平面运动来讲：不具有航线和方向的自动稳定性，只可能具有直线稳定性；在垂直面不具有航线稳定性（即航行深度ζ_G），但具有方向稳定性和直线稳定性。实际上，在这两个平面运动中，最有意义的是关于航向和深度参数的稳定性，不论是否具有直线稳定性，都要通过人工操舵或设计合理的自动驾驶仪来保持良好的航向、深度，即具有航向、深度的良好控制稳定性。但是，如果稳定性过强，也会给机动带来困难。因此，艇的运动稳定性必须适度。

5.1.2　运动稳定性的一般知识

海洋机器人的定常运动稳定性问题，属于力学中物体运动稳定性这一普遍问题的特殊情形，所以下面先简要介绍力学中研究运动稳定性的基本方法，然后再具体研究海洋机器人水平面的航向稳定性和垂直面的深度稳定性。

5.1.2.1　基本概念和定义

设物体有 n 个运动参数 $s_1,s_2,\cdots,s_n$，它们是时间的函数，可表示为

$$s_i = s_i(t) \quad (i=1,2,\cdots,n) \tag{5.1}$$

对于海洋机器人双平面操纵运动，运动参数为 $u(t)$、$v(t)$、$r(t)$、$\psi(t)$、$\xi_G(t)$、$\eta_G(t)$、$w(t)$、$q(t)$、$\theta(t)$、$\zeta_G(t)$ 等。

由于某种偶然的外界干扰作用，物体的运动状态发生了微小的变化（图 5.3），当此干扰除去后，物体的参数变为

$$s_i(t) = s_{i0} + \Delta s_i(t) \tag{5.2}$$

式中，$s_i(t)$ 为受到干扰后的运动参数，简称“受扰运动”；s_{i0} 为受到干扰前的运动参数，简称“未扰运动”；$\Delta s_i(t)$ 为受扰运动与未扰运动之差，简称“扰动运动”。

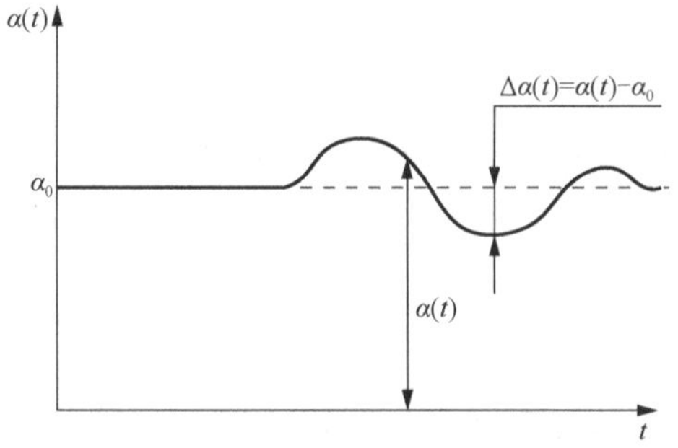

图 5.3　冲角的扰动运动 $\Delta\alpha(t)$

通常称由瞬时干扰（如打雷、发射导弹、误操舵等）引起的扰动运动称为自由扰动运动；由持续作用于艇上的、按一定规律变化的干扰（如操纵一定舵角或变动一定静载等）引起的扰动运动称为强迫扰动运动。基于自由扰动运动，可分析海洋机器人的自动稳定性；通过强迫扰动运动可研究其操纵动态响应特性，进而评估该平台的机动性。

一般地，物体运动的稳定性有以下三种情况。

（1）当时间 $t\to\infty$，扰动运动 $\Delta s_i \to 0$ 即运动恢复到未扰运动，此时称未扰运动是“渐近稳定的”。

（2）当时间$t \to \infty$，扰动运动$\Delta s_i \to$常数（或有界）即受扰运动最后不能恢复到未扰运动，而相差一常量（或有界值），此时称未扰运动是“非渐近稳定”的。

（3）随着时间$t \to \infty$，扰动运动$\Delta s_i \to \infty$，则称未扰运动是“不稳定”的。

从海洋机器人的航向、深度是否具有自动稳定性角度看，只有航向渐近稳定、深度渐近稳定时，才是自动稳定的；而对于非渐近稳定和不稳定的情况，要保持航向或深度都必须操舵，都不是自动稳定的。

5.1.2.2　扰动运动方程和判别运动稳定性的一次近似方法

要研究物体运动的稳定性，研究扰动运动Δs_i随时间的变化规律，需建立扰动运动微分方程。

设物体运动的n个微分方程可写成

$$\frac{\mathrm{d}s_i}{\mathrm{d}t} = F_i(s_1, s_2, \cdots, s_n) \quad (i = 1, 2, \cdots, n) \tag{5.3}$$

式中，F_i为表征物体特性和作用在物体上的力的已知函数。物体受到某种微小的扰动后，公式（5.3）可表示为

$$\frac{\mathrm{d}(s_i + \Delta s_i)}{\mathrm{d}t} = F_i(s_1 + \Delta s_1, s_2 + \Delta s_2, \cdots, s_n + \Delta s_n) \tag{5.4}$$

将公式（5.4）右边用泰勒公式展开：

$$F_i(s_1 + \Delta s_1, s_2 + \Delta s_2, \cdots, s_n + \Delta s_n) = F_i(s_1, s_2, \cdots, s_n) + c_{i1}\Delta s_1 + c_{i2}\Delta s_2 + \cdots + c_{in}\Delta s_n + \overline{F}_i \tag{5.5}$$

式中，系数$c_{i1}, c_{i2}, \cdots, c_{in}$由公式（5.6）确定：

$$c_{i1} = \frac{\partial F_1}{\partial s_1}, c_{i2} = \frac{\partial F_2}{\partial s_2}, \cdots, c_{in}\frac{\partial F_i}{\partial s_n} \tag{5.6}$$

$\overline{F}_i = \overline{F}_i(\Delta s_1, \Delta s_2, \cdots, \Delta s_n)$为包含$\Delta s_i$的二阶及高于二阶项的函数。

将公式（5.5）代入公式（5.4）得

$$\frac{\mathrm{d}(s_i + \Delta s_i)}{\mathrm{d}t} = F_i(s_1, s_2, \cdots, s_n) + c_{i1}\Delta s_1 + c_{i2}\Delta s_2 + \cdots + c_{in}\Delta s_n + \overline{F}_i \tag{5.7}$$

由公式（5.7）减去公式（5.3），即得扰动运动微分方程：

$$\frac{\mathrm{d}(\Delta s_i)}{\mathrm{d}t} = c_{i1}\Delta s_1 + c_{i2}\Delta s_2 + \cdots + c_{in}\Delta s_n + \overline{F}_i \tag{5.8}$$

为了简便，略去高阶项$\overline{F}_i$而只保留扰动运动Δs_i的线性项，也即用“一次近似方法”来研究运动稳定性，则公式（5.8）可写成

$$\frac{\mathrm{d}(\Delta s_i)}{\mathrm{d}t} = c_{i1}\Delta s_1 + c_{i2}\Delta s_2 + \cdots + c_{in}\Delta s_n \tag{5.9}$$

扰动运动微分方程组（5.9）是常系数线性微分方程组，对其积分即可求得扰动运动Δs_i随时间的变化规律，就可以解决运动稳定性的问题。

下面以垂直面为例，介绍扰动运动方程的实际推导方法。海洋机器人受到某种干扰的作用，使其运动状态发生微小改变，其运动参数由受扰前的定常运动常数变为

$$u(t)=u_0+\Delta u(t) \tag{5.10a}$$

$$w(t)=w_0+\Delta w(t)\text{或}\alpha(t)=\alpha_0+\Delta\alpha(t) \tag{5.10b}$$

$$q(t)=q_0+\Delta q(t)\text{或}\theta(t)=\theta_0+\Delta\theta(t) \tag{5.10c}$$

式中，$u(t)$、$w(t)$、$\alpha(t)$、$q(t)$、$\theta(t)$ 为受到干扰后的运动参数，即受扰运动；u_0、w_0、α_0、q_0、θ_0 为受到干扰前的定常运动参数，即未扰运动；$\Delta u(t)$、$\Delta w(t)$、$\Delta\alpha(t)$、$\Delta q(t)$、$\Delta\theta(t)$ 为受扰运动与未扰运动之差，即扰动运动。

造成扰动运动最常见的因素是舵角和静载的改变，如 δ_{b_0}、δ_{s_0}、P_0 为平衡状态（定常运动）时的值，如有增量，即

$$\begin{aligned}\delta_{b_0}(t)&=\delta_{b_0}+\Delta\delta_{b_0}\\ \delta_{s_0}(t)&=\delta_{s_0}+\Delta\delta_{s_0}\\ P(t)&=P_0+\Delta P(t)\end{aligned} \tag{5.11}$$

$$\begin{cases}(m-Z_{\dot{w}})\dot{w}-Z_w w-Z_{\dot{q}}\dot{q}-(mV+Z_q)q=Z_0+Z_{\delta_b}\delta_b+Z_{\delta_s}\delta_s+P\\ (I_y-M_{\dot{q}})\dot{q}-M_q q-M_{\dot{w}}\dot{w}-M_w w=M_0+M_{\delta_b}\delta_b+M_{\delta_s}\delta_s+X_T z_T+M_p+M_\theta\theta\end{cases} \tag{5.12}$$

$$\begin{cases}Z_w w+Z_{\delta_b}\delta_b+Z_{\delta_s}\delta_s+Z_0+P=0\\ M_w w+M_{\delta_b}\delta_b+M_{\delta_s}\delta_s+M_0+X_T z_T+M_p+M_\theta\theta=0\end{cases} \tag{5.13}$$

将方程（5.10）和方程（5.11）代入方程（5.12），并考虑到俯仰定常运动方程（5.13），省略前置增量符号“Δ”，可得海洋机器人垂直面（弱）扰动运动方程为

$$\begin{cases}(m-Z_{\dot{w}})\dot{w}-Z_{\dot{q}}\dot{q}-Z_w w-(mV+Z_q)q=Z_{\delta_s}\delta_s+Z_{\delta_b}\delta_b+P\\ (I_y-M_{\dot{q}})\dot{q}-M_q q-M_{\dot{w}}\dot{w}-M_w w-M_\theta\theta=M_{\delta_b}\delta_b+M_{\delta_s}\delta_s+M_p\end{cases} \tag{5.14}$$

相应的无因次扰动运动方程为

$$\begin{cases}(m'-Z'_{\dot{w}})w'-Z'_{\dot{q}}\dot{q}'-Z'_w w'-(m'+Z'_q)q'=Z'_{\delta_s}\delta_s+Z'_{\delta_b}\delta_b+P'\\ (I'_y-M'_{\dot{q}})\dot{q}'-M'_q q'-M'_{\dot{w}}\dot{w}'-M'_w w'-M'_\theta\theta=M'_{\delta_b}\delta_b+M'_{\delta_s}\delta_s+M'_p\end{cases} \tag{5.15}$$

扰动运动方程（5.14）也可写成单参数的形式。此外，如将扰动运动方程（5.14）与线性方程（5.12）比较，当从方程（5.12）中去掉 Z_0、M_0、$X_T z_T$ 等后，方程（5.12）变成了方程（5.14）。二者形式虽有差别，即扰动运动方程是以定常运动作为基准运动，而线性操纵运动方程（5.10c）是从艇的静止状态出发的，但二者力学实质是相同的。

方程（5.14）又称为强迫扰动运动方程，令方程右侧为零，则得瞬时干扰作用下的自由扰动运动方程。前者用于研究海洋机器人对操纵（转能或改变静载）的响应特性，即研究海洋机器人在垂直面的机动性能；后者用于研究运动稳定性。下面介绍运动稳定性的判别方法。

如果只是为了判断运动的稳定性质（是稳定的还是不稳定的），则没有必要对扰动运动微分方程组（5.9）进行积分，而只要分析其特征方程根的形式就可以了。

设扰动运动微分方程组（5.9）的特征方程为

$$a_0\lambda^n + a_1\lambda^{n-1} + a_2\lambda^{n-2} + \cdots + a_n = 0 \tag{5.16}$$

公式（5.16）的n个根为$\lambda_1,\lambda_2,\cdots,\lambda_n$，则扰动运动微分方程组（5.9）的解为

$$\Delta s_i = b_1 e^{\lambda_1 t} + b_2 e^{\lambda_2 t} + \cdots + b_n e^{\lambda_n t} \tag{5.17}$$

显然，由公式（5.17）可知：

（1）若特征方程（5.16）的根λ_i全部具有负实部（都是具有负实部的复数或是负实数）则当$t\to\infty$时，扰动运动$\Delta s_i\to 0$，未扰运动是渐近稳定的。

（2）在特征方程的根λ_i中，只要有一个具有正实部，则当$t\to\infty$时，扰动运动$\Delta s_i\to\infty$，未扰运动是不稳定的。

（3）当一次近似线性方程组的特征方程存在零实部的根（即有零根或虚根，而其余根的实部均为负）时，根据运动稳定性理论的研究结果，公式（5.8）右边非线性项$\bar{F}_i$会对零解的稳定性产生重要影响。因此，在这种情形下，通常无法采用一次近似方法来研究稳定性问题。

由上述结论可以得知，公式（5.17）中的任意分量$b_i e^{\lambda_i t}$的函数性质仅与特征根λ_i有关，初始条件决定的待定常数b_i，只决定该分量的大小和正负，不能决定函数的性质（是衰减或发散）。

5.1.2.3 赫尔维茨判别法

使用一次近似方法来判断运动的稳定性时，核心在于判断扰动运动微分方程的特征方程（5.16）中所有根的实部符号。要解出方程（5.16）的根（尤其是在高次幂的情况），是一项繁重的工作，有时甚至是不可能的。为了判断一个代数方程根的符号，并不需要解出此方程的根，在“自动调整原理”中有代数方法和频率方法，每个方法都是一种判据。下面介绍一个最常用的代数判据，即赫尔维茨判别法。

设线性动力系统的特征方程为n次代数方程：

$$a_0\lambda^n + a_1\lambda^{n-1} + a_2\lambda^{n-2} + \cdots + a_n = 0 \tag{5.18}$$

式中，设$a_0>0$，这并不影响一般性。

作赫尔维茨行列式：在主对角线上依次写出从方程的第二个系数a_1起的系数$a_1,a_2,\cdots,a_n$，其他各列的元素以主对角线为准，向左时下标依次增加，向右时下标依次减少，凡下标大于n或小于零时，均以零替代，即

$$d_1 = a_1, d_2 = \begin{vmatrix} a_1 & a_0 \\ a_3 & a_2 \end{vmatrix}, d_3 = \begin{vmatrix} a_1 & a_0 & 0 \\ a_3 & a_2 & a_1 \\ a_5 & a_4 & a_3 \end{vmatrix}, \cdots, d_n = \begin{vmatrix} a_1 & a_0 & 0 & 0 & \cdots & 0 \\ a_3 & a_2 & a_1 & a_0 & \cdots & 0 \\ a_5 & a_4 & a_3 & a_2 & \cdots & 0 \\ \vdots & \vdots & \vdots & \vdots & & \vdots \\ 0 & 0 & 0 & 0 & \cdots & a_n \end{vmatrix} \tag{5.19}$$

方程（5.18）所有的根都具有负实部的充要条件是所有赫尔维茨行列式都大于零，即

$$d_i > 0 \quad (i = 1, 2, \cdots, n) \tag{5.20}$$

例如，对于二次代数方程 $\lambda^2 + a_1\lambda + a_2 = 0(a_0 = 1 > 0)$ 的根都具有负实部的充要条件是

$$d_1 = a_1 > 0, \quad d_2 = \begin{vmatrix} a_1 & a_0 \\ 0 & a_2 \end{vmatrix} = a_1 a_2 > 0 \tag{5.21}$$

即 $a_1 > 0, a_2 > 0, a_0 > 0$。

又如三次代数方程 $\lambda^3 + a_1\lambda^2 + a_2\lambda + a_3 = 0$ 的根都具有负实部的充要条件是 $d_1 = a_1 > 0$，$d_2 = \begin{vmatrix} a_1 & a_0 \\ a_3 & a_2 \end{vmatrix} = a_1 a_2 - a_3 a_0 > 0$，$d_3 = \begin{vmatrix} a_1 & a_0 & 0 \\ a_3 & a_2 & a_1 \\ 0 & 0 & a_3 \end{vmatrix} = a_3 \begin{vmatrix} a_1 & a_0 \\ a_3 & a_2 \end{vmatrix} = a_3 d_2 > 0$。由于 $d_2 > 0$，因此 $d_3 > 0$，实质上就是要求 $a_3 > 0$，于是可得

$$a_0 > 0, a_2 > 0, a_3 > 0, d_2 = a_1 a_2 - a_3 a_0 > 0 \tag{5.22}$$

式中，$a_1 > 0$。

由此可见，一阶、二阶系统稳定的充要条件是方程系数全部为正，三阶以上系统除了满足方程系数全部为正外，对三阶系统还应使中间两项系数的乘积大于首尾项系数的乘积这一附加条件。

5.2　垂直面直航稳定性

在评价海洋机器人的运动稳定性时，采用两类标准：静稳定性和动稳定性。

静稳定性比较简单，类似于静力学中浮体的稳性，有一定实用价值，与动稳定性有密切的联系，是一定条件下的动稳定性。而动稳定性，是相对静稳定性而言的，即通常所讲的运动稳定性的简称。

5.2.1　静稳定性

所谓静稳定性，即认为海洋机器人做定常运动时，只有一个运动参数有变化，假设其他运动参数不变，且只考虑扰动力除去后最初瞬间的运动趋向。如在垂直面，设 $\delta_{s_0} = \delta_{b_0} = 0$，艇以 $\alpha_0 = \theta_0 = 0$ 做定常直航运动，受到瞬时弱干扰，前进方向、航行深度因惯性很大尚未来得及发生变化，但艇体略有偏转，仅出现增量 $\Delta\alpha$（即出现垂向速度 w），则引起作用于艇上的流体动力也有增量（图 5.4）：$\Delta Z(w) = Z_w w = \frac{1}{2}\rho V L^2 Z'_w w$，$\Delta M(w) = M_w w = \frac{1}{2}\rho V L^3 M'_w w$。考虑到 $w \approx V\alpha$ 并省略增量符号“Δ”，上式可改写成 $Z(w) = \frac{1}{2}\rho V^2 L^2 Z'_w \alpha$，$M(w) = \frac{1}{2}\rho V^2 L^3 M'_w \alpha$。

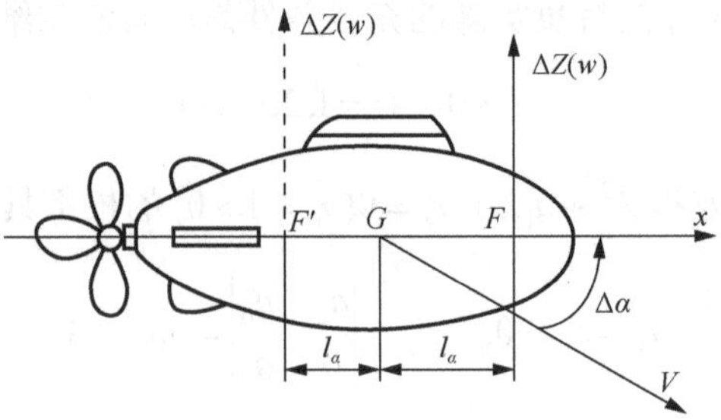

图 5.4　冲角的静稳定性

与静稳定性的研究方法类似，要评定冲角的稳定性，只需研究 $\Delta\alpha$ 引起的流体动力的作用趋势，如果是促使冲角恢复到原来定常运动状态的，则是静稳定的，反之则是静不稳定的。同时，这里涉及的是关于角位移问题，所以只需研究流体动力的力矩 $M(w)$ 的作用趋向即可。

如图 5.4 所示，当水动中心点 F 在重心之前，即 $l_\alpha > 0$，力矩 $M(w)$ 的作用力图使扰动引起的偏离 $\Delta\alpha$ 增大，所以运动是不稳定的；反之，当 F 点在 G 点之后（即 F' 点），即 $l_\alpha < 0$，力矩 $M(w)$ 的作用使 $\Delta\alpha \to 0$，所以运动是稳定的。于是冲角的静稳定性可以用无因次水动力中心臂 $l'_\alpha = l_\alpha / L = -M'_w / Z'_w$ 作为判据（衡准）：$l'_\alpha > 0$（冲角静不稳定）、$l'_\alpha = 0$（冲角静中性）、$l'_\alpha < 0$（冲角静稳定）。故称 l'_α 为静不稳定系数，而水动力系数 M'_w、Z'_w 为稳定性系数（水平面是 Y'_v、N'_v）。可见水动力中心力臂 l'_α 的正负表示静稳定的性质，而 $|l'_\alpha|$ 的大小可用以衡量静（不）稳定的程度。现代海洋机器人的水动力中心都在重心之前，因此冲角总是静不稳定的。但海洋机器人设计和实艇操纵表明，不要求冲角是静稳定的，只要求 l'_α 是个适当的正值，根据统计 $l'_\alpha = 0.20 \sim 0.25$。因为由 α 引起的水动力 $Z(w)$、$M(w)$ 不但使冲角变化，同时引起旋转角速度 q 的变化，使艇做变速、变角速度运动，将引起更多的水动力，而且还有纵向扶正力矩 $M(\theta)$ 的作用，但这只考虑了 $M(w)$ 对偏离的影响，受干扰后冲角最终是否复原，应由全部作用力的综合效应而定。这种最终的真实稳定性就是下面要研究的动稳定性。

5.2.2　动稳定性

5.2.2.1　垂直面自由扰动运动方程的特征方程

考虑定常直线运动中，海洋机器人受到某种干扰后，如冲角 α（未受扰时为零，即 $\alpha_0=0$）变为 $\Delta\alpha$，根据公式（5.2）应有

$$\alpha(t) = \alpha_0 + \Delta\alpha(t) \tag{5.23}$$

式中，$\Delta\alpha(t)$ 就是扰动运动。分析稳定性就是要分析当干扰除去后 $\Delta\alpha$ 随时间的变化，若 $t \to \infty, \Delta\alpha \to 0$，则海洋机器人是动稳定的。下面，以冲角 α 的响应方程为例，推导其扰动运动方程。

冲角 α 的响应方程如下：

$$A_3\dddot{\alpha} + A_2\ddot{\alpha} + A_1\dot{\alpha} + A_0\alpha = -M'_\theta Z'_{\delta_{s,b}}\delta_{s,b} - M'_\theta P' \tag{5.24}$$

式中

$$\begin{aligned}
A_3 &= (I'_y - M'_{\dot{q}})(m' - Z'_{\dot{w}}) - Z'_{\dot{q}}M'_{\dot{w}} \\
A_2 &= -M'_q(m' - Z'_{\dot{w}}) - (I'_y - M'_{\dot{q}})Z'_w - M'_w Z'_{\dot{q}} - (m' + Z'_q)M'_{\dot{w}} \\
A_1 &= M'_q Z'_w - M'_\theta(m' - Z'_{\dot{w}}) - M'_w(m' + Z'_q) \\
A_0 &= M'_\theta Z'_w
\end{aligned} \tag{5.25}$$

当海洋机器人受到干扰后使冲角 α 有增量 $\Delta\alpha$，并注意到是讨论自动稳定性，不操舵，故 $\delta_s = \delta_b = 0$，也不改变静载，故 $P = M_p = 0$，公式（5.24）可写成

$$A_3(\dddot{\alpha} + \Delta\dddot{\alpha}) + A_2(\ddot{\alpha} + \Delta\ddot{\alpha}) + A_1(\dot{\alpha} + \Delta\dot{\alpha}) + A_0(\alpha + \Delta\alpha) = 0 \tag{5.26}$$

由公式（5.26）减去公式（5.24），即得冲角的扰动运动方程：

$$A_3(\Delta\dddot{\alpha}) + A_2(\Delta\ddot{\alpha}) + A_1(\Delta\dot{\alpha}) + A_0(\Delta\alpha) = 0 \tag{5.27}$$

同理有纵倾角的扰动运动方程：

$$A_3(\Delta\dddot{\theta}) + A_2(\Delta\ddot{\theta}) + A_1(\Delta\dot{\theta}) + A_0(\Delta\theta) = 0 \tag{5.28}$$

若略去增量符号“Δ”，得

$$\begin{cases} A_3\dddot{\alpha} + A_2\ddot{\alpha} + A_1\dot{\alpha} + A_0\alpha = 0 \\ A_3\dddot{\theta} + A_2\ddot{\theta} + A_1\dot{\theta} + A_0\theta = 0 \end{cases} \tag{5.29}$$

冲角、纵倾角的扰动运动方程就是潜浮响应线性方程的齐次式（右侧为零），也就是 5.1 节所讲的自由扰动运动方程。

冲角、纵倾角的自由扰动运动方程（5.29）是常系数三阶线性微分方程，它们的特征方程相同，即

$$A_3\lambda^3 + A_2\lambda^2 + A_1\lambda + A_0 = 0 \tag{5.30}$$

公式（5.30）的三个特征根 λ_1、λ_2、λ_3 可按代数学中的卡尔达诺（Cardano）公式来计算，单位是(°)/s。自由扰动运动方程（5.29）的通解为

$$\begin{cases} \Delta\alpha(t) = C_1 e^{\lambda_1 t} + C_2 e^{\lambda_2 t} + C_3 e^{\lambda_3 t} \\ \Delta\theta(t) = D_1 e^{\lambda_1 t} + D_2 e^{\lambda_2 t} + D_3 e^{\lambda_3 t} \end{cases} \tag{5.31}$$

式中，C_i 与 $D_i(i=1,2,3)$ 是积分常数，由初始条件决定。例如可取两种情况：① $\dot{\theta}_0 = 1(°)/\mathrm{s} = 0.01745\mathrm{rad/s}$；② $\alpha_0 = 1(°)/\mathrm{s} = 0.01745\mathrm{rad/s}$。

5.2.2.2 自由扰动运动方程的特征根

由公式（5.31）可见，艇的自由扰动运动情况取决于根 λ_i 的性质。

（1）λ_i 的一个值（通常以 λ_2 表示）为实数，另外两个值 λ_1、λ_3 为一对共轭复根。对于复数根项应用欧拉公式可变成三角函数，所以这种情况下运动是振荡的。若 λ_1、λ_2、λ_3 都是负实数或实部为负的复数（以后都简称为具有负实部，因为实数可看作虚部为零的复数），则当 $t \to \infty$，$\Delta\alpha \to 0(\Delta\theta \to 0)$ 时，冲角（纵倾角）具有自动稳定性，并且把扰动运动 $\Delta\alpha(t)$ 的变化过程称为过渡过程。艇受扰后，经过一段时间振荡衰减，最终仍做水平直线运动，即具有垂直面的直线稳定性。注意，后面将要介绍垂直面的直线稳定性即方向稳定性，所以受扰后最终是做水平直线运动，但在与初始航迹不同的深度上。

（2）若 λ_i 中有一个为正实数或有实部为正的复数，则扰动运动将不会衰减或振荡发散，运动不稳定。

（3）若 λ_i 皆为负实数，扰动运动的过渡过程不经振荡即衰减恢复到不同于初始深度的水平直线运动上，运动是直线稳定的，并且是方向稳定的。

由此可见，特征根 λ_i 实部的正负决定了海洋机器人是否具有某种运动的自动稳定性，而 λ_i 实部负值的大小决定了扰动运动衰减的快慢。扰动运动衰减或发散的过渡过程是否存在振荡也取决于 λ_i 的性质，但其根本原因在于运动方程中包含了扶正力矩 $M(\theta)$ 成分。低速时艇的水动力较小，$M(\theta)$ 的恢复作用较显著，存在共轭复根，所以扰动运动几乎总是周期性的振荡；随着航速增大，$M(\theta)$ 的作用相对减弱致使特征根都变为实数，振荡也就消失了。由周期振荡转为非周期运动的分界速度称为“特征速度 V_{ch}”。

特征根 λ_i 的值随航速变化的情况如图 5.5 所示。图中只给出了不同性质的动稳定情况。

图 5.5（a）中的艇，低速时是动稳定的，但存在周期振荡，达到特征速度 V_{ch} 后，一对共轭复根变成两个负实根，但运动还是动稳定的。这时运动稳定性与航速无关，称任何航速下都能够动稳定为“绝对稳定”。

图 5.5（b）中的艇，低速时与图 5.5（a）相同，但随着航速增大，艇的动稳定程度降低，至某个航速使特征根的负实部 λ_i 或 $\mathrm{Re}(\lambda_i)$ 等于零，并转成正实部，相应的航称为“临界航速”V_{cr}，运动由稳定变成动不稳定的，这样的稳定称为“条件稳定”。综上所述，λ_1、λ_2、λ_3 可作为海洋机器人垂直面稳定性的一种度量，称为稳定性指数。

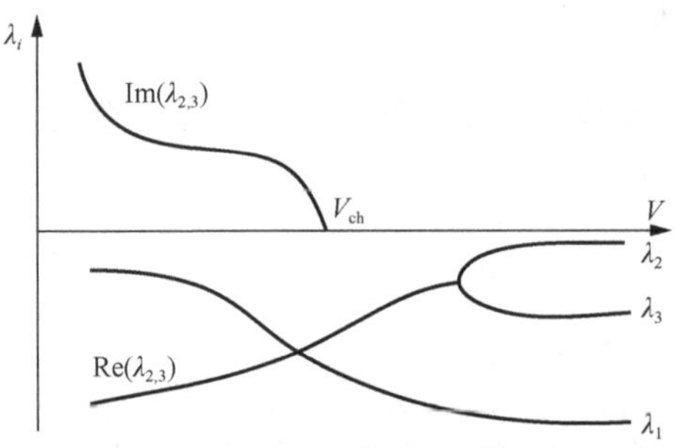

（a）绝对稳定

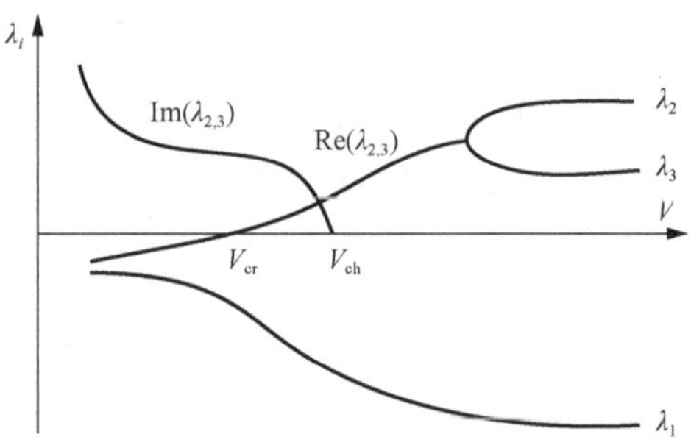

（b）条件稳定

图 5.5　特征根 λ_i 的值随航速变化的情况

5.2.2.3　直线稳定性和方向稳定性的判别

如上所述，为了判断海洋机器人垂直面的稳定性，只需判断特征方程（5.30）根的符号，而并不需要解出方程的根。下面根据赫尔维茨判别法寻找垂直面直线自动稳定性的判别式与衡准、绝对稳定与条件稳定的衡准。

由赫尔维茨判据可知，关于冲角 α 或纵倾角 θ 动稳定的充要条件见公式（5.19），特征方程（5.30）的系数满足

$$\begin{cases} A_0 > 0, A_2 > 0, A_3 > 0 \\ A_1 A_2 - A_0 A_3 > 0 \end{cases} \tag{5.32}$$

由于系数 $M'_{\dot{q}}$、M'_q、$Z'_{\dot{w}}$、Z'_w、M'_θ 都是负值，所以必然满足 A_0、A_2、A_3 皆大于零。于是稳定与否归结于不等式 $A_1A_2 - A_0A_3 > 0$。将有关系数代入，经过整理可得直线自动稳定性判别式为

$$C_v + C_{vh} > 0 \tag{5.33}$$

式中

$$C_v = M'_q Z'_w - M'_w (m' + Z'_q) \tag{5.34}$$

$$C_{vh} = \left[\frac{Z'_w (I'_y - M'_{\dot{q}})(m' - Z'_{\dot{w}})}{M'(m' - Z'_{\dot{w}}) + (I'_y - M'_{\dot{q}}) Z'_w} - (m' - Z'_{\dot{w}}) \right] M'_\theta \tag{5.35}$$

若 $C_v + C_{vh} > 0$，则海洋机器人具有直线自动稳定性；若 $C_v + C_{vh} < 0$，则海洋机器人不具有直线自动稳定性。我们称系数 $C_v + C_{vh}$ 为垂直面稳定性衡准。

公式（5.33）中，“C_v”可正也可负；由公式（5.35）可知，等式右侧中括号内的前一项是正的，后项也是正的，其代数差可正可负，同时 M'_θ 是负的，且与航速相关，因此它们的乘积 C_{vh} 可正可负。所以判别式（5.33）并不是所有的海洋机器人在任何航速下都能满足的。

通常把判别式（5.33）改写成如下不等式：

$$l'_\alpha < l'_q + k l'_{FH} \tag{5.36}$$

或

$$K_{vd} = \left(\frac{l'_q}{l'_\alpha} + k \frac{l'_{FH}}{l'_\alpha} \right) > 1 \tag{5.37}$$

式中，K_{vd} 为垂直面动稳定性系数，其他各无因次相对力臂定义如下：

l'_α 为无因次水动力中心臂（或相对倾覆力臂），计算公式为

$$l'_\alpha = -\frac{M'_w}{Z'_w} \tag{5.38}$$

l'_q 为无因次相对阻尼力臂，计算公式为

$$l'_q = -\frac{M'_q}{m' + Z'_q} \tag{5.39}$$

l'_{FH} 为无因次扶正力矩的相对力臂，计算公式为

$$l'_{FH} = \frac{l_{FH}}{L} = \frac{M'_\theta}{Z'_w} \tag{5.40}$$

k 为常系数，计算公式为

$$k = \frac{-Z'_w(I'_y - M'_{\dot{q}})(m' - Z'_{\dot{w}})}{(m' + Z'_q)[M'_q(m' - Z'_{\dot{w}}) + (I'_y - M'_{\dot{q}})Z'_w]} + \frac{m' - Z'_{\dot{w}}}{m' + Z'_q} \tag{5.41}$$

对稳定性判别式（5.36）作如下讨论分析。

（1）根据水动力系数和海洋机器人的 m'、I'_y，通常系数 $k > 0$，$l'_{FH} > 0$，所以 $kl'_{FH} > 0$。可见静扶正力矩以 kl'_{FH} 形式和阻尼力（用 l'_q 表示）共同抵制颠覆力（用 l'_α 表示）的作用，增加海洋机器人的稳定程度。但扶正力矩的作用随航速增大而迅速降低。当取 $kl'_{FH} = 0$（即 $C_{vh} = 0$），仍满足判别式（5.36），即公式（5.42）成立：

$$l'_\alpha < l'_q(\text{或}C_v > 0) \tag{5.42}$$

其表示在任何航速下都能动稳定，故判别式（5.33）就是“绝对稳定”的衡准。通常以公式（5.42）作为设计指标，而把 M_θ 作为稳定性的储备。公式（5.42）中的 l'_α 是冲角 α 引起的垂向水动力作用点 F 到艇重心 G 的距离，也称其为倾覆力臂。公式（5.39）右侧的分母是角速度 q 引起的垂向水动力 $Z(q)$ 和离心力在 Gz 轴方向的分量 mVq 的代数和；公式（5.39）右侧的分子是这个合力对 Gy 轴的力矩（由于离心力作用于重心，故对 Gy 轴的力矩为零），所以 l'_q 是 q 引起的垂向力的作用点 R 到艇重心的距离，称为阻尼力臂（图 5.6）。直线稳定性的绝对稳定条件也可以说是倾覆力臂小于阻尼力臂。有时将上述衡准改写成

$$C_v = \left[1 - \frac{M'_w(m' + Z'_q)}{M'_q Z'_w}\right] > 0 \tag{5.43}$$

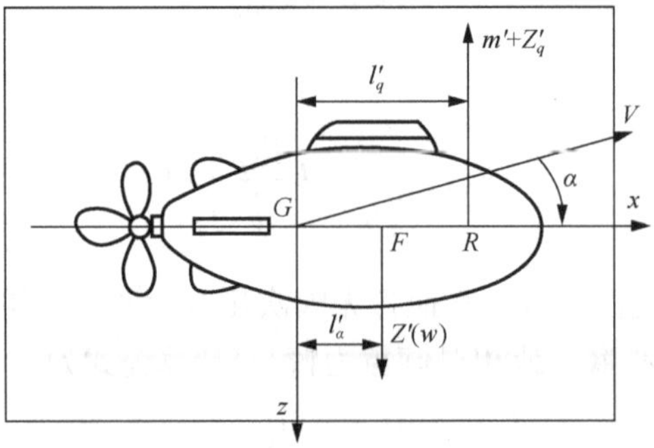

图 5.6　阻尼力臂

根据统计结果，将部分海洋机器人的l'_α、k_{vd}、C_v以及l'_β、k_{Hd}列于表 5.1［注：为了便于比较，表中同时列出了水平面的稳定性衡准数（C_H值）］。

表 5.1　部分海洋机器人的动稳定衡准值

艇型	l'_α	K_{vd}	l'_β	K_{Hd}	C_v	C_H
CS-1 艇	0.270	2.04			0.510	
CS-2 艇	0.177	2.857	0.316	1.707	0.650	
CS-3 艇	0.228	4.085	0.452	1.403		
CS-4 艇	0.2276	2.705	0.261	1.303	0.632	
CS-5 艇	0.239	1.629		1.342		
CS-6 艇	0.223	2.71		1.178		
CS-7 艇	0.230	2.99	0.305	1.462		
U21（德 XXI）	0.172	8.72				
W 级（苏 613 型）	0.156	2.93		0.63	0.519	
R 级（苏 633 型）	0.276	2.07			0.517	
G 级（苏 629 型）	0.219	2.45		1.815		
580（“长颌须鱼”级）					0.58	0.15
585R（“鲣鱼”级）					0.76	0.20
594“大鲹鱼”（“长尾鲨”级）					0.32	−0.14
610（“伊桑・艾伦”级）					0.37	0.51
613“三叶尾鱼”（“长尾鲨”级）				0.63	0.45	0.24
617“亚历山大・汉密尔顿”（“拉菲特”级）				0.48	0.58	0.43
637（“鲟鱼级”首艇）					0.78	−0.06
671“一角鲸”					0.60	0.18
688（“洛杉矶”级首艇）					0.49	0.17
“鳐鱼”级				0.40		
“乔治・华盛顿”级				0.45		

（2）如果满足$C_v + C_{vh} > 0$，即$l'_\alpha < l'_q + kl'_{FH}$成立，但不满足$C_v > 0$，表示艇的直线自动稳定性随航速$V$的增大而降低，甚至不稳定，即在低速区是稳定的，但高速后不一定动稳定。这种稳定性即条件稳定性，其衡准为公式（5.33）或公式（5.36）。

由稳定转化为不稳定的临界速度V_{cr}，根据公式（5.36），当$V = V_{cr}$时应有$l'_\alpha = l'_q + kl'_{FH}$，由此可得$V_{cr}$的公式如下：

$$
\begin{aligned}
V_{cr} &= \sqrt{\frac{m'ghk}{Z'_w(l'_q - l'_\alpha)}} \\
&= (m' - Z'_{\dot{w}}) \times \sqrt{\frac{m'ghM'_q}{\left[(M'_{\dot{q}} - I'_y)Z'_w + M'_q(Z'_{\dot{w}} - m')\right]\left[M'_q Z'_w + M'_w(m' + Z'_q)\right]}}
\end{aligned}
\tag{5.44}
$$

如果设计艇达不到绝对稳定性的要求时，则应在艇速范围内是条件稳定的，即临界速度V_{cr}应大于艇的最大航速$V_{s\max}$。

（3）如果不计阻尼力矩$M(q)$、扶正力矩$M(\theta)$对扰动运动的抑制作用，则垂直面直线自动稳定性衡准公式（5.27）退化为$l'_\alpha < 0$。可见静稳定性条件是不计阻尼力矩（$M'_q = 0$）和扶正力矩($M'_\theta = 0$)作用时动稳定性的特例，静稳定条件要比动稳定条件严格得多。实践表明，为了控制海洋机器人在垂直面的运动，并不要求海洋机器人是静稳定的，但必须是直线自动稳定的，这对于艇的深度控制和高速航行的安全性是十分必要的。

为什么海洋机器人在垂直面运动必须具有直线自动稳定性呢？众所周知，在潜器设计中，在水下状态应使艇的重力与浮力保持平衡，即处于中性漂浮状态，这一特点类似于早年的飞艇而不是飞机。海洋机器人没有大的翼面来控制艇体的运动，而是由翼面较小的艏艉水平舵（或围壳舵和艉水平舵）来控制其运动。当潜艇处于一定姿态航行时，艇体本身提供了主要的水动力来源。低阻力的短粗流线型艇体的水动力性能是不稳定的，因此必须配置稳定翼和舵，以便保证垂直面具有直线自动稳定性。不然，操纵海洋机器人将是困难的。如果海洋机器人本质上是直线稳定的，则海洋机器人受扰后纵倾角和深度变化的幅度较小且形成得也较慢。同时，对于海洋机器人经常需要保持的定深运动，可以在操舵次数少和舵角偏转小(使操艇系统磨损少)、操艇人员体力消耗小、定深误差小的条件下易于达到。

（4）垂直面的直线稳定性衡准也就是方向稳定性衡准。海洋机器人在垂直面的运动方向取决于潜浮角χ。当$\chi > 0$时艇上浮，当$\chi < 0$时艇下潜，而当$\chi = 0$时则艇做定深运动。潜浮角在数值上等于纵倾角与冲角之差，即$\chi = \theta - \alpha$。

此外，由于纵倾角θ和冲角α的扰动运动方程在形式上完全相同［见公式（5.27）、公式（5.28）］，具有相同的特征方程，所以θ和α的动稳定条件也完全一样。若α是直线稳定的，θ亦是直线稳定的，反之亦是如此。潜浮角χ的稳定性也应和θ、α完全一致。

由此可见，垂直面运动若具有直线稳定性，必同时具有方向稳定性。这与 5.3 节研究的水平面的稳定性是不同的，而这一特点正是扶正力矩$M(\theta)$作用的结果。$M(\theta)$的第一个作用是提高了扰动运动微分方程的阶次，从二阶升到三阶，因而引入了方向稳定性；第二个作用是使垂直面运动不会出现 360°翻筋斗运动（犹如水平面的回转运动），并使垂直面的潜浮定常运动具有许多特点。

5.3　水平面直航稳定性

5.3.1　静稳定性

与垂直面的运动稳定性一样，水平面的运动定性也可用静稳定性和动稳定性两类衡准，下面研究漂角的静稳定性。

在水平面做定常直航前进运动的海洋机器人，若受瞬时的弱干扰，海洋机器人仅有漂角的增量$\Delta\beta$，即出现横向速度v，则有水动增量$\Delta Y(v)$、$\Delta N(v)$（下面省略增量符号Δ，见图 5.7)：

$$Y(v)=-\frac{1}{2}\rho L^2V^2Y_v'\beta,\quad N(v)=-\frac{1}{2}\rho L^3V^2N_v'\beta \text{ 且 } N(v)=l_\beta Y(v)$$

如图 5.7（a）所示，当水动力中心点 F 在重心 G 之前，即 $l_\beta>0$，力矩 $N(v)$ 的作用使干扰引起的偏离 $\Delta\beta$ 增大，因而运动是不稳定的；反之，如图 5.7（b）所示，$l_\beta<0$，力矩 $N(v)$ 的作用使 $\Delta\beta\to 0$，所以运动是稳定的。于是，漂角的静稳定性可用无因次水动力中心臂 $l_\beta'=l_\beta/L=N_v'/Y_v'$ 作为判据（衡准）：① $l_\beta'>0$，漂角静不稳定；② $l_\beta'<0$，漂角静稳定；③ $l_\beta'=0$，漂角静中性。称 l_β' 为静不稳定系数，而水动力系数 Y_v'、N_v' 及后面涉及的 Y_r'、N_r' 统称稳定性系数。

一般海洋机器人的水动力中心都在重心之前，因此漂角总是静不稳定的。根据统计 $l_\beta'=0.20\sim0.30$。

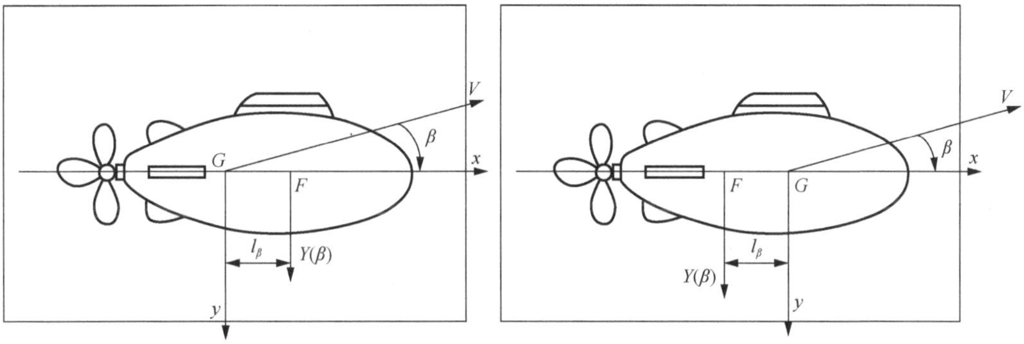

（a）漂角静不稳定　（b）漂角静稳定

图 5.7　漂角的静稳定性

5.3.2　动稳定性

5.3.2.1　水平面定常直航运动的方向自动稳定性

分析水平面定常直航运动的方向自动稳定性，需研究艏向角的扰动运动 $\Delta\psi(t)$ 的变化情况。根据运动关系，艏向角是角速度 r 的时间积分。考虑到冲角的扰动运动方程（5.21）的建立方法，同样可取艏摇响应线性方程的齐次方程，即

$$T_1T_2\Delta\ddot{r}+(T_1+T_2)\Delta\dot{r}+\Delta r=0 \tag{5.45}$$

式中

$$T_1T_2=\left(\frac{L}{V}\right)^2\frac{(I_z'-N_{\dot{r}}')(m'-Y_{\dot{v}}')}{C_H} \tag{5.46}$$

$$T_1+T_2=\left(\frac{L}{V}\right)\frac{\left[-(I_z'-N_{\dot{r}}')Y_v'-N_r'(m'-Y_{\dot{v}}')\right]}{C_H} \tag{5.47}$$

$$C_H=N_r'Y_v'+N_v'(m'-Y_r') \tag{5.48}$$

角速度的自由扰动运动方程（5.45）是个常系数二阶线性微分方程，其特征方程为一元二次代数方程：

$$T_1T_2\lambda^2+(T_1+T_2)\lambda+1=0 \tag{5.49}$$

公式（5.49）的两个特征根 λ_1、λ_2 可按代数学中的韦达定理（根与方程系数的关系定理）求得

$$\lambda_1=-\frac{1}{T_1},\quad \lambda_2=-\frac{1}{T_2} \tag{5.50}$$

扰动运动方程（5.45）的通解为

$$\Delta r(t)=C_1\mathrm{e}^{\lambda_1 t}+C_2\mathrm{e}^{\lambda_2 t} \tag{5.51}$$

式中，积分常数 C_1、C_2 由初始条件确定。若 λ_1、λ_2 为复数，公式（5.51）可写成三角函数形式。

由公式（5.51）可见，若 λ_1、λ_2 都是具有负实部的特征根，则当 $t\to\infty$ 时，有 $\Delta r(t)\to 0$，角速度具有自动稳定性。艇受扰后，经过一段时间，仍做直线运动，即海洋机器人具有直线自动稳定性。反之，若 λ_1、λ_2 中有一个为正实数或两个都是实部为正的复数，则扰动运动就不会衰减，运动是不稳定的。

接下来，研究艏向角的自动稳定性。由于 $\Delta\psi(t)=\int_0^t\Delta r(t)\mathrm{d}t$，将公式（5.51）代入得

$$\Delta\psi(t)=\int_0^t(C_1\mathrm{e}^{\lambda_1 t}+C_2\mathrm{e}^{\lambda_2 t})\mathrm{d}t=\frac{1}{\lambda_1}C_1\mathrm{e}^{\lambda_1 t}+\frac{1}{\lambda_2}C_2\mathrm{e}^{\lambda_2 t}+C_0 \tag{5.52}$$

再将公式（5.50）代入公式（5.52），则有

$$\Delta\psi(t)=-\left(T_1C_1\mathrm{e}^{-\frac{t}{T_1}}+T_2C_2\mathrm{e}^{-\frac{t}{T_2}}\right)+T_1C_1+T_2C_2 \tag{5.53}$$

由公式（5.53）可见，当角速度 r 是直线稳定的（λ_1、λ_2 都是具有负实部的根）、$t\to\infty$、$\Delta r\to 0$，但 $\Delta\psi\to$ 常数（$T_1C_1+T_2C_2$），此时艇沿新的航向做直线运动，即海洋机器人具有直线稳定性，而不具有方向稳定性。艇受干扰后，艏向角总要改变，水平面内唯一可能具有的是直线稳定性。但习惯上常将水平面的直线自动稳定性称为“航向稳定性”，其实这里的“航向稳定性”术语的含义完全不同于保持航行方向的能力，保持航行方向的能力实际上是方向稳定性。

与垂直面运动一样，特征方程的根 $\lambda_i(i=1,2)$ 实部的正负决定海洋机器人是否具有某种自动稳定性，而 λ_i 实部绝对值的大小决定扰动衰减的快慢，所以 λ_1、λ_2 可作为海洋机器人稳定性的一种度量，称为稳定性指数。

由公式（5.50）可知，T_1、T_2 分别与 λ_1、λ_2 互为负倒数，所以也常把 T_1、T_2 作为定性的指数。

5.3.2.2 直线稳定性的判别

为了判断水平面的稳定性，只要判断特征方程（5.49）的根的符号，而并不需要解出方

程的根。采用赫尔维茨判别法，特征方程（5.49）的两根 λ_1、λ_2 都具有负实部的充要条件是方程的系数全部大于零，即

$$T_1T_2 > 0 \tag{5.54}$$

$$T_1 + T_2 > 0 \tag{5.55}$$

也即要求

$$T_1 > 0, \quad T_2 > 0 \tag{5.56}$$

参见公式（5.50），此时有 $\lambda_1 < 0, \lambda_2 < 0$。

下面对上述两个条件做进一步分析。

由于水动力系数 N'_r、Y'_v、$N'_{\dot{r}}$、$Y'_{\dot{v}}$ 都是负值，m'、I'_z 都是正值，所以直线稳定条件［公式（5.54）、公式（5.55）］

$$T_1T_2 = \left(\frac{L}{V}\right)^2 \frac{(I'_z - N'_{\dot{r}})(m' - Y'_{\dot{v}})}{C_H}$$

$$T_1 + T_2 = \left(\frac{L}{V}\right)\frac{\left[-(I'_z - N'_{\dot{r}})Y'_v - N'_r(m' - Y'_{\dot{v}})\right]}{C_H}$$

中，分子都为正的。若使 $T_1T_2 > 0$ 且 $T_1 + T_2 > 0$，应有分母 $C_H > 0$。因此，海洋机器人直线稳定条件［公式（5.54）、公式（5.55）］又可归结为如下等价的判别式：

$$C_H = N'_rY'_v + N'_v(m' - Y'_r) > 0 \tag{5.57}$$

若 $C_H > 0$，则海洋机器人具有直线自动稳定性；若 $C_H < 0$，则海洋机器人不具有直线自动稳定性。系数 C_H 称为稳定性衡准数。

公式（5.57）中第一项 $N'_rY'_v$ 总是正的，第二项中 Y'_r 可能是正的，也可能是负的，这取决于艇型，但数值很小，m' 是个较大的正数，一般总有 $m' - Y'_r > 0$，而 N'_v 一般为负值，所以条件 $C_H > 0$ 并不是所有海洋机器人都能满足的。常把条件 $C_H > 0$ 改写成

$$\frac{N'_v}{Y'_v} > -\frac{N'_r}{m' - Y'_r} \tag{5.58}$$

或

$$l'_\beta < l'_r \text{及} K_{Hd} = l'_r / l'_\beta > 1 \tag{5.59}$$

或

$$C_H = 1 + \frac{N'_v(m' - Y'_r)}{N'_rY'_v} > 0 \tag{5.60}$$

式中，K_{Hd} 为水平面动稳定性系数；$l'_\beta = \dfrac{N'_v}{Y'_v}$ 为无因次水动力中心臂（相对倾覆力臂）；

$l_r' = \frac{l_r}{L} = -\frac{N_r'}{m' - Y_r'}$为无因次相对阻尼力臂。一些海洋机器人的水平面动稳定性系数K_{Hd}见表 5.2，而C_H值见表 5.1。

表 5.2　海洋机器人的水平面动稳定性系数 K_{Hd}

“海狼”级	“鲻鱼”级	“乔治·华盛顿”级	G 型	613 型	627 型	629 型
0.40	0.40	0.45	1.815	0.63	1.86	0.48

衡准公式（5.59）的分析方法与垂直面相仿，此处不再赘述。该条件表明，水平面的直线稳定性条件也要求倾覆力臂小于阻尼力臂（图 5.8）。

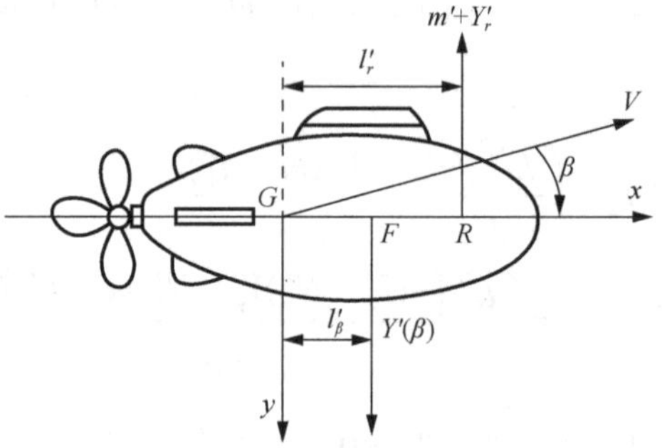

图 5.8　动稳定性作用力臂

由上述分析可知，静稳定条件（$l_\beta' < 0$）比动稳定条件严格得多。实艇操纵表明，为了控制海洋机器人在水平面的运动方向，并不要求海洋机器人是静稳定的，甚至不一定必须是动稳定的。一般来说，海洋机器人在水平面内的动稳定性要求应比垂直面的稳定性要求低，且接近于对水面舰艇的要求，通常需保持直线自动稳定，同时允许有较小范围的动不稳定性情况。这是因为水平面运动不会出现超深或跃出水面的危险情况，并且在使用上也要求海洋机器人具有迅速转向的能力，这也限制了水平面动稳定性的程度。

5.4　定常回转稳定性

根据稳定性的定义，当艇以角速度r做定常回转运动时，由于受到某种干扰而使角速度有增量Δr，在不操舵的情况下，如果$t \to \infty, \Delta r \to 0$，则称原来的定常回转运动具有自动稳定性；否则，就不具有自动稳定性。

按照线性化扰动运动方程的解，当海洋机器人不具有直线稳定性时，在任意舵角下，v和r都会随时间的增加趋于无穷大，不可能达到稳定回转。实际上，随着v和r的增加，必然会引起非线性的流体动力（矩），当这些力的作用大到一定程度时，海洋机器人最终会进入稳定回转运动状态。所以线性化方程不适用于直线不稳定的潜器，为此本节研究海洋机器人定常回转运动的稳定性时，采用简化型非线性响应方程表示受扰动前的运动，即

$$T_1T_2\ddot{r} + (T_1 + T_2)\dot{r} + r + \alpha r^3 = K\delta + KT_3\dot{\delta} \tag{5.61}$$

对于定常回转运动有

$$r+\alpha r^3=K\delta \tag{5.62}$$

当角速度受到干扰时，有增量Δr，则公式（5.61）写为

$$T_1T_2(\ddot{r}+\Delta\ddot{r})+(T_1+T_2)(\dot{r}+\Delta\dot{r})+(r+\Delta r)+\alpha(r+\Delta r)^3=K\delta+KT_3\dot{\delta} \tag{5.63}$$

由公式（5.63）减去公式（5.61），并略去Δr的高阶项，则得到角速度的自由扰动运动方程：

$$T_1T_2\Delta\ddot{r}+(T_1+T_2)\Delta\dot{r}+(1+3\alpha r^2)\Delta r=0 \tag{5.64}$$

或

$$\Delta\ddot{r}+\frac{T_1+T_2}{T_1T_2}\Delta\dot{r}+\frac{1+3\alpha r^2}{T_1T_2}\Delta r=0 \tag{5.65}$$

运用分析直线稳定性的同样方法，可得$\Delta r(t)\to 0$的回转运动稳定的充要条件为

$$C_H'=C_H(1+3\alpha r^2)>0 \tag{5.66}$$

式中，C_H'为回转稳定性衡准数；C_H为水平面直线运动定性准数。由公式（5.66）可知，当角速度$r=0$时，$C_H'=C_H$。对于定常回转运动（即$r\neq 0$），海洋机器人有以下两种情况。

（1）当$C_H>0$时，海洋机器人具有直线稳定性。这种艇实际上具有$\alpha>0$，由公式（5.66）可看出，对于任何定常回转角速度r值（或任何定常回转半径R_s值），都具有定常回转运动的自动稳定性，而且$C_H'>C_H>0$，所以回转运动比直线运动更稳定。

（2）当$C_H<0$时，海洋机器人不具有直线稳定性。这种艇实际上具有$\alpha<0$，由公式（5.66）可看出：当$|r|<\dfrac{1}{\sqrt{3|\alpha|}}$时，有$C_H'<0$，定常回转运动也是不稳定的；当$|r|>\dfrac{1}{\sqrt{3|\alpha|}}$时，有$C_H'>0$，定常回转运动将是稳定的。

此外，还有$C_H>0$，$\alpha<0$和$C_H<0$，$\alpha>0$的组合情况，但实际中是不会出现的。从以上分析可知，具有直线稳定性的海洋机器人，必然同时具有定常回转运动的稳定性。对于不具有直线稳定性的海洋机器人，存在一个临界回转角速度r_{cr}：

$$|r_{cr}|=\frac{1}{\sqrt{3|\alpha|}} \tag{5.67}$$

或存在一个临界回转半径$R_{cr}=V/r_{cr}$。当$|r|<|r_{cr}|$时，定常回转运动是不稳定的；当$|r|>|r_{cr}|$时，定常回转运动是稳定的。

根据公式（5.62），可求得对应于r_{cr}的舵角，称为临界舵角δ_{cr}，即

$$\delta_{cr}=\frac{2\sqrt{3}}{9}\cdot\frac{1}{K\sqrt{|\alpha|}}=\frac{0.385}{K\sqrt{|\alpha|}} \tag{5.68}$$

对于不具有直线稳定性的海洋机器人，临界回转角速度 r_{cr} 和临界舵角 δ_{cr} 是表示回转稳定性的重要参数，并与航向保持能力密切相关。

上述两种情况可用实船或船模试验来验证。对于一系列舵角 δ 值测量出定常回转角速度 r，可做出 r-δ 曲线（称为“螺线试验”），也可由计算做出 r-δ 曲线。

图 5.9（a）是具有直线稳定性艇的 r-δ 曲线。此时，对于任一舵角，都有一个对应的定常回转角速度（或定常回转半径）。当舵角 $\delta = 0$ 时，$r = 0$，艇做直线运动。

图 5.9（b）是不具有直线稳定性艇的 r-δ 曲线。当以右舵角回转逐渐减小舵角时，r 将沿 cde 逐渐减小，但当舵角减小至零时，r 并不减小至零而为 r_0，对应于图中的 e 点。若舵角由零再向反方向（左舵）逐渐增大，r 将沿 ef 曲线继续减小（注意，这时已是左舵但仍是向右回转）。当舵向左增大至临界舵角 δ_{cr}（图中的 a 点），对应的回转角速度 r 为临界角速度 r_{cr}（图中的 f 点），这时回转运动已是不稳定的，所以艇就突然迅速向左回转而最后稳定在 g 点（对应于 g 点的 $r > r_{cr}$，回转运动是稳定的）。再向左增大舵角，r 就沿 gh 增大。同样，若将舵角从左舵逐渐变化到右舵，则 r 将沿 $hgkldc$ 变化。所以，对于不具有直线稳定性的艇，r-δ 曲线不是单值曲线，而在 $\pm\delta_{cr}$ 之间构成一个“滞后环”，且当 $\delta = 0$ 时，$r = r_0 \neq 0$（对应的定常回转半径 $R_s = R_{s0}$，R_{s0} 为有条件约束下的定常回转半径）。现在来计算 r_0 的值，对于 $\delta = 0$，公式（5.62）成为 $r + \alpha r^3 = 0$。

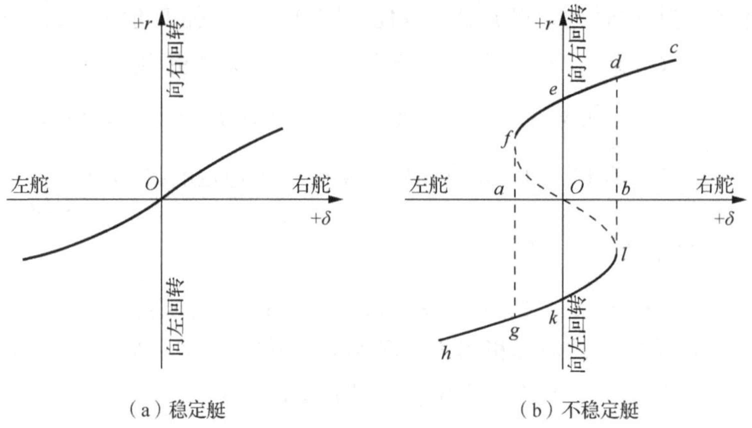

图 5.9　r-δ 曲线

前面已说明，对于 $C_H < 0$ 的艇，实际上有 $\alpha < 0$，$r + \alpha r^3 = 0$ 可写成 $r - |\alpha| r^3 = 0$。可解得两根为

$$
\begin{aligned}
r_{01} &= 0 \\
r_{02} &= \frac{1}{\sqrt{|\alpha|}}
\end{aligned}
\tag{5.69}
$$

第一个根 $r_{01}=0$，小于临界角速度 $r_{cr}=\dfrac{1}{\sqrt{3|\alpha|}}$，所以是不稳定的，海洋机器人实际上不能自动保持这种运动（$r=0$ 为直线运动）。第二个根 $\dfrac{1}{\sqrt{|\alpha|}}>\dfrac{1}{\sqrt{3|\alpha|}}$，是稳定的。所以，对于不具有直线稳定性的艇，舵角 $\delta=0$ 时，艇将以角速度 $r_0=\dfrac{1}{\sqrt{|\alpha|}}$（相当于定常回转半径 $R_{s0}=\sqrt{|\alpha|}V_s$）做稳定回转。要使海洋机器人脱离此回转，必须向回转的反方向转一个临界舵角 δ_{cr}。故 r-δ 曲线“滞后环”的环宽 $\overline{ab}=2\delta_{cr}=B$ 和环高 $\overline{ek}=2r_0=H$，可作为不具有直线稳定性艇的不稳定程度的量度，δ_{cr}、r_0 越小，则不稳定程度越小。对于具有直线稳定性的艇，r-δ 曲线在原点处的斜率 $\left|\dfrac{\partial r}{\partial \delta}\right|$ 也可用来间接评定艇的稳定性，$\left|\dfrac{\partial r}{\partial \delta}\right|$ 越小，表示单位舵角产生的定常回转角速度越小，即 r 越不易受干扰，也就间接地表示艇的直线稳定性较好。但 $\dfrac{\partial r}{\partial \delta}$ 的数值还与舵的效率密切相关，所以只是相对比较而言的。此外，有时稳定艇的 r-δ 曲线不经过原点，这是由于艇体或螺旋桨有不对称力，需转一个初始角才能保持直航。但对于单桨海洋机器人，通常在安装垂直尾鳍时已设计了平衡不对称力的安装角。

螺线试验的 r-δ 曲线也称为操纵性曲线。从它可以看出许多操纵性能：各舵角下艇的定常回转角速度；海洋机器人是否具有直线自动稳定性及稳定性的程度；不稳定 $\delta=0$ 时的 r_0、δ_{cr}、r_{cr} 值。

5.5 水平面操纵性分析

5.5.1 水平面回转运动

5.5.1.1 回转运动的三个阶段

回转运动时，海洋机器人重心轨迹的形状及相关参数如图 5.10 所示，先保持一段直线，然后弯曲，最后为一圆。根据回转运动过程中运动参数变化的特点，通常把回转运动分成以下三个阶段。

（1）转舵阶段——从转舵开始到舵转至规定舵角（一般为 8～15s）。

设海洋机器人在直线航行中操右舵，随着舵的转动，方向舵上的舵力 $Y(\delta)$ 和力矩 $N(\delta)$ 也不断增大，使艇减速并产生 $-\dot{u}$、$-\dot{v}$ 和 $\dot{r}$，但由于舵的水动力较小而艇的惯性很大，转舵时间又短，所以产生的 v、r 很小，海洋机器人几乎仍按原航线减速运动，只是由于舵力 $Y(\delta)$ 的作用，海洋机器人多少有些被推向外侧。由于位移的方向与回转方向相反，因此叫作“反向横移”或“外冲”。

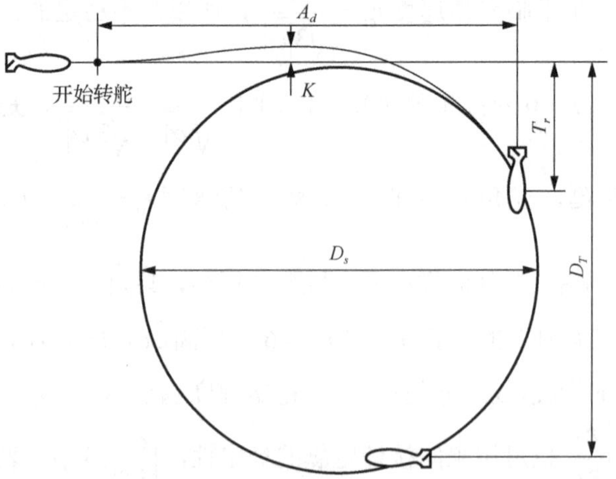

图 5.10　海洋机器人重心轨迹的形状及相关参数（回转运动时）

（2）发展阶段——从转舵结束到海洋机器人进入定常回转运动为止。一般需改变航向 90°以上，对于十字舵为 50°～90°，而 T 型舵为 90°～100°才进入定常回转运动，随艇型而变。

随着时间的增加，海洋机器人在推进器及舵力矩的作用下，边前进边顺时针旋转，并有反向横移，由此形成的水动力角 β 被称为漂角。从而在艇体上又产生了水动力——纵向力 $X(\beta)$ 、横向力 $Y(\beta)$ 和偏航力矩 $N(\beta)$，并随漂角的增大而增大。纵向力使航速继续降低，横向力的增大逐渐克服了舵力 $Y(\delta)$ ，制止了反向横移， $N(\beta)$ 使艇体绕重心向回转内侧加速旋转，并使重心轨迹向回转一侧弯曲，艇艏在回转圈内，艇艉外甩，这时海洋机器人既有 $\dot{v}$、$\dot{r}$ ，也有 v、r 等。随着角速度 r 的增大，阻止海洋机器人旋转的阻尼力矩 $N(r)$ 也迅速增大，当 $N(\delta)+N(\beta)=N(r)$ 时，诸力矩平衡，则 $\dot{r}=0, r=$ 常数，漂角 β 和航速 V 也逐渐达到常值，艇的运动就进入定常回转阶段。

发展阶段的特点：作用在艇上的水动力是随时间变化的，所以 V、β、r 和回转曲线的曲率半径也在不断变化，海洋机器人做非定常运动，可以看作刚体在水中的平面运动。

回转运动过程中，沿艇长方向上各点速度的大小和方向（即漂角）都是改变的。分布规律由艇艉向艇艏逐渐减小，在艇艏某一点 p 处 $\beta=0$（即 $v=0$），人站在 p 点上的来看，好像海洋机器人一方面以 V_p 向前平动，另一方面艇上前后体各点以角速度 r 绕点 p 旋转，所以称 $\beta=0$ 的点为“枢点”或“旋心”。刚操舵回转时枢心约在重心前 $L/10$ 处，以后逐渐前移，定常回转时固定不变。其位置可由定义得知：

$$x_p=\frac{V\sin\beta}{r}\approx\frac{V\beta}{r}(\text{或}R_s\sin\beta) \tag{5.70}$$

式中，V、β、r 都是重心处的参数，分别为航速、漂角、角速度。

定常回转时，枢点大致位于距艇艏 1/4 艇长处。

（3）定常阶段——作用于艇上的诸水动力矩平衡，使海洋机器人绕重心匀速转动。诸水动力沿回转曲线的切线方向（即航速 V 的方向）的分量平衡，航速 V 达到最小值并保持不变；水动力沿回转曲线的法线方向的分量为常值，其提供的向心力在垂直于速度方向且大小不变的作用下，使艇的重心 G 做等速圆周运动，此时艇的运动轨迹是圆形。

5.5.1.2　回转运动的主要特征值

回转运动的主要特征可用下列空间和时间两类参数描述（图 5.10）。

（1）定常回转直径 D_s ——定常回转圆的直径。它是表示海洋机器人在水平面内机动性最方便、常用且非常重要的特征参数，常使用相对比值形式，即 D_s/L，或 R_s/L（R_s 为定常回转半径，L 为艇长），其大小如下。

水下状态：

$$D_{s\downarrow} = (3.5 \sim 6.0)L$$

水上状态：

$$D_{s\uparrow} = (3 \sim 5)L$$

（2）战术直径 D_T ——海洋机器人回转 $180°$ 时，艇的重心至初始直航线的距离。战术直径是个易于测量、对实操很有用的重要参数，一般

$$D_T = (0.9 \sim 1.2)D_s$$

（3）纵距 A_d ——自转舵开始的操舵点至艏向改变 $90°$ 时，海洋机器人重心沿初始直航线前进的距离。它表示海洋机器人在航行中，发现前方有障碍物而转舵避碰的最短距离，也叫进距，一般

$$A_d = (0.6 \sim 1.2)D_{s\uparrow}$$

（4）正横距 T_r ——海洋机器人回转 $90°$ 时，艇重心至初始直航线的距离，一般

$$T_r = (0.25 \sim 0.5)D_{s\uparrow}$$

（5）反横距 K ——海洋机器人重心离开初始直航线，向回转的相反方向横移的最大距离，一般 $K \leqslant B/2$（B 为艇宽）。这一特性可用于近距避碰的紧迫局面。

（6）定常回转的航速 V_s、漂角 β_s、横倾角 φ_s（有时将省略下标“s”）。定常回转的航速 V 比直航时的航速 V_0 降低 $20\% \sim 30\%$，并可用公式（5.71）、公式（5.72）估算。

水下回转：

$$V_{\downarrow} = \left(1 - \mathrm{e}^{-0.52 R_s/L}\right)V_0 \tag{5.71}$$

水上回转：

$$V_{\uparrow} = 0.767\left(1.45 - \frac{L}{R_s}\right)V_0 \tag{5.72}$$

漂角通常不大，在10°左右，并可采用下式估算：

$$\beta_s^0 \cdot R_s / L = 0.3 \sim 0.5 \tag{5.73}$$

或

$$\beta_s^0 = 22.5L / R_s + (1.45 \sim 18)\frac{L}{R_s} \tag{5.74}$$

（7）回转周期 T ——从转舵起至回转360°所经历的时间。也有以定常回转360°所需的时间来定义回转周期，于是回转周期 T 与定常回转角速度 r_s 间应有关系式 $r_s = 2\pi / T$ 。回转周期可用来衡量海洋机器人大幅度转向的快慢程度。

（8）初始转艏时间 t_α ——转舵瞬时起至艏向角 ψ 改变某一小角度所需的时间。一般指 ψ 改变5°，操方向舵10°或15°时所经历的时间。t_α 表示海洋机器人艏向角对转舵响应的快慢程度。

上述特征参数中，前五项是衡量回转区域大小的空间特征参数。其中以 D_T 、 A_d 尤为重要，表示海洋机器人回转所必需的最小水域。此外，尚须计及艇艉外甩所占的海域，其宽度取决于艇长 L ，大约等于 $L[\cos(90° - \beta_s)]$ 。特征参数的最后两项是衡量回转快慢程度的时间特征参数。对于海洋机器人的机动性能、攻击性能和编队航行能力，定常回转直径和回转周期都是重要参数。

5.5.1.3 回转运动的状态参数确定

1. 定常回转直径的确定

采用定常回转的线性运动方程来求解小舵角下的缓慢定常回转的直径；采用非线性运动方程来求解大舵角时的定常回转直径。

1）线性运动方程

定常回转的线性运动方程可按等速圆周运动直接求得，即

$$\begin{cases} Y_v' v' - (m' - Y_r') r' = -Y_\delta' \delta \\ N_v' v' + N_r' r' = -N_\delta' \delta \end{cases} \tag{5.75}$$

由此可解得

$$r_s = K\delta \tag{5.76}$$

式中

$$K=\left(\frac{V}{L}\right)K'=\left(\frac{V}{L}\right)\frac{N'_vY'_\delta-N'_\delta Y'_v}{N'_v(m'-Y'_r)+N'_rY'_v} \tag{5.77}$$

或

$$r'_s=K'\delta \tag{5.78}$$

定常回转时的角速度 $r_s=V/R_v$，所以相对回转半径 R_s/L 为

$$\frac{R_s}{L}=\frac{1}{r_s'}=\frac{1}{K'\delta}=\frac{N'_v(m'-Y'_r)+N'_rY'_v}{N'_vY'_\delta-N'_\delta Y'_v}\cdot\frac{1}{\delta} \tag{5.79}$$

同理，由方程组（5.75）解出横向速度 v，得定常回转的漂角 β_s 为

$$\beta_s=-\frac{v}{V}=K'_\beta\delta \tag{5.80}$$

式中

$$K'_\beta=\frac{N'_\delta(m'-Y'_r)+N'_rY'_\delta}{N'_v(m'-Y'_r)+N'_rY'_v} \tag{5.81}$$

由上可知，比例系数 K 在数值上表示单位方向舵角引起的定常回转角速度，所以叫作回转性指数或舵效指数。K 越大，舵效越高，回转快，定常回转直径小。当 $K>0$ 时，操右舵（$\delta>0$），海洋机器人顺时针方向向右回转（$r>0$），操左舵（$\delta<0$），则逆时针方向向左回转（$r<0$），称为正常操舵；若 $K<0$ 时，操右舵逆时针方向向左旋回，操左舵顺时针方向向右旋回，此时称为反常操舵。

公式（5.79）是在线性化条件下求得的，只是在较大的 D_s/L（例如 $D_s/L\geqslant 8$）时，才不致有明显的误差。由于海洋机器人的定常回转直径一般不会达到这个尺度，所以当有 $Y(v,\delta)$、$N(v,\delta)$ 水动力试验资料时，则按下述非线性运动方程来计算定常回转直径。

2）非线性运动方程

采用风洞或斜拖试验得到的 $Y(v,\delta)$ 和旋臂试验得到的 $Y(r)$ 等水动力试验曲线，此时可用如下水动力的简化式替代式（5.75）中的黏性水动力，即

$$\begin{cases}Y'=Y'(v,\delta)+Y'_rr'\\N'=N'(v,\delta)+N'_rr'\end{cases} \tag{5.82}$$

于是方程（5.82）可改写成

$$\begin{cases}-Y'(v,\delta)+(m'-Y'_r)r'=0\\N'(v,\delta)+N'_rr'=0\end{cases} \tag{5.83}$$

将$r' = L/R$代入，则有

$$\begin{cases} \dfrac{L}{R_s} = \dfrac{Y'(v,\delta)}{(m' - Y_r')} = f_1(\beta,\delta) \\ \dfrac{L}{R_s} = \dfrac{-N'(v,\delta)}{N_r'} = f_2(\beta,\delta) \end{cases} \tag{5.84}$$

在一定转舵角δ_1下，给出可能的一组漂角$\beta_1, \beta_2, \cdots, \beta_n$，从而可做出曲线（图5.11，图中特征长度用水下全排水量$\nabla^{1/3}$来表示）

$$\begin{cases} \dfrac{L}{R_s} = f_1(\beta_i,\delta_1) \\ \dfrac{L}{R_s} = f_2(\beta_i,\delta_1) \end{cases} \tag{5.85}$$

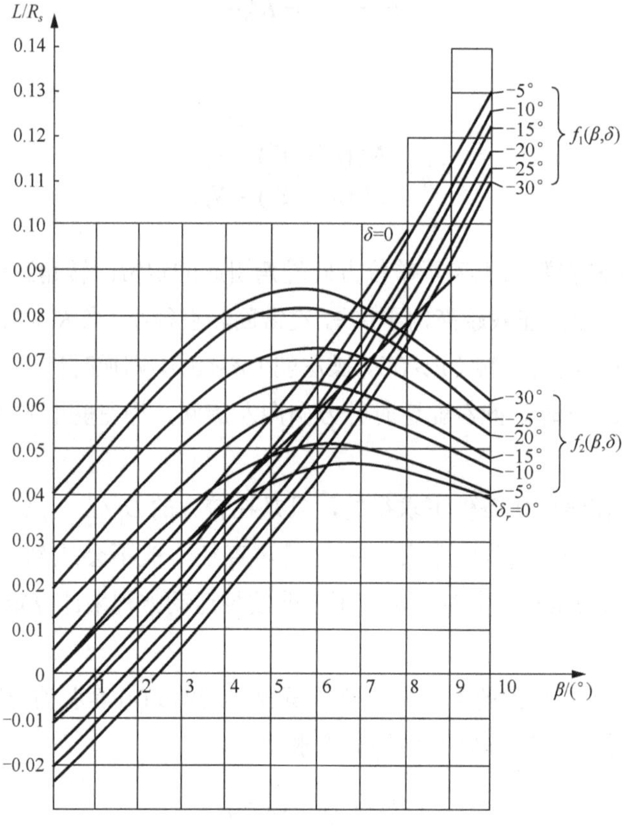

图5.11　$f_1(\beta,\delta)$和$f_2(\beta,\delta)$曲线

这两组曲线的交点就是方程（5.83）的解：表示一定转舵角下海洋机器人定常回转时的漂角β_s和相对回转半径的倒数L/R_s。取一系列转舵角δ_i，可得相应的若干交点，从而可得关系曲线$L/R_s = f_1(\delta)$、$\beta_s = f_2(\delta)$，并可绘成如图5.12所示的曲线。

通过一些艇的实际计算与实艇满舵试验结果相比较，线性运动方程的结果偏小较多，非线性运动方程的结果则有较好的一致性。水下定常回转直径也可按如下简易非线性运动方程计算：

$$\begin{cases} Y'_v v' + (Y'_r - m')r' + Y'_{v|r|}v'|r'| + Y'_{v|v|}v'|v'| + Y'_\delta \delta = 0 \\ N'_v v' + N'_r r' + N_{v|r|} \cdot |v'|r' + N'_{r|r|}r'|r'| + N'_{v|v|}v'|v'| + N'_\delta \delta = 0 \end{cases} \tag{5.86}$$

定常回转直径的大小首先与艇型相关。回转性指数 K 的表示式（5.77）中的分母 $N'_v(m'-Y'_r)+N'_rY'_v$ 即稳定性衡准数 C_H。由此可见，C_H 越大则 K 越小，r 亦小，定常回转直径越大，回转性能越差，但稳定性越好。所以回转性与稳定性对艇型的要求是互相矛盾的，艇型肥满（增大 C_B 和 B/L、减少艉部侧投影面积）将使回转性变好而稳定性变差。

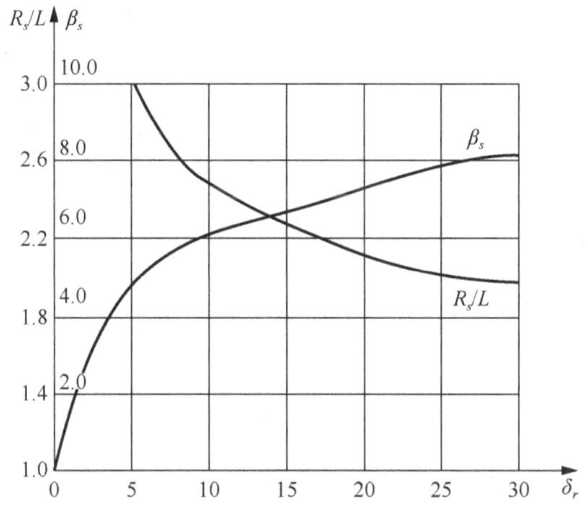

图 5.12　R_s/L 和 $\beta_s = f(\delta_r)$ 曲线

对一定的海洋机器人来讲，定常回转直径主要取决于转舵角的大小。艇在水面航行时尚与纵倾密切相关，若有艏纵倾时，将使艇的水动力中心前移，l'_β 增大，改善回转性，定常回转直径减小。航速对定常回转直径 D_s 的影响不大，当 $Fr = V/\sqrt{gL} \leqslant 0.25$ 时，航速对 D_s 无影响；当 $Fr > 0.25$ 时，在水面航行时由于产生纵倾和兴波的影响，使 D_s 有所增大，且 $D_s \propto V^{0.3}$。例如，对于具有圆钝回转型艇艏的海洋机器人，增速时有埋艏现象，故使定常回转直径减小；为了改善水面航行的适航性，把艇艉的“抗沉”主压载水舱注水，再增速时定常回转直径则遵从通常的规律也有所增大。对于高速军舰的定常回转直径采用公式（5.87）计算：

$$\frac{D_s}{D_{s0}} = 1 + 0.712Fr - 5.23Fr^2 + 11.36Fr^3 \ (Fr \leqslant 0.6) \tag{5.87}$$

式中，D_{s0} 为 $Fr \leqslant 0.25$ 时的定常回转直径。

2. 回转中的航速

转舵回转时，艇体和舵的阻力、流向螺旋桨的水流及主机的工作情况都发生变化，因而螺旋桨的推力也发生变化，艇的航速要下降20%～30%。由水平面操纵运动非线性方程：

$$(m - X_{\dot{u}})\dot{u} - mvr = X(u) + X_T + X(\delta) \tag{5.88}$$

艇回转时，由于航速降低，艇体阻力 $X(u)$ 减小。舵阻力 $X(\delta)$ 随舵角增大而迅速增大。艇后螺旋桨的推力 X_T 主要取决于轴向流速 u_p 和主机外特性，情况比较复杂，与主机类型密切相关，当推力增大时，航速下降得少，反之，航速下降得多。定常回转时，公式（5.87）可写成

$$-mvr = X(u) + X_T + X(\delta) \tag{5.89}$$

式中，左边项为离心力（包含 $-Y_{\dot{u}}vr$ 流体惯性力项）在 x 轴上的投影。将 $r_s = V_s / R_s$ 和 $v = -V\sin\beta$（省略下标“s”）代入左边项可得 $-mvr = (mV^2/R)\sin\beta$。虽然漂角 β 较小，但离心力 mV^2/R 很大。从艇型来看，影响离心力的主要参数是方形系数 C_B。在回转过程中，随着航速 V 下降，$X(u)$、$X(\delta)$ 和离心力在 x 轴上的投影都减小，而螺旋桨推力 X_T 增大，当航速降至某一值时，上述诸力平衡，满足公式（5.89），即达到定常回转航速。

将公式（5.89）遍除 $\frac{1}{2}\rho L^2V^2$ 使之无因次化后得

$$2C_B \frac{B}{L}\frac{H}{L}\frac{L}{R_s}\sin\beta = X'(u) + X'_T + X'(\delta) \tag{5.90}$$

由此可见，影响定常回转速降系数 $V'_s = V_s / V_0$ 的主要因素是：主机类型、相对回转半径 $R'_s = R_s / L$ 和艇的肥瘦度 C_B、B/L 等。对于大部分海洋机器人，定常回转速降系数主要取决于 R'_s（β 与 R'_s 间有对应关系）。戴维森（Davidson）根据大量实船和船模试验结果整理出 V_s / V_0 和 D_s / L 的关系曲线（图 5.13）。日本的志波根据民船船模试验资料，做出 V_s / V_0 与 C_B、D_s/L 的关系曲线（图 5.13）。苏联的费尔索夫提出

$$\frac{V_s}{V_0} = \tanh\left(\frac{R_s}{2.45L}\right) \tag{5.91}$$

这些曲线和公式都是用于近似估算海洋机器人的 V_s。

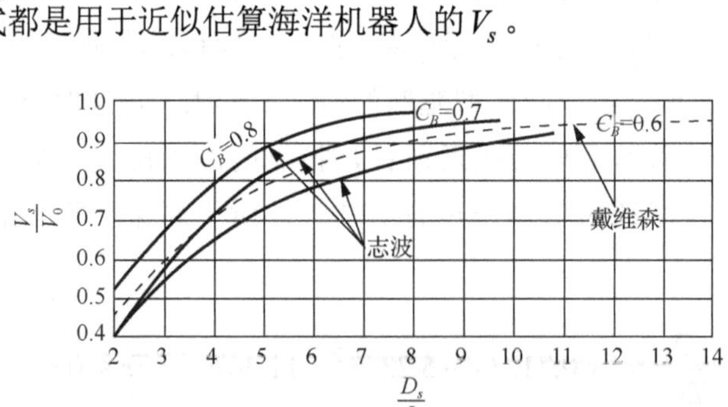

图 5.13　回转速降系数与直径的关系

3. 回转过程中的横倾

以上讨论的是水平面内的运动情况，现在来研究回转过程中艇在垂直面内的运动，这里只分析横摇运动。

海洋机器人回转时，不论在水下或水面状态，都会产生横倾。这是由于回转中，作用在艇体和方向舵上的水动力$Y(v,r)$、$Y(\delta)$的作用点不与艇重心在同一高度。这些力对重心的力矩形成横剖面内的横倾力矩，使艇产生横倾。海洋机器人水面回转时一般先向回转内侧横倾（内倾），再向回转外侧横倾（外倾）；而水下回转时一般先外倾后内倾。

例如，水下回转时，在转舵阶段，横向力主要是舵力$Y(\delta)$，其作用点通常高于水下重心G，右舵的舵力指向左舷，对重心的力矩是逆时针方向，所以水下回转初期海洋机器人多外倾。不过由于舵力不大，这个初始横倾角也较小，有时（如低速）甚至在实际中看不出来。从一些艇的试航结果来看，尚与进入定常回转的早晚（如艏向角只改变 30°～40°）有关。在回转的发展阶段，除舵力外，又增添了艇体的横向力$Y(v,r)$，包括指挥台围壳提供的位置较高的横向水动力，它们与$Y(\delta)$反向，大致作用于艇体半高（$H/2$）处，高于重心，对重心的力矩使艇体迅速向回转内侧横倾，这样海洋机器人由外倾转为内倾。在水动力使艇横倾的同时，艇的扶正力矩将抵制横倾的增长。到达定常阶段时，诸水动力力矩与扶正力矩取得平衡，则使横倾角趋于常值，称为静横倾角φ_s。

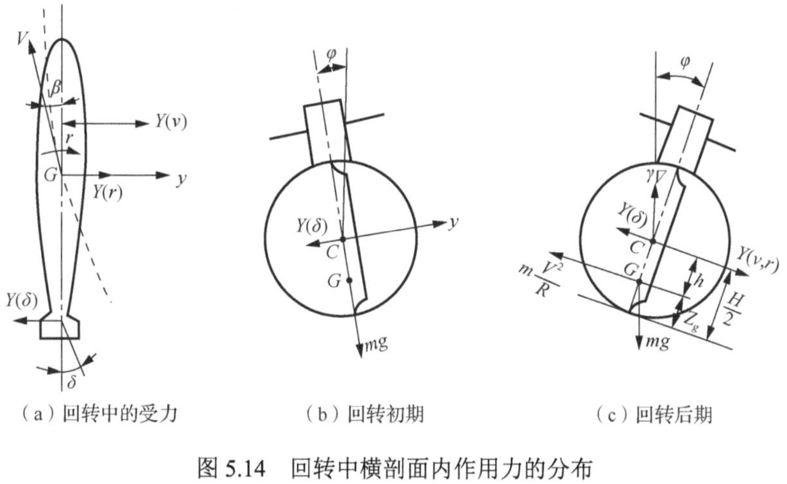

图 5.14 回转中横剖面内作用力的分布

回转过程中，横倾力矩增长时间较短，特别是指挥室围壳所产生的横向水动力，其作用位置高，使横倾力矩的增长具有突加性质，从而当海洋机器人由外倾转为内倾时，出现“回转突倾”（Snap Heel on Turning）现象，此时的横倾角称为动力横倾角φ_d，然后做几次摆动，最后保持在φ_s。为了减小转向时出现过大的φ_d、φ_s，在有的海洋机器人上设计了较小的指挥室围壳，并在原十字型尾鳍的下方左右舷 45° 位置增设两块带端板的稳定翼。此外，指挥室围壳位置前移，将使回转的横倾（和横漂）减小。

现在来近似估算定常回转状态下的静横倾角 φ_s 。如图 5.14（c）所示，定常回转时，艇做匀速圆周运动，艇的惯性离心力作用于重心，在 y 轴上的投影为 $m\dfrac{V^2}{R_s}\cos\beta \approx m\dfrac{V^2}{R_s}$ 。舵力 $Y(\delta)$ 较小，而且其作用方向是使横倾角减小的方向，为了简化计算，可略去 $Y(\delta)$ ，于是海洋机器人横倾的力矩可看成 $Y(v,r)$ 与 mV^2/R_s 组成的力偶，其大小为 $m\dfrac{V^2}{R_s}\left(\dfrac{H}{2}-Z_g\right)$ ，也即定常回转时诸横向力应等于向心力在 y 轴上的投影，当省略 $Y(\delta)$ 时为 $Y(v,r)=m\dfrac{V^2}{R_s}\cos\beta \approx m\dfrac{V^2}{R_s}$ 。回转过程中横倾角变化如图 5.15 所示。

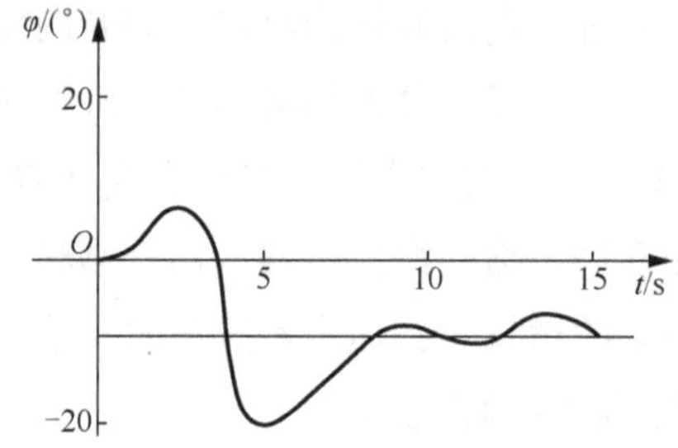

图 5.15　回转过程中横倾角变化（当向右舷转向时）

因此，横向力 $Y(v,r)$ 对重心的力矩与横向扶正力矩 $mgh\varphi_s$ 平衡，可得水下横倾角 $\varphi_{s\downarrow}$ 为

$$\varphi_{s\downarrow}=\frac{V^2}{ghR_s}\left(\frac{H}{2}-Z_g\right)\quad \text{(rad)} \tag{5.92}$$

当海洋机器人在水面状态回转时，一般先内倾再外倾。若假定 $Y(v,r)$ 作用于 $\dfrac{T}{2}$ 处，则有

$$\varphi_{s\uparrow}=\frac{V^2}{ghR_s}\left(Z_g-\frac{T}{2}\right) \tag{5.93}$$

式中， Z_g 、 T 分别为重心高、吃水。

公式（5.92）、公式（5.93）中的有关参数，应分别以水下和水面状态时的相应值代入。对于大部分海洋机器人来讲，为了防止回转中发生过大的横倾，特别要避免高速小半径的急回转。减小回转横倾角的唯一安全措施是降低航速，并缓缓地减小舵角。如果试图用突然打反舵的方式减小横倾，其作用反使横倾增大，甚至发生险情，因为舵力实际上是抑制横倾增加的因素。表 5.3 为三种艇型的螺线试验和水平面内超越试验的结果。

表 5.3　三种艇型的螺线试验和水平面内超越试验的结果

操纵性能			V_s	δ_r	ψ_e	艇型				备注*
						C	D	E_1	E_2	
动稳定性	水下状态	$H/[(°)/s]$	8	—	—	0.6	0	1.1	1.7	
		$B/(°)$	8	—	—	0.8	0	1.5	3	
	水上状态	$H/[(°)/s]$	—	—	—	—	—	—	—	
		$B/(°)$	8	—	—	0	0	0	0	
超越试验（水下状态）	t'_e		10	20	20	1.32	—	1.21	—	2.0
			15	20	20	1.39	1.71	1.17	—	2.0
			20	20	20	1.60	—	1.30	—	2.0
			15	20	15	1.60	—	1.23	—	
			15	20	15	1.18	1.46	1.01	—	
			15	20	15	1.04	1.29	0.90	—	
	$\psi_{0v}/(°)$		10	20	20	12.0	—	17.2	—	6.3
			15	20	20	15.0	14.6	22.5	—	8.0
			20	20	20	22.0	—	29.8	—	10.0
			15	10	15	10.5	—	10.5	—	
			15	20	15	15.0	14.4	20.5	—	
			15	30	15	20.5	—	37.5	—	
回转时横倾角（水下）	$\varphi_a/(°)$（突倾）		20	35	—	14.5	20	39	12.5	
	$\varphi_s/(°)$（稳定性）		20	35	—	7	10	11.3	2.5	

注：（1）E_1 艇有指挥室围壳；E_2 艇无指挥室围壳，且仅有模型试验数据。

（2）H 是 r-δ 曲线滞后环的环高；B 是环宽。

（3）$t'_e = t_e V / L$ 是到达执行偏航角 ψ_e 的航程艇长数；ψ_{0v} 是超越偏航角。

*资料来源于美国造船师与轮机工程师学会。

5.5.2　Z 形操舵机动

5.5.2.1　试验特征值

1943 年肯普夫（Kempf）首先提出 Z 形操纵试验，用以测定艇的应舵性能，现已成为评价水面机动性的一种标准机动试验，其典型结果如图 5.16 所示。图中的舵角 δ 与艏向角 ψ 一般为 10°～20°，它们可相等，也可不等。现以 δ/ψ=10°/10° 为例。

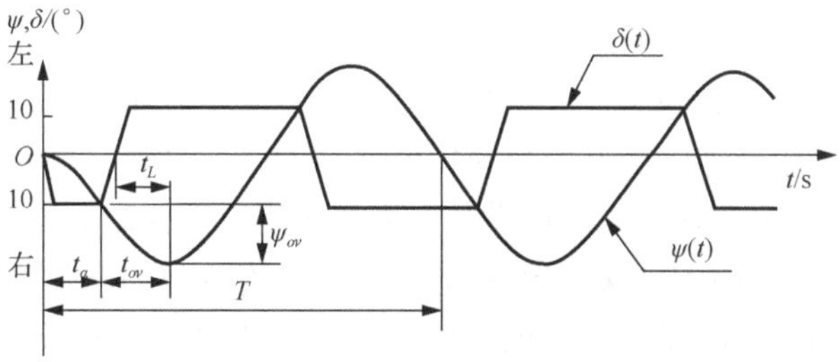

图 5.16　Z 形操纵试验记录曲线及特征参数

根据图 5.16 中舵角 δ 和艏向角 ψ 的时间曲线，可直接测量获得与应舵性能（或转艏性）有关的特征值。

初转期 t_α：从首次操舵起至第一次操反舵止所经过的时间。若是 $10°/10°$ Z 形操舵机动，则 t_α 表示从直航中操 $10°$ 舵角、艏向角改变 $10°$ 所需的时间，也就是艏向改变的快慢。

超越时间 t_{ov}：从操反舵开始到艇停止朝原方向回转的时间；也有人将其定义为从舵角恢复到零的时刻起，至艇完全停止朝原方向回转的时间 t_L，这一过程称为转艏滞后。

超越艏向角 ψ_{ov}：操反舵后艇继续朝原方向回转所转过的最大角度。

周期 T：从操舵瞬时到艇完成向右舷和左舷摆动各一次，恢复到初始艏向角的时间。

显然，上述特征量较小，艇对舵的响应快，转艏性好。实际上，当直航的艇转动方向舵后或改变方向舵角的符号时，由于艇的运动惯性，当舵已反操后，艇艏仍按原回转方向继续回转一定的艏向角，这个角度就是 ψ_{ov}，惯性越大，超越艏向角 ψ_{ov} 和超越时间 t_{ov} 越大。这两个量的大小直接表明了操艇人员在用舵时必须考虑的空间和时间上的提前量，即舵手应按转向的 r、$\dot{r}$ 操舵，不可只按偏航艏向角 ψ 操舵，因此以上应舵特征量很有实用价值，特别对限制航道尤为重要。

影响 ψ_{ov}、t_{ov} 的因素比较复杂，下面用野本的一阶 K-T 方程做一近似分析。设海洋机器人 Z 形机动中先操右舵（$\delta_0 > 0$），则艇逐渐向右偏航（$\psi > 0$、$r > 0$）。当 $\psi = \delta_0$ 时，将舵由 $+\delta_0$ 反操至 $-\delta_0$。为分析简单起见，不考虑转舵速率的影响，并取第一次操反舵的开始瞬间［图 5.16 中 $\psi(t)$ 与 $\delta(t)$ 的交点］为计算的初始时刻，相应的角速度为 r_m。

由一阶 K-T 方程 $T\dot{r} + r = K\delta$ 在初始条件 $r(t=0) = r_m$ 下求解，得到 $r = K\delta_0\left(1-\mathrm{e}^{-\frac{t}{T}}\right) + r_m\mathrm{e}^{-\frac{t}{T}}$，$\psi = K\delta_0\left(t - T + T\mathrm{e}^{-\frac{t}{T}}\right) + Tr_m\left(1-\mathrm{e}^{-\frac{t}{T}}\right)$。

设 $t = t_{ov}$ 时 $\psi = \psi_{ov}$，则 $\psi_{ov} = KT\delta_0\mathrm{e}^{-\frac{t_{ov}}{T}} + Tr_m\left(1-\mathrm{e}^{-\frac{t_{ov}}{T}}\right) - K\delta_0(T - t_{ov})$。考虑到 $t_{ov} \ll T$，上式可略去末项 $K\delta_0 t_{ov}$，则有

$$\psi_{ov} = (KT\delta_0 + Tr_m)\left(1-\mathrm{e}^{-\frac{t_{ov}}{T}}\right) \approx (K\delta_0 - r_m)T \tag{5.94}$$

式中，$K\delta_0 = r_s$，即舵角为 δ_0 时艇能达到的定常回转角速度 r_s，一般 $K\delta_0 \gg r_m$，故又有

$$\psi_{ov} \approx KT\delta_0 \tag{5.95}$$

由此可看出：具有良好操纵性——良好稳定性（T 要小）和良好的回转性（K 要大）的艇，与操纵性差——稳定性差（T 大）和回转性差（K 小）的艇，可能具有相同的超越艏向角 ψ_{ov}。因此，ψ_{ov} 通常不作为操纵性衡准数，而是个重要的操艇、应舵的特征。

超越艏向角 ψ_{ov} 的大小不仅与稳定性和舵效有关，而且也与转舵角的大小和转舵速率 $\dot{\delta}$ 的快慢有关。如图 5.17 所示，在 0～m 的一段时间内，转舵促成了艇的偏航，当艏向角 ψ 达到转向角速度 r_m 时，舵角开始反操，如果机动的舵角 δ_0 大，则相应的 r_m 也大，并将有更大

的 ψ_{ov}。当舵角开始反操后，舵逐渐提供抑制力矩，阻止艇继续偏航，偏航角速度逐渐减小直至 $r=0$，则 $\psi=\psi_{ov}$。可见，ψ_{ov} 的大小和抑制偏航的舵力有关，转舵速率 $\dot{\delta}$ 大的有较小的超越艏向角。

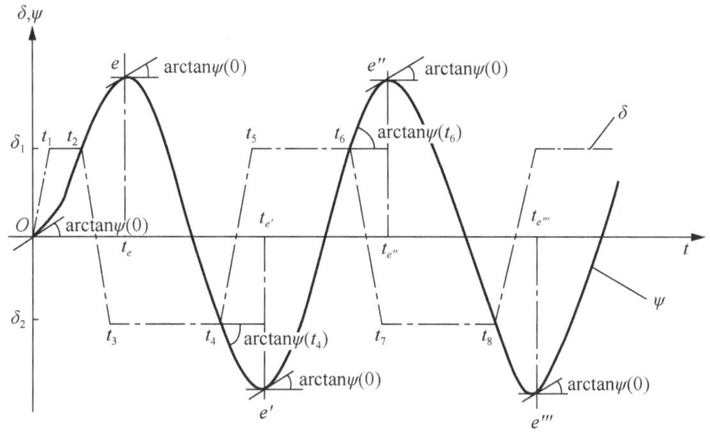

图 5.17　由 Z 形操纵试验求 K、T

5.5.2.2　K-T 方程分析影响试验特征值的因素

考虑到海洋机器人中往往存在左右舷流体不对称的因素（如螺旋桨侧向力、水的侧向斜流等），所以海洋机器人直航时有一压舵角 δ_r，这样实际的一阶 K-T 方程可写成

$$T\dot{r}+r=K(\delta+\delta_r) \tag{5.96}$$

式中，δ 为试验时测量的名义舵角（或称表观舵角）；δ_r 为直航压舵角（当作未知常量）。将公式（5.96）对任意时间间隔 t_a-t_b 积分，即 $\int_{t_b}^{t_a} T\dfrac{\mathrm{d}\dot{\psi}}{\mathrm{d}t}\mathrm{d}t+\int_{t_a}^{t_b}\dfrac{\mathrm{d}\psi}{\mathrm{d}t}\mathrm{d}t=K\int_{t_a}^{t_b}\delta\mathrm{d}t+K\int_{t_a}^{t_b}\delta_r\mathrm{d}t$ 或写成

$$T=\left[\dot{\psi}(t_b)-\dot{\psi}(t_a)\right]+\left[\psi(t_b)-\psi(t_a)\right]=K\int_{t_a}^{t_b}\delta\mathrm{d}t+K\delta_r(t_a-t_b) \tag{5.97}$$

式中，K、T、δ_r 是三个未知量。原则上只要从图 5.17 中取三组不同的时间间隔进行积分，就可得到三个不同的公式（5.97），即可求解。

为了统一，现行专门技术文件对以下标准流程做出规定。

作 $t=0$ 处 $\psi(t)$ 曲线的切线，其斜率为 $\dot{\psi}(0)$，并在 $\psi(t)$ 曲线各峰值附近作平行于它的切线，切点为 e、e'、e''，故有

$$\dot{\psi}_0=\dot{\psi}_e=\dot{\psi}_{e'}=\dot{\psi}_{e''} \tag{5.98}$$

若 Z 形操纵试验开始时，海洋机器人却做直线运动，则公式（5.98）中诸 $\dot{\psi}$ 值皆为零。

从 $t=0$ 至 $t=t_{e'}$ 对公式（5.96）积分，可得

$$\psi_{e'}=K\int_0^{t_{e'}}\delta(t)\mathrm{d}t+K\delta_r t_{e'} \tag{5.99}$$

从 $t=0$ 至 $t=t_{e''}$ 对公式（5.96）积分，可得

$$\psi_{e''}=K\int_0^{t_{e''}}\delta(t)\mathrm{d}t+K\delta_r t_{e''} \tag{5.100}$$

由公式（5.99）和公式（5.100）可解得 K 和 δ_r，记这里的 K 为 $K_{⑥⑧}$，它是从后两个峰得到的 K 值。

继续从 $t=0$ 至 $t=t_e$ 对公式（5.96）积分，可得

$$\psi_e=K\int_0^{t_e}\delta(t)\mathrm{d}t+K\delta_r t_e \tag{5.101}$$

将解得的 δ_r 代入公式（5.101），求出 K，记这里的 K 为 $K_{④}$，它是由第一个峰得到的 K 值。显然 K 值的下标是由时间 t_e、$t_{e'}$、$t_{e''}$ 分别处于时间间隔的 4、6、8 区域而得名。

类似地，从 $t_2\to t_e$、$t_4\to t_{e'}$、$t_6\to t_{e''}$ 对公式（5.96）积分也可得

$$T_{④}(\dot{\psi}_0-\dot{\psi}_2)+(\psi_e-\psi_2)=K_{④}\int_{t_2}^{t_e}\delta(t)\mathrm{d}t+K_{④}\delta_r(t_e-t_2) \tag{5.102}$$

$$T_{⑥}(\dot{\psi}_0-\dot{\psi}_4)+(\psi_{e'}-\psi_4)=K_{⑥⑧}\int_{t_4}^{t_{e'}}\delta(t)\mathrm{d}t+K_{⑥⑧}\delta_r(t_{e'}-t_4) \tag{5.103}$$

$$T_{⑧}(\dot{\psi}_0-\dot{\psi}_6)+(\psi_{e''}-\psi_6)=K_{⑥⑧}\int_{t_6}^{t_{e''}}\delta(t)\mathrm{d}t+K_{⑥⑧}\delta_r(t_{e''}-t_6) \tag{5.104}$$

由公式（5.102）～公式（5.104）可分别求得 $T_{④}$、$T_{⑥}$、$T_{⑧}$。为此需计算定积分 $\int_0^t\delta(t)\mathrm{d}t$，此时 $\delta(t)$ 可用梯形近似、分段积分。例如

$$\begin{aligned}\int_0^{t_e}\delta(t)\mathrm{d}t&=\delta_1\left(\frac{t_2+t_3}{2}-\frac{t_1}{2}\right)+\delta_2\left(t_e-\frac{t_2+t_3}{2}\right)\\ \int_{t_2}^{t_e}\delta(t)\mathrm{d}t&=\delta_1\left(\frac{t_2+t_3}{2}-t_2\right)+\delta_2\left(t_e-\frac{t_2+t_3}{2}\right)\end{aligned} \tag{5.105}$$

其他则类似，最后得到

$$\begin{aligned}K&=\frac{K_{⑥⑧}+K_{④}}{2}\ (\mathrm{s}^{-1})\\ T&=\frac{T_{⑥⑧}+T_{④}}{2}\ (\mathrm{s})\end{aligned} \tag{5.106}$$

式中，$T_{⑥⑧}=\dfrac{T_{⑥}+T_{⑧}}{2}$。作为整个 Z 形操纵试验中得到的 K、T 值，或用无因次形式表示 $K=K\left(\dfrac{L}{V}\right)$ 和 $T'=T\left(\dfrac{V}{L}\right)$。$L$ 为艇长，V 为直航速度。

除了根据试验曲线上几个特殊点的值，用上述积分方法来确定 K、T 值外，还可采用最小二乘法拟合 Z 形操纵试验结果。该方法求得的 K、T 值更能全面地反映 ψ 与 δ 的关系。

一些海洋机器人水上与水下 Z 形操纵试验所得的 K'、T' 值见表 5.4。

表 5.4　操纵试验所得的 K'、T' 值

	CA		CB		CC	CD	CE	
航行状态	水上	水下	水上	水下	水上	水下	水上	水下
V / kn	12.3	5.9	12.4	7.0	13.6	15.3	16.1	13.2
K'	1.537	1.95	1.48	1.65	1.88	2.20	1.457	2.19
T'	1.687	1.623	1.85	1.65	2.10	2.31	2.56	2.66

注：CA、CB、CC、CD、CE 为艇型。水面舰艇，例如航速 30kn 的驱逐舰，K'、T' 分别约为 2.0 与 1.50。

5.6　垂直面操纵性分析

5.6.1　等速直线定深运动

5.6.1.1　无纵倾等速直线定深运动

海洋机器人在水下运动的大多数情况［如航渡、巡逻、阵地待机、使用武器（鱼雷攻击、发射导弹等）和使用升降装置］下，或从机械的操作和最小的运动阻力来说，都处于或接近于无纵倾等速直线定深运动。此时 $u = u_0 =$ 常数，冲角 α、纵倾角 θ、潜浮角 χ、z 向速度 w 等皆为零，即 $\alpha = \theta = \chi = w = 0$，其他 $\dot{u} = \dot{w} = \dot{q} = q = 0$。设 P 为静载，作用点坐标为 x_p（取 $z_p \approx 0$），静载力矩为 M_p（等于 Px_p）；螺旋桨推力为 X_T，桨轴线的 z 向坐标为 z_T。由垂直面操纵运动线性方程退化为力和力矩的平衡方程，或直接由俯仰定常运动方程简化，得如下无纵倾等速直线定深运动平衡方程：

$$\begin{cases} Z_0' + Z_{\delta_s}'\delta_s + Z_{\delta_b}'\delta_b + P' = 0 \\ M_0' + M_{\delta_s}'\delta_s + M_{\delta_b}'\delta_b + M_p' + \alpha_T z_T' = 0 \end{cases} \tag{5.107}$$

式中

$$\begin{cases} M_p' = -P'x_p' \\ P' = \dfrac{P}{\dfrac{1}{2}\rho L^2 V^2} \\ x_p' = \dfrac{x_p}{L} \\ \alpha_T = \dfrac{X_T}{\dfrac{1}{2}\rho L^2 V^2} \\ z_T' = \dfrac{z_T}{L} \end{cases} \tag{5.108}$$

由于艇型的不对称性，存在与艇体运动方向垂直的力分量 Z_0 和由不对称流体动力所引起的力矩 M_0，若不加控制，即使已处于静平衡（$P = M_p = 0$）的艇，航速变化时也不能自动保持定深运动，因为海洋机器人不具有自动恢复深度的作用力。因此，为了保持运动深度，只有对海洋机器人实施操纵（或控制），通常控制垂直面平衡的方法有：操升降舵、调节静载（水量）或舵与水并用。在实艇操纵中，把实现无纵倾等速直线定深运动的平衡措施称为“均衡”。

1. 调节水量控制平衡

海洋机器人低速航行时，可用浮力调整水舱的注排水 ΔP_1 和艏艉纵倾平衡水舱间的调水量 ΔP_2 来保持 $\alpha=\theta=\chi=0$ 的等深定深直航运动。此时，艇的平衡方程由公式（5.107）退化成

$$\begin{cases} Z_0'+P'=0 \\ M_0'+M_p'+\alpha_T z_T'=0 \end{cases} \tag{5.109}$$

由公式（5.109）可知：

$$P=-\frac{1}{2}\rho L^2V^2Z_0' \tag{5.110}$$

$$M_p=-\frac{1}{2}\rho L^3V^2(M_0'+\alpha_T z_T') \tag{5.111}$$

故由浮力调整水舱的注排水为

$$\Delta P_1=P \tag{5.112}$$

考虑到 $Z_0'<0, M_0'>0$ 或 $M_0'<0$ 的情况，则有：$\Delta P_1>0$（艇轻）为舷外向舱内注水；$\Delta P_1<0$（艇重）为舱内向舷外排水。

由艏艉纵倾平衡水舱间的调水量为

$$\Delta P_2=\frac{M_p+\Delta P_1\cdot x_v}{L_{bs}} \tag{5.113}$$

式中，x_v 为所使用的浮力调整水舱容积中心至艇重心的距离；L_{bs} 为艏艉纵倾平衡水舱容积中心间的距离。

根据符号规则：$\Delta P_2>0$（艏重）为由艏舱向艉舱压水；$\Delta P_2<0$（艉重）为由艉舱向艏舱压水。注意，为了简化书写，下面将推力矩（$\alpha_T z_T'$）项计入 M_0' 中，即 $M_0'+\alpha_T z_T'$ 都算作零升力矩系数。此外，在一些老式海洋机器人中，由于桨轴线有一定纵倾角，且不与 x 坐标轴重合，除推力矩外，还有推力的垂向分量，则计入 Z_0' 中。

2. 操升降舵控制平衡

使运动的海洋机器人处于动力平衡状态，最常用的、有效的简便方法是操升降舵。考虑静平衡（即 $P=M_p=0$）的海洋机器人，由于存在水动力 Z_0、M_0，使艇不平衡，此时必须同时操纵艏、艉升降舵，方能保持等速直线定深运动。此时，平衡方程由公式（5.107）改写成

$$\begin{cases} Z_0'+Z_{\delta_s}'\delta_s+Z_{\delta_b}'\delta_b=0 \\ M_0'+M_{\delta_s}'\delta_s+M_{\delta_b}'\delta_b=0 \end{cases} \tag{5.114}$$

由此可解出应操的平衡舵角为

$$\begin{cases}\delta_s = \dfrac{-M_0' Z_{\delta_b}' + M_{\delta_b}' Z_0'}{M_{\delta_s}' Z_{\delta_b}' - M_{\delta_b}' Z_{\delta_s}'} \quad (\text{rad}) \\ \delta_b = \dfrac{M_0' Z_{\delta_s}' - M_{\delta_s}' Z_0'}{M_{\delta_s}' Z_{\delta_b}' - M_{\delta_b}' Z_{\delta_s}'} \quad (\text{rad})\end{cases} \tag{5.115}$$

从公式（5.115）可知，处于静平衡的海洋机器人，其定深航行时的平衡角 δ_s、δ_b 与航速无关。这是由于公式（5.115）中的各项水动力系数均随航速的平方增减。这一特性为海洋机器人操纵带来很大便利：当航速变化时，利用升降舱控制艇的平衡显然要比调节水量简便得多。但必须同时操纵艏舵、艉舵，这是因为在无纵倾（$\alpha=\theta=0$）的运动状态操一对舵，不能同时与 Z_0 和 M_0 平衡。

3. 操舵加调节水量控制平衡

用操舵控制平衡固然在操作上较方便，但有了压舵角，不仅增大航行阻力，减小升降舵在舵角范围内的有效摆幅，不利于操舵机动，而且实际海洋机器人还不一定是静平衡的，这样压舵角就更大了，所以在实艇操纵中是操舵和调节水并用。一般在某一较低的航速下，一边操舵，一边调节水量达到平衡。此时平衡方程就是公式（5.107），即 $\begin{cases} Z_0' + Z_{\delta_s}'\delta_s + Z_{\delta_b}'\delta_b + P' = 0 \\ M_0' + M_{\delta_s}'\delta_s + M_{\delta_b}'\delta_b + M_p' = 0 \end{cases}$。该式中对大部分海洋机器人来讲，其中尚有四个未定参数 P、M_p（或 x_p）和 δ_s、δ_b，一般给定 P、M_p，则可用图解法（图 5.18）或解析法，求得关于 δ_s、δ_b 的二元一次代数方程组的解。为此，把上式改写成标准形式：

$$\begin{cases} Z_{\delta_s}'\delta_s + Z_{\delta_b}'\delta_b = -(Z_0' + P') \\ M_{\delta_s}'\delta_s + M_{\delta_b}'\delta_b = -(M_0' + M_p') \end{cases} \tag{5.116}$$

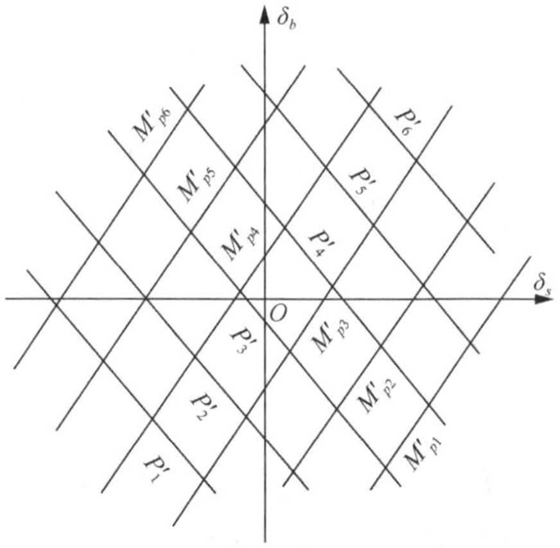

图 5.18　P、M_p-δ_s、δ_b 平衡图线

则其解为

$$\begin{cases}\delta_s = \dfrac{-(M'_0 + M'_p)Z'_{\delta_b} + (Z'_0 + P')M'_{\delta_b}}{M'_{\delta_s}Z'_{\delta_b} - M'_{\delta_b}Z'_{\delta_s}} \\ \delta_b = \dfrac{-(Z'_0 + P')M'_{\delta_s} + (M'_0 + M'_p)Z'_{\delta_s}}{M'_{\delta_s}Z'_{\delta_b} - M'_{\delta_b}Z'_{\delta_s}}\end{cases} \tag{5.117}$$

式中，由于 P'、M'_p 是速度的函数，所以这时的平衡角也是随航速而变化的，并把保持海洋机器人动力平衡的舵角、冲角、纵倾角称为平衡角，记为 δ_{s_0}、δ_{b_0}、α_0、θ_0，但为了简便，下面省略下标“0”。

根据上述研究得知：

（1）为了便于保持海洋机器人的无纵倾定深直线运动，应尽量使海洋机器人处于静平衡状态。所以，应及时消除海洋机器人的剩余静载 ΔP 及其力矩 ΔM_p 和准确均衡。

（2）小量剩余静载及其力矩对海洋机器人运动的影响随航速增大而减小。一般讲，低速时静力起主要作用。当海洋机器人由高速转换到低速时往往艇重，特别是微速航行时，需及时补充均衡，仅靠操舵控制深度是困难的，甚至是不可能的。

当海洋机器人浮力损失时，应及时提高航速并主动形成适度艉纵倾，通过流体动升力补偿正浮力，此为动力抗沉的核心措施之一。此外，在水下航行时的均衡海洋机器人宜采用较低的航速，以便发现并消除存在的剩余静载，简化操纵。

（3）海洋机器人的零升力系数 Z'_0、零升力矩系数 M'_0 越小越好。Z_0、M_0 是导致海洋机器人无纵倾等速直线定深运动不平衡的根本因素。为了平衡 Z_0、M_0，需占用极其宝贵的、有限的耐压艇体内的容积，来设置较大的浮力调整水舱，或使升降舵固定某个舵角，从而限制了舵的有效使用范围，并增大了航行阻力。通常希望平衡舵角越小越好，一般要求艉舵角 $\left|\delta_{s_0}\right| \leqslant 3°$（航速 $V_s \geqslant 10\text{kn}$ 时）。

5.6.1.2　有纵倾等速直线定深运动

海洋机器人在正常的定深航行时，应是无纵倾的。但当损失浮力、条件又允许时，则主动造成艉纵倾以承载较大的负浮力。当升降舵发生故障导致只能用一对舵来操纵时，也必须进行有纵倾的定深航行。海洋机器人在水下航行均衡时，往往也是必须进行有纵倾的定深航行。

带纵倾定深航行时，$\alpha = \theta =$ 常数，故速度向量恰在水平方向上（图 5.19），其平衡方程为

$$\begin{cases}Z'_w w' + Z'_{\delta_s}\delta_s + Z'_{\delta_b}\delta_b + Z'_0 + P' = 0 \\ M'_w + M'_{\delta_s}\delta_s + M'_{\delta_b}\delta_b + M'_0 + M'_p + M'_\theta\theta = 0\end{cases} \tag{5.118}$$

式中，待定参数有 δ_s、δ_b、θ 和 P、x_p（即 M_p）等五个，可以给定静载或取静平衡，单操艏升降舵或艉升降舵实现有纵倾定深航行；或操双舵（其中一对舵的舵角给定）使海洋机器人进行有纵倾定深航行。

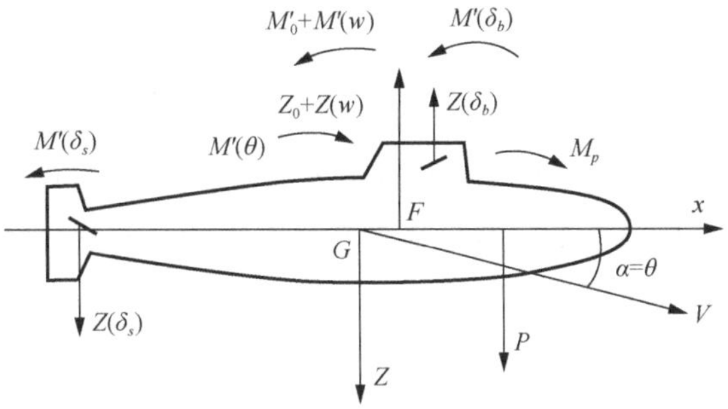

图 5.19 有纵倾等速定深运动

考虑一般情况（存在 P、M_p），操单舵时所进行的有纵倾等速定深运动。由于 $w'=\alpha=\theta$，并以 δ 表示艏升降舵角 δ_b 与艉升降舵角 δ_s，有时用 $\delta_{b、s}$ 表示，则其平衡方程又可写成

$$\begin{cases} Z'_\delta\delta+Z'_w\theta=-(Z'_0+P') \\ M'_\delta\delta+(M'_w+M'_\theta)\theta=-(M'_0+M'_p) \end{cases} \tag{5.119}$$

求解上述二元一次代数方程组得平衡角：

$$\begin{cases} \delta=\dfrac{-(M'_w+M'_\theta)(Z'_0+P')+(M'_0+M'_p)Z'_w}{(M'_w+M'_\theta)Z'_\delta-M'_\delta Z'_w} \\ \theta=\dfrac{-(M'_0+M'_p)Z'_\delta+M'_\delta(Z'_0+P')}{(M'_w+M'_\theta)Z'_\delta-M'_\delta Z'_w} \end{cases} \tag{5.120}$$

由于式中的 P'、M'_p、M'_θ 等皆是航速的函数，所以平衡角 δ、θ 也是航速的函数。由此可做出 $\delta=f(V)$、$\theta=f(V)$ 的平衡角曲线，如图 5.20 所示。

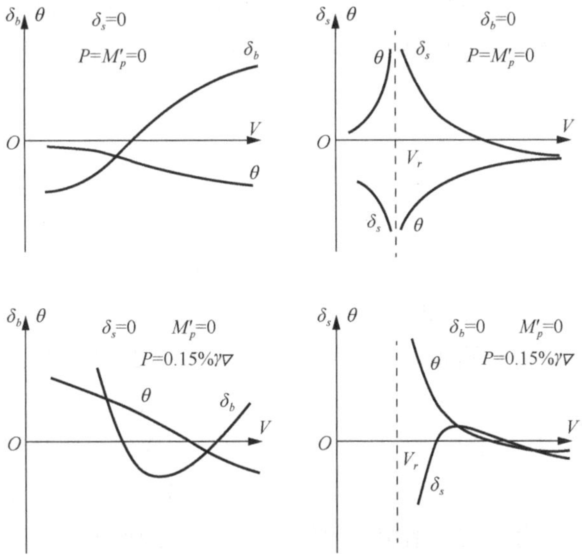

图 5.20 定深航行的平衡角曲线

根据平衡角曲线（图 5.20）和公式（5.120）作如下讨论。

1. 平衡角随航速增大趋于常数

海洋机器人有纵倾等速定深运动时，随航速增大，无论单操艏舵或艉舵时，其平衡角 δ、θ 都趋于某一常数值，尤其是单操艉舵时更为显著。这是扶正力矩的作用随航速增大而迅速降低的缘故。当存在 P、M_p 时，对平衡角有显著影响，当 P'、M'_p 较小时，其影响与 M'_θ 相当，二者作用规律是类似的，都是随航速增大使其作用降低。

2. 艏、艉升降舵的操纵特点

由于艏、艉升降舵相对于重心或相对于水动力中心点 F 的位置不同，所以它们的操纵特性有显著的区别。若艏舵是围壳舵时，其作用也与首端艏舵有所不同。

若单操艏舵，低速时平衡角比较小，但航速增大后，平衡角也随之增大，并趋于一个较大的常数。若单操艉舵，在低速区存在一个速度 V_r。当航速 $V \to V_r$ 时，平衡角 δ_s、θ_s 趋于无穷大。这表明 V_r 附近不可能用艉舵来保持海洋机器人的定深航行。由公式（5.120）的分母可见，$M'_w > 0, M'_\theta < 0$ 和 Z'_{δ_s}、M'_{δ_s}、Z'_w 均小于零，从而在低速区存在 $M'_w + M'_\theta < 0$，使分母在某一航速时为零，这个航速就是 V_r。但当 $V > V_r$ 并继续增大，即中、高速时，平衡角趋于一个较小的常数。航速 V_r 称为“逆速”。

从希望定深航行的平衡角尽可能小的角度看，低速时宜用艏舵保持定深，中、高速时应用艉舵保持定深。

此外，定深运动的平衡方程（无纵倾或有纵倾）主要用于以下三方面。

（1）计算运动海洋机器人的不平衡力（浮力差或剩余静载力差）和不平衡力矩（力矩或剩余静载力矩差），以便均衡海洋机器人。

（2）计算定深航行的平衡角，确定艏、艉在不同航速时的可操性。

（3）计算定深航行时，海洋机器人的（艇体和舵）水动力可以承载负浮力的能力，进行动力抗沉的预案设计。

5.6.2 定常直线潜浮运动

现以单操艉舵上浮为例，分析海洋机器人的受力和运动过程（图 5.21）。以无纵倾等速直线定深运动为基准运动，当操艉舵上浮、条件许可时，变深机动可能经过下列三个阶段。

（1）进入阶段。从转舵开始到进入定常直线潜浮运动这一段时间为进入阶段。

随着艉舵转动舵角 δ_s（设 $\delta_s < 0$，即艉上浮舵），舵板上的水动力逐渐增大。为了分析舵力的作用，可将其分解成 $X(\delta_s)$、$Z(\delta_s)$，其中纵向分力 $X(\delta_s)$ 使艇的阻力增加，垂向分力 $Z(\delta_s)$ 方向向下，使艇产生向下的垂向加速度，逐步形成反向位移，力矩 $M(\delta_s)$ 使艇产生绕重心的逆时针方向旋转，有正的（抬艏）角加速度，于是海洋机器人抬艏而下潜。但是，在转舵过程中，由于时间短，海洋机器人的惯性大，舵力较小，由其引起的加速度和角速度很小，所以海洋机器人实际上仍按原航线运动。

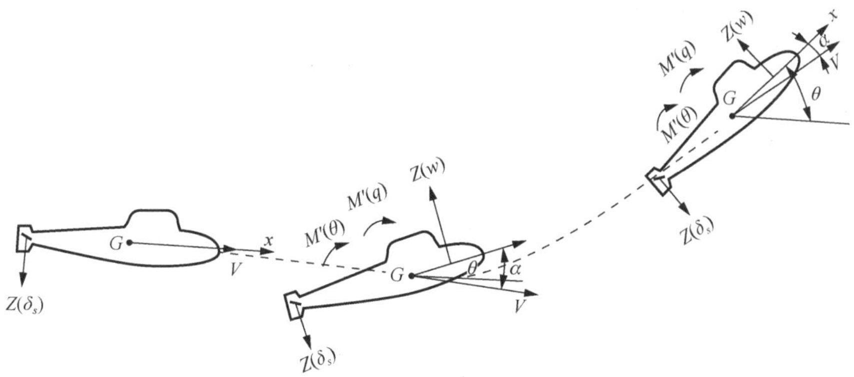

（a）操艉升降舵上浮

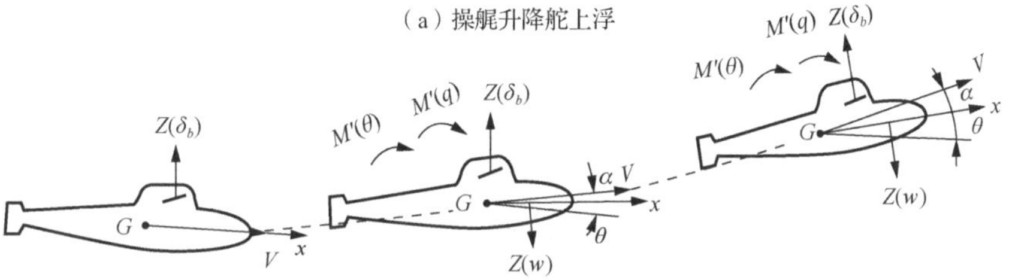

（b）操艏升降舵上浮

图 5.21　海洋机器人操升降舵的上浮运动

随着时间的增长，艇在 $Z(\delta_s)$ 作用下逐渐下潜，在力矩 $M(\delta_s)$ 作用下，使航速 V 和艇体 Gx 轴之间逐渐偏离，形成夹角 α，称为冲角。由冲角又引起新的水动力，也可分解成三个分量：阻力 $X(w)$、向上的垂向力 $Z(w)$ 和抬艏力矩 $M(w)$。由于艇体的垂向力 $Z(w)$ 比 $Z(\delta_s)$ 大得多，由阻止海洋机器人反向下潜、停止下潜到转向上浮，在同向力矩 $M(\delta_s)$、$M(w)$ 作用下，艇绕重心加速旋转，使冲角增大，引起纵倾角 θ，产生阻尼矩 $M(q)$、扶正力矩 $M(\theta)$，抑制艇的旋转，并在推力作用下，海洋机器人迅速变深上浮。

（2）定常阶段。如果艉舵转动的操舵角 δ_s 保持不变（若下潜则变深的深度足够大，海区深度和艇的工作深度允许），海洋机器人最终进入定常直线潜浮运动。在通常的变深运动中，当变深幅度较大、设定的变深纵倾角较小、使用的航速也不大、海区水深允许时，可能出现短时间的定常直线潜浮运动；否则只能是个非定常的过渡阶段。当海洋机器人在变深过程中处于定常运动时，力矩 $M(q)$、$M(\theta)$ 与 $M(w)$、$M(\delta_s)$ 反向并平衡，保持一定纵倾角 θ。此外，如果这时海洋机器人迅速上浮，其速度方向将进一步上偏，致使冲角 α 反而减小，直到 $Z(w)$ 和 $Z(\delta_s)$ 取得平衡。

（3）拉平阶段。当接近预定深度之前，视所用航速的大小适时提前回舵，使纵倾恢复到零，海洋机器人依惯性作用缓慢地潜浮到预定深度。当海洋机器人因惯性过大而有超过预定深度的趋势时，需立即操反舵，通过产生反向纵倾来控制惯性，以保证准确达到预定深度。

从变深运动过程可知，操升降舵的作用与水平面中操方向舵的作用相同，主要是利用舵

力矩 $M(\delta_s)$，转动艇体形成纵倾、产生冲角，艇体的垂向力 $Z(w)$ 直接改变运动体的速度方向，使海洋机器人速度偏向变深方向（这里是上浮方向）。而艉舵舵力 $Z(\delta_s)$ 本身对于速度改向是个不利因素，故在运动初始阶段出现了反向位移（上浮时是下潜）。这一现象随转舵速度的提高和航速增大迅速减小，但操艏舵时没有这一现象。

5.7 空间定常螺旋运动操纵性分析

操方向舵和升降舵到某一固定舵角上，甚至只操方向舵，海洋机器人将逐渐进入定常螺旋运动。这时海洋机器人绕垂直轴以等角速度 $\dot{\varphi}$ 回转，且 θ 、 φ 、 β 、 α 均为常量，其重心的空间运动轨迹是一螺旋线，如图 5.22 所示。

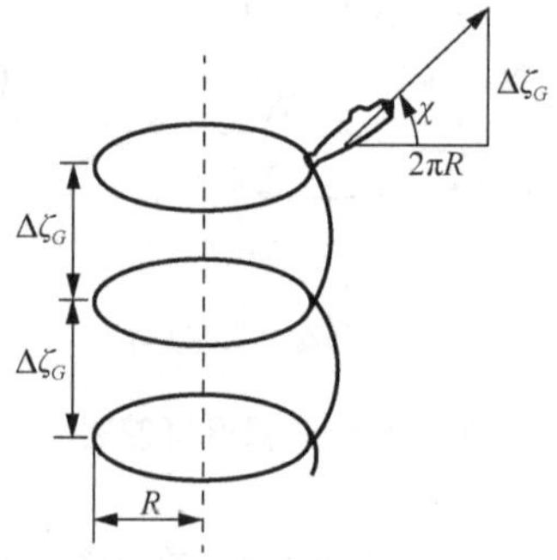

图 5.22　定常螺旋运动

海洋机器人在定常螺旋运动过程中，虽然保持纵倾角、横倾角（ θ 、 φ ）为常量，但 p 、 q 并不等于零。而且，绕垂直线 $E\zeta$ 的旋转角速度 $\dot{\varphi}$ 是常量，但艇体动系的 z 轴并不和 $E\zeta$ 轴重合，所以 $\dot{\varphi}$ 在动系坐标轴上的分量为 $p\boldsymbol{i}+q\boldsymbol{j}+r\boldsymbol{k}$ 。

针对定常螺旋运动，可令加速度分量 $\dot{u}=\dot{\upsilon}=\dot{\omega}=\dot{p}=\dot{q}=r=0$ ，且 $u=V$ 为常量，取 $V=V_0\left(1-\mathrm{e}^{-0.52R/L}\right)$ ，考虑小扰动，采用线性化处理的水动力，取动系原点在重心 G 点，即 $x_G=y_G=z_G=0$ ，认为基准运动已良好均衡，则 $\Delta P=\Delta B=0$ ，且其剩余静载力矩也为零，各零水动力系数，如 Y_0' 、 Z_0' 、 M_0' 等皆已平衡，从而可得到 υ 、 ω 、 p 、 q 、 r 五个运动参数的代数方程组如下：

$$\begin{cases} Y_\upsilon\upsilon+Y_p p+\left(Y_r-mV\right)r=-Y_\delta\delta \\ Z_\omega\omega+\left(Z_q+mV\right)q=-Z_{\delta_b}\delta_b-Z_{\delta_s}\delta_s \\ K_\upsilon\upsilon+K_p p+K_r r=-K_\delta\delta \\ M_\omega\omega+M_q q+M_\theta\theta=-M_{\delta_b}\delta_b-M_{\delta_s}\delta_s \\ N_\upsilon\upsilon+N_p p+N_r r=-N_\delta\delta \end{cases} \tag{5.121}$$

由于

$$\begin{cases} p + r\theta = 0 \\ q - r\varphi = 0 \\ r + q\varphi = \dot{\psi} \\ \upsilon \approx -V\beta \\ \omega \approx V\alpha \end{cases} \tag{5.122}$$

当给定舵角时，即可求得变深度空间定常螺旋运动的参数。

表示空间定常螺旋运动的主要特征参数如下。

（1）相对半径 R/L，其中 R 是螺旋运动水平投影（圆）的半径；

（2）升距 $\Delta\zeta_G$，表示回转 360° 潜深改变量；

（3）相对升速 V_ζ/V_l，是垂向潜浮速度 V_ζ 与水平回转速度 V_l 之比。由图 5.22 可知：

$$\begin{cases} V_\zeta = V\sin(\theta - \alpha) \\ V_l = V\cos(\theta - \alpha) \end{cases} \tag{5.123}$$

式中，$\theta - \alpha = \chi$。

由于定常圆周运动时的速度 $V_l = \dot{\psi}R$，从而可得

$$\begin{cases} R/L = \dfrac{V_l/\dot{\psi}}{L} = \dfrac{V\cos(\theta-\alpha)}{L(r+q\varphi)} \\ \Delta\zeta_G = 2\pi R\tan(\theta-\alpha) \\ V_\zeta/V_l = \tan(\theta-\alpha) \end{cases} \tag{5.124}$$

第 6 章　海洋机器人运动传感器及其数据处理

为使海洋机器人按照预设方案在水中有序平稳运动，需对其运动执行机构实施精确控制。在对执行机构做控制之前，首先要知道海洋机器人当前的运动状态和舱体姿态，然后根据预设和当前需要的预期状态和姿态求出此时海洋机器人运动状态和舱体姿态相对于预设的差值，接着根据此差值计算出执行机构需要的调整量，最后输出到执行机构进行运动控制调整。

姿态解算就是根据传感器数据算出当前海洋机器人的舱体姿态和运动状态，以便于对其调控。通过加速度计或陀螺仪的数据都可以计算舱体姿态，但是得出的结果往往不尽如人意。这是因为两种传感器的最佳响应不同，加速度计灵敏度高，能检测到微小振动且静态响应良好，但静态噪声较大；陀螺仪的动态性能好、噪声小，但其数据解算避免不了积分运算，因此会引入累积误差，时间越长，误差越大，同时还存在漂移现象。研究学者根据实际分析提出了互补融合的算法，让两种传感器数据优势互补，得出来的结果才能更接近真实的值。因此，在姿态解算的过程中需借助数据融合算法，常用的数据融合算法有互补滤波和卡尔曼滤波等。

综合以上分析，可以总结出海洋机器人的运动传感器和数据处理过程整体方案，如图 6.1 所示。

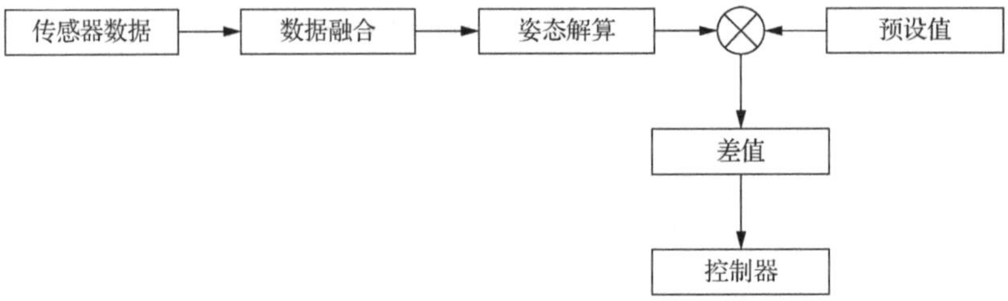

图 6.1　控制过程整体方案

6.1　海洋机器人运动控制信息

为研究海洋机器人的操纵运动规律并确定其位置和姿态，需注意到操纵运动本质上属于刚体在流体中受重力和水动力作用的运动学问题。因此，坐标系、名词术语和符号规则的选择必须兼顾刚体力学和流体力学的学科习惯和计算上的方便性。本书采用国际船模拖曳水池会议（International Towing Tank Conference，ITTC）推荐的标准，并参考造船师与轮机工程师学会（The Society of Naval Architects and Marine Engineers，SNAME）术语公报的体系。坐标系为以下两种右手系：一个是定系 $E\text{-}\xi\eta\zeta$，固定于地球；另一个是动系 $G\text{-}xyz$，固联于海洋机器人，随海洋机器人一起运动。如图 6.2 所示，各坐标轴均按右手定则确定。

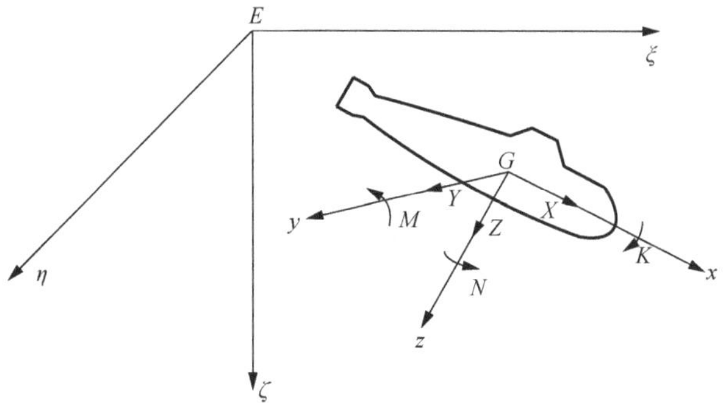

图 6.2　定系和动系

定系 $E\text{-}\xi\eta\zeta$：原点 E 可选地球上某一定点，如海面或海中任一点。$E\xi$ 轴位于水平面，并常以海洋机器人的主航向为正向；$E\eta$ 轴位于 $E\xi$ 轴所在的水平面，即按右手定则将 $E\xi$ 轴顺时针旋转 90°；$E\zeta$ 轴垂直于 $\xi E\eta$ 坐标平面，指向地心为正。

动系 $G\text{-}xyz$：原点 G 一般选在海洋机器人的重心处；Gx 轴、Gy 轴和 Gz 轴分别是经过 G 点的水线面、横剖面和纵中剖面的交线，正向按右手定则的规定，即 Gx 轴指向海洋机器人艏部、Gy 轴指向右侧、Gz 轴指向水平龙骨为正。Gx、Gy 和 Gz 是海洋机器人的惯性主轴。

6.1.1　运动状态信息

6.1.1.1　位置

在一般情况下，海洋机器人在水中的操纵运动，可看作刚体在流体中的空间运动。当海洋机器人下潜时，受风浪流等的影响，海洋机器人在前进、变深的同时产生横倾和水平横移；当海洋机器人水下回转时，不仅出现偏航、前进、横移，还伴随横倾、纵倾和潜浮现象。有时根据战术的要求，需要同时改变艇的航向和下潜深度，进行空间机动。因此，与刚体的一般运动一样，海洋机器人的操纵运动可由动系 $G\text{-}xyz$ 表示成沿三根轴的移动和绕各轴的转动，即六个自由度的运动。各运动变量的名称见表 6.1。

表 6.1　海洋机器人操纵运动变量

	x 轴	y 轴	z 轴
移动	① 进退（纵荡）	② 横移（横荡）	③ 升沉（垂荡）
转动	④ 横倾（横摇）	⑤ 纵倾（纵摇）	⑥ 回转（艏摇）

因此，海洋机器人的空间位置可用动系原点的地面坐标值(ξ_G,η_G,ζ_G)来确定。

6.1.1.2　姿态

海洋机器人的姿态可用动系相对于定系的三个姿态角（ψ、θ、φ）来确定。为此，假定动系与定系重合（$G\to E$、$x\to\xi$、$y\to\eta$、$z\to\zeta$），则各姿态角分别存在时可定义如下：艏向角ψ是海洋机器人的对称面xGz绕垂直轴$E\zeta$水平旋转，与垂直面$\xi E\zeta$的夹角在定系水平面$\xi E\eta$的投影；类似地，纵倾角θ是海洋机器人的水线面xGy绕Gy轴俯仰与定系水平面$\xi E\eta$的夹角在定系垂直面的投影；横倾角φ是海洋机器人的对称面xGz绕Gx轴横倾与定系垂直面$\xi E\zeta$的夹角在横滚面$\eta E\zeta$的投影。同时规定：φ向右倾为正、θ向尾倾为正、ψ向右转为正。

6.1.1.3　速度与加速度

若海洋机器人在航行中只改变深度而不改变航向，此时海洋机器人的重心始终保持在同一垂直平面内；若只改变航向而不改变深度，此时海洋机器人的重心始终在同一水平面内。显然，上述运动是对海洋机器人在水中一般运动的简化分解，或者说是一种近似处理，反映了海洋机器人操纵运动的主要本质特征，又为研究工作提供了便利。据此，可作如下平面运动假设。

海洋机器人在水中的空间运动在弱机动时可分解成两个平面运动，即海洋机器人在水平面（$\xi E\eta$）的运动，简称水平运动，这时主要研究航向的保持与改变，而不涉及深度的变化；海洋机器人在垂直面（$\xi E\zeta$）的运动，简称垂直面运动，主要研究纵倾和深度的保持与改变，而不涉及航向的变化。显然，此时忽略了横滚面（$\zeta E\eta$）的运动（如横倾等），以及两个平面运动间的耦合影响。

但是，在通常情况下，平面操纵运动依然反映了海洋机器人操纵运动的基本问题——深度和航向的控制，体现了海洋机器人操纵性的基本特征。同时，空间运动的水动力特性也是以平面运动为基础发展起来的，平面运动问题相对来说较为简单，所以本书把平面运动的操纵性作为基本内容。

1. 水平面运动

对于水平面运动的海洋机器人，任一时刻t在平面中的位置都需用定系中三个参数来确定，如图6.3（a）所示。

海洋机器人重心G点坐标：(ξ_G,η_G)。

艏向角ψ：$E\xi$轴和Gx轴在水平面的夹角。规定自$E\xi\to Gx$顺时针转为正，反之为负。

此外，航速V在动系（Gx轴、Gy轴）上的分量为u、v。

水动力角β：航速V的方向和Gx轴之间的夹角β，称为漂角。规定自$V\to Gx$顺时针转为正，反之为负。显然，航速V在动系上的投影为$u=V\cos\beta$与$v=-V\sin\beta$。

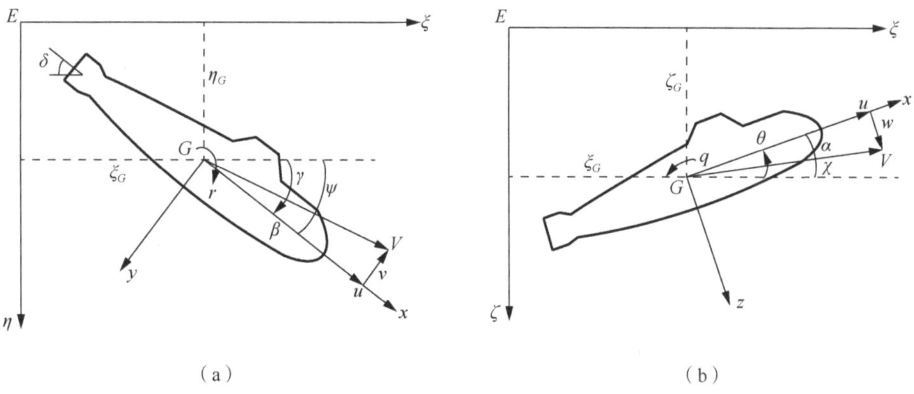

图 6.3　两个平面运动的坐标系及主要参数

$r=\dfrac{\mathrm{d}\psi}{\mathrm{d}t}$：海洋机器人回转运动的角速度。按照右手定则在水平面内顺时针方向旋转为正，反之为负。

方向舵角δ：规定右侧为正。

航迹角γ：动系原点速度向量$\boldsymbol{V}$在水平面上的投影V（航速）方向与$E\xi$轴之间的夹角（或称航速角）。规定自$E\xi \to V$顺时针转为正，反之为负。当$\gamma>0$时，机器人艏部偏向$E\xi$轴方向的右侧。

可见，表示水平面操纵运动的主要参数如下。

位置参数：ξ_G、η_G、ψ及γ。

运动参数：u、v（或β）、r、δ。

且有：$\dot{\xi}_G=V_\xi$，$\dot{\eta}_G=V_\eta$，$u=V\cos\beta$，$\dot{\psi}=r$，$V_\xi=V\cos\gamma$，$V_\eta=V\sin\eta$，$v=-V\sin\beta$，$\gamma=\psi-\beta$。

2. 垂直面运动

根据图 6.3（b），参照水平面运动参数的定义，垂直面运动参数主要如下。

姿态角θ：$E\xi$轴和Gx轴之间在垂直面的夹角θ，称为纵倾角。规定自$E\xi \to Gx$逆时针转（即向艉纵倾）为正，反之为负。在实际操纵中，θ可达 20°～30°，在大陆沿海地区航行，受海区深度的限制，对常用的纵倾角规定$|\theta| \leqslant \theta_0$，$\theta_0$取值为 5°～7°。许用纵倾角的大小主要取决于海区深度、操纵熟练的程度，以及动力装置的工作特性。

航速V在动系（Gx轴、Gz轴）上的分量为u、w。

水动力角α：称为冲角。它遵从右手定则，规定自$V \to Gx$逆时针转为正，反之为负。

$q=\dfrac{\mathrm{d}\theta}{\mathrm{d}t}$：海洋机器人纵倾转动的角速度。按右手定则在垂直面内逆时针方向旋转为正。

潜浮角 χ：速度向量 V 在垂直面的投影 V 方向与 $E\xi$ 轴（即水平面 $\xi E\eta$）之间的夹角。规定自 $E\xi \to V$ 逆时针转为正。因此，$\chi > 0$，海洋机器人上浮，反之下潜。航迹角 γ 和潜浮角 χ 的空间位置见图 6.4。

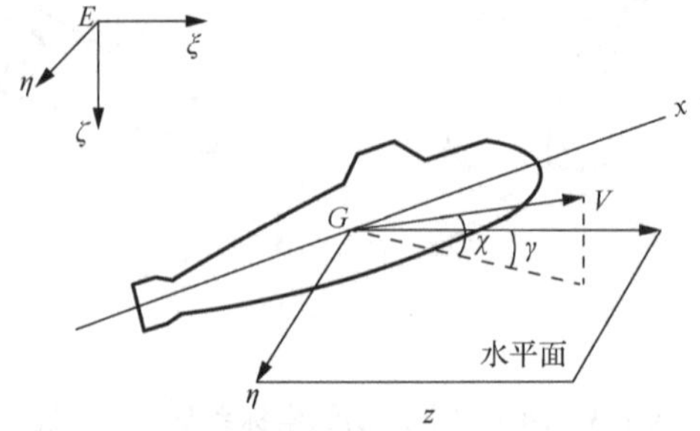

图 6.4　轨迹角

艏升降舵角 δ_b 和艉升降舵角 δ_s 的正负号也按右手定则确定，但它们的名称由舵力矩的作用效果来决定，而且按其在潜浮中的作用分为上浮舵、下潜舵、平行下潜（上浮）舵和相对下潜（上浮）舵，如图 6.5 所示。舵角的正负号如表 6.2 所示。

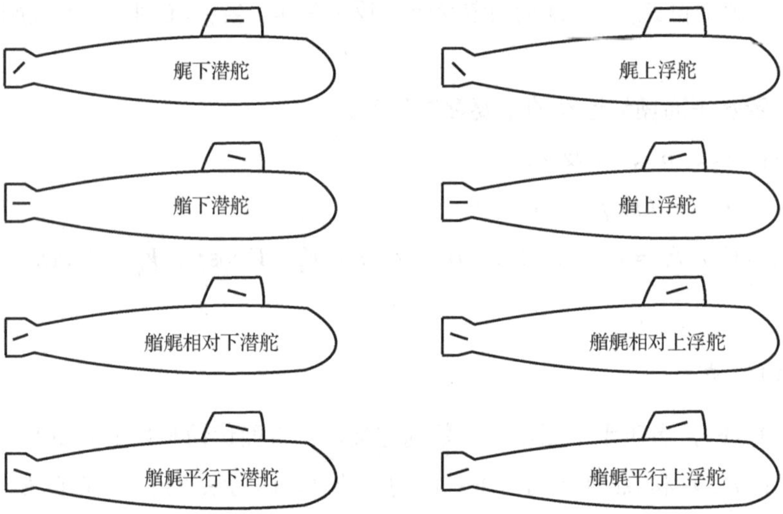

图 6.5　升降舵的操舵方式

表 6.2　舵角正负号

	上浮舵角	下潜舵角
艏升降舵角 δ_b	+	−
艉升降舵角 δ_s	−	+

表示垂直面操纵运动的主要参数有如下关系：

$$\dot{\xi}_G = V_\xi,\quad \dot{\zeta}_G = V_\zeta,\quad V_\xi = V\cos\chi,\quad V_\zeta = -V\sin\chi$$

$$u = V\cos\alpha,\quad w = V\sin\alpha,\quad \dot{\theta} = q,\quad \chi = \theta - \alpha$$

轨迹角 γ、χ 表示海洋机器人在平面中的运动方向。水动力角 β、α 表示速度向量与海洋机器人相对位置，反映水动力特性。$\boldsymbol{V}$ 与海洋机器人对称面之间的夹角（或 $\boldsymbol{V}$ 在对称面上的投影与速度向量本身的夹角）为漂角 β；$\boldsymbol{V}$ 与海洋机器人基面之间的夹角（或 $\boldsymbol{V}$ 在对称面上的投影与 Gx 轴之间的夹角）为冲角 α。

6.1.2　环境感知信息

海洋机器人在运动控制中需要对周边环境进行感知，以确保其能够安全、有效地完成任务。环境感知信息主要包括地形地貌信息、目标识别信息和运动安全信息三个部分。通过激光扫描仪、声呐、摄像头等传感器，海洋机器人可以获取周边环境地形地貌信息，更加智能地进行运动控制，提高任务执行效率和安全性。

6.1.2.1　地形地貌信息

地形地貌信息的感知指的是对海底或水下地形的感知。图 6.6 为地形地貌信息图。海洋机器人需要了解海底的高低起伏、坡度和障碍物的位置分布等，这些信息对于海洋机器人的运动计划和路径规划至关重要。地形地貌信息的应用主要有以下几个部分。

（1）避障和路径规划：海洋机器人需要获取海底地形地貌信息，以辅助进行避障和路径规划。通过了解海底地形的变化、障碍物的位置和特征，可以避免海洋机器人与海底障碍物相撞，并选择合适的路径进行导航和探测。

（2）水深矫正：海洋机器人在进行水下运动时，需要准确知道自身的水面位置和水下航行深度。海底地形地貌信息可以用于水深矫正，即将海洋机器人的深度信息校正为相对于海底的实际水深，使得海洋机器人的运动控制更加精确和可靠。

（3）自适应控制：海洋机器人可能会遇到不同类型的海底地形，如浅滩、坡度陡峭的斜坡等。通过获取海底地形地貌信息，机器人可以根据地形的不同特征调整自身的运动控制策略，实现自适应控制。例如，在斜坡上行驶时，机器人可以相应调整速度和姿态，以保持稳定的运动。

（4）改进传感器效果：海底地形地貌信息可以帮助海洋机器人优化传感器的使用效果。例如，如果海洋机器人了解到海底有沉积物或植被等特征，可以相应调整声呐、光学传感器等的参数，以提高对目标的检测和识别能力。

因此，海洋机器人在运动控制中对海底地形地貌信息的需求可概括为避障和路径规划、水深矫正、自适应控制和改进传感器效果等方面。通过获取和分析海底地形地貌信息，可以提高海洋机器人的运动安全性、控制精度和适应性，从而更好地完成各项任务。

图 6.6　地形地貌信息图

6.1.2.2　目标识别信息

目标识别信息指的是海洋机器人对周围环境中的目标进行感知和识别所获取到的信息。海洋机器人可能需要执行寻找目标物体、进行水下资源勘测、监测海洋生物等任务。通过使用各种传感器，例如摄像头、声呐、磁力计等，海洋机器人可以感知并识别周围的目标物体，如海底设施、鱼群、水下器械等。这些信息可以帮助海洋机器人做出相应的决策和操作。

图 6.7 为目标识别信息图。在这些任务中，海洋机器人需要能够正确地识别目标，以便做出准确的运动控制决策。例如，在海洋调查任务中，海洋机器人需要识别海洋生物、废弃物、底质类型等目标，以便进行相应的数据采集或执行特定任务；在海底管线检测任务中，海洋机器人需要识别管线的位置、状况及周围环境，以便进行精确的巡检和维护工作。目标识别信息对于海洋机器人的运动控制至关重要，它可以提供以下几方面的信息。

（1）目标位置：海洋机器人需要知道目标的准确位置，通过目标识别来确定自身在海洋中的位置，以根据其位置进行相应的运动控制，同时进行导航和路径规划。

（2）目标属性：目标识别信息可以提供目标的属性信息，如大小、形状、颜色等。这些属性信息可以帮助海洋机器人对目标进行分类和识别，并根据不同的属性采取不同的运动控制策略。

（3）目标状态：目标识别信息还可以提供目标的状态信息，如是否移动、是否潜藏等。这些状态信息可以帮助海洋机器人判断目标的行为和意图，并相应地进行运动控制。

因此，目标识别信息在海洋机器人的运动控制中是必不可少的。它可以帮助海洋机器人准确地感知和理解周围环境中的目标，并根据目标的位置、属性和状态进行相应的运动控制，从而实现任务的安全有效执行。

图 6.7　目标识别信息图

6.1.2.3　运动安全信息

运动安全信息是指海洋机器人在运动过程中需要关注的安全相关信息。这些信息包括海洋环境的变化、海流、水下障碍物、其他航行器或船只等。由于水下环境复杂且不可预测，海洋机器人需要能够稳定地进行运动以避免碰撞、损坏或其他潜在的安全风险，因此需要实时感知和监测这些信息，以便及时调整运动策略，避免与其他物体碰撞、受海流影响或遭遇其他潜在的危险情况。为了确保运动安全，海洋机器人通常采用以下措施。

（1）环境感知：海洋机器人配备各种传感器，如声呐、激光雷达和摄像头，以感知周围环境。这些传感器可以帮助海洋机器人检测障碍物、水流、地形和其他船只等，并做出相应的运动调整。

（2）路径规划：海洋机器人使用路径规划算法确定最佳的移动路径，以避免与其他物体碰撞或进入危险区域。路径规划还可以考虑海洋环境因素，如水流、潮汐和海况等，确保海洋机器人在安全的范围内进行运动。

（3）动态避障：海洋机器人可以通过实时感知和响应来避免障碍物。当海洋机器人检测到潜在的碰撞风险时，它会立即采取措施，如改变运动方向、减速或停止移动，以确保安全。

（4）安全保护措施：海洋机器人通常配备紧急停止按钮和其他安全保护装置。在出现紧急情况时，操作员可以通过按下紧急停止按钮来立即停止海洋机器人的运动，以防止潜在的危险发生。

因此，我们在海洋机器人运动控制中非常重视运动安全，通过环境感知、路径规划、动态避障和安全保护措施等手段来确保其运动安全。

6.2　海洋机器人运动传感器

海洋机器人在探索海洋或者任务作业过程中，为应对复杂多变的海洋环境以及提高航行作业安全性，需要具备不同种类的传感器以确定当前所处位置、运动姿态信息和海底环境地貌等。海洋机器人借助声学运动传感器和非声学运动传感器，既能更加准确地控制自身航行状态，又能获取周围环境信息，从而实现安全可靠的海洋作业。

6.2.1 声学运动传感器

1. 多普勒速度计

多普勒速度计（Doppler Velocity Log，DVL）（图 6.8）通过接收自身发射超声波的回波，进行频率差的计算，从而利用声学多普勒测速原理（图 6.9）得到载体速度。在正常工作范围内，其可以提供精确且稳定的速度信息。

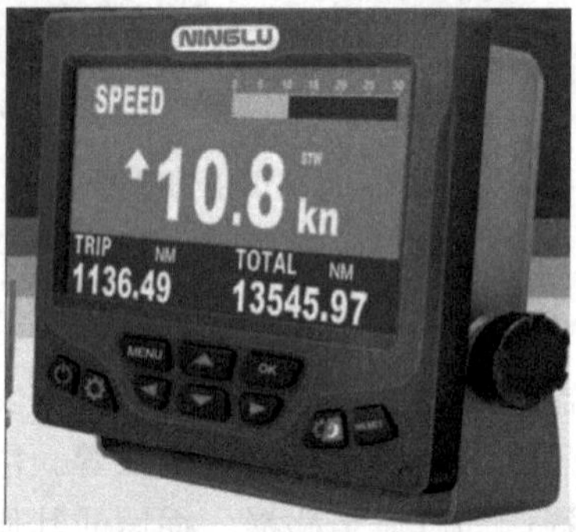

图 6.8 多普勒速度计

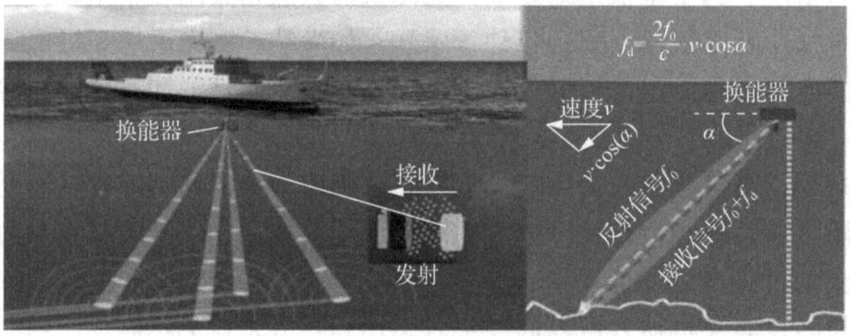

图 6.9 声学多普勒测速原理

f_d为多普勒频移，指接收信号频率与发射信号频率之间的差异；f_0为发射频率，指声波源发出的声音信号的原始频率；v为相对径向速度，指声波源与接收器之间的相对运动速度在二者连线上的分量；α为声波传播方向与接收器和发射器连线之间的夹角；c为声速

多普勒速度计的测速形式主要包括活塞阵、相控阵和参量阵三种。活塞阵多普勒测速是利用基阵的“笔状”自然指向性波束与水平面存在的夹角来获取多普勒回波信号，通常要求各换能器均与水平面成相同角度，各换能器的发射和接收参数一致，对安装和制作有一定要求；相控阵多普勒测速通过上千阵元的信号处理方式实现接收和发射波束，能够从工作机理上消除由水中温度、盐度和深度引起的声速变化对测速性能产生的影响；参量阵多普勒测速利用声波在水中非线性作用原理，由两个高频信号的差值产生低频信号，从而进行测速。

2. 前视声呐

前视声呐是成像声呐中的一种，也是主动声呐，即声呐主动发射声波“照射”目标，而后接收水中目标反射的回波时间及回波参数，来测定目标的参数。前视声呐主要由发射基阵、接收基阵、信号处理和显示设备等组成。水声换能器按照特定几何结构（如球形、柱形、平板形或线列形等）排列组成发射基阵，将发射机产生的电信号转换为声波信号向扫描方向发出。声波信号在水下传播时，会被岩石、鱼类、山体等目标反射，产生回波信号。接收基阵将回波信号转换为电信号传输至信号处理单元。信号处理单元对接收到的电信号进行采集与处理，并形成目标图像信息。最终，各方向上的目标图像信息被上传至显示设备进行整理和显示，得到波束方向上的水声图像。

按照成像特点，前视声呐系统可分为单波束机械扫描声呐、二维前视声呐和三维成像声呐。

单波束机械扫描声呐通过对单波束进行机械旋转来完成全方位或固定区域内的扫描探测，每次只能形成一个窄波束。这类声呐结构简单，价格便宜，但难以达到实时性要求，且容易受到运动载体的影响而出现图像失真。

二维前视声呐（图 6.10）可同时接收并处理多个换能器阵列的采集信号，因此时间成本更小，系统图像分辨率也更高。

三维成像声呐（图 6.11）能够获得目标的三维空间图像，但研发成本高、实现难度大，目前仅有少数国家开展了水下三维声成像系统的研究与设计。

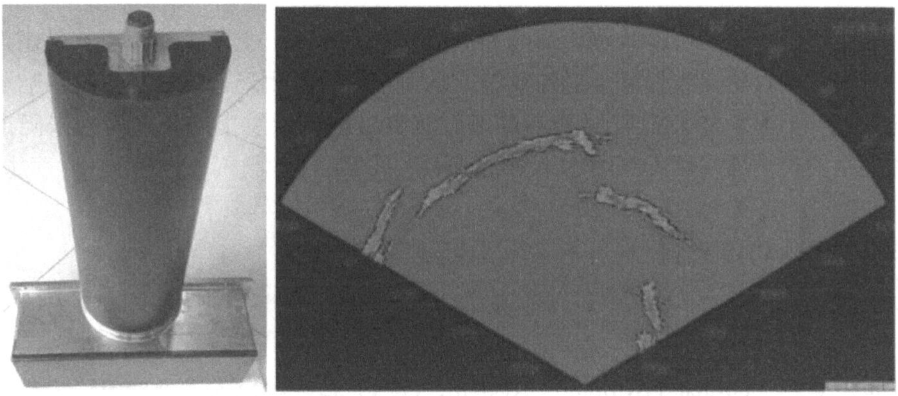

图 6.10　二维前视声呐（DMP125）及其山体成像图

图 6.11　三维成像声呐（FarSounder-500）

3. 测距声呐

测距声呐是一种利用声波在水下的传播特性来测量距离的电子设备，即利用声波在水下的传播特性，通过发出声波并接收这些声波在水中的反射或折射的信号，从而确定目标的位置或距离（图 6.12）。测距声呐一般可用于探测水下目标、进行水下定位、海底地形测量等。

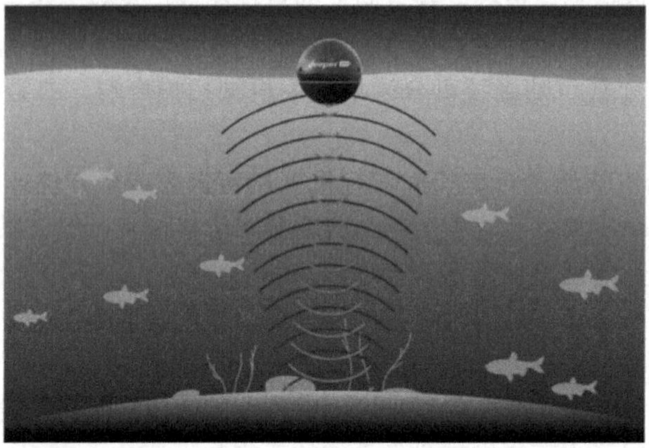

图 6.12　声呐测距示意图

一般测距声呐可分为主动式测距声呐和被动式测距声呐：主动式测距声呐是由声源发出声波，然后通过接收器接收目标反射的声波，从而测量目标距离，这种类型的声呐通常用于探测和定位水下目标；被动式测距声呐是通过接收目标自身发出的声音信号来确定目标距离，这种类型的声呐通常用于探测水下生物或潜水员等。

6.2.2　非声学运动传感器

1. 全球卫星定位系统

全球定位系统（Global Positioning System，GPS）是一种以人造地球卫星为基础的高精度无线电导航的定位系统（图 6.13），它在全球任何地方以及近地空间都能够提供准确的地理位置、车行速度及精确的时间信息。

全球定位系统由以下三个部分组成：空间部分（GPS 卫星）、地面监控部分和用户部分。GPS 卫星可连续向用户播发用于导航定位的测距信号和导航电文，并接收来自地面监控系统的各种信息和命令以维持系统的正常运转。地面监控的主要功能是：跟踪 GPS 卫星，对其进行距离测量，确定卫星的运行轨道及卫星钟改正数，进行预报后，再按规定格式编制成导航电文，并通过注入站送往卫星。地面监控系统还能通过注入站向卫星发布各种指令，调整卫星的轨道及时钟读数，修复故障或启用备用件等。用户则用 GPS 接收机来测定从接收机至 GPS 卫星的距离，并根据卫星星历所给出的观测瞬间卫星在空间的位置等信息求出自己的三维位置、三维运动速度和钟差等参数。

图 6.13　全球定位系统示意图

北斗导航卫星系统（BeiDou Navigation Satellite System，BDS）是中国自行研制的全球卫星导航系统（图 6.14），也是继美国的 GPS 和俄罗斯的格洛纳斯导航卫星系统（Global Navigation Satellite System，GLONASS）之后的第三个成熟的卫星导航系统。

北斗导航卫星系统由空间段、地面段和用户段三部分组成，可在全球范围内全天候、全天时为各类用户提供高精度、高可靠定位、导航、授时服务，并且具备短报文通信能力，已经初步具备区域导航、定位和授时能力。北斗导航卫星系统空间段由若干地球静止轨道卫星、倾斜地球同步轨道卫星和中圆地球轨道卫星等组成；北斗导航卫星系统地面段包括主控站、时间同步/注入站和监测站等若干地面站，以及星间链路运行管理设施；北斗导航卫星系统用户段包括其兼容其他卫星导航系统的芯片、模块、天线等基础产品，以及终端产品、应用系统与应用服务等。

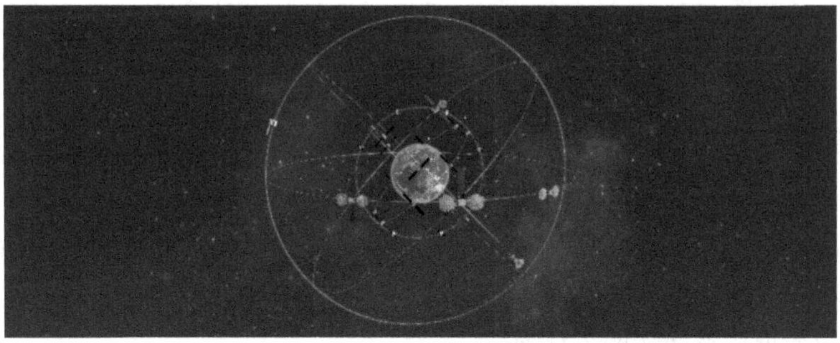

图 6.14　北斗导航卫星系统示意图

2. 惯性导航系统

惯性导航系统（Inertial Navigation System，INS）是一种不依赖于外界环境、不受自然条件约束的自主式导航系统，能够进行长时间的工作且可以获得较高的导航精度。惯性导航系统通过建立导航坐标系获得载体坐标系相对导航坐标系姿态信息，再通过测量载体在导航坐标系的加速度，经积分解算得到速度信息，并再次积分得到载体位置信息，从而建立全量定位导航信息。图 6.15 为法国 IXSEA 公司开发的水下惯性导航系统 PHINS。

图 6.15　法国 IXSEA 公司开发的水下惯性导航系统 PHINS

惯性导航系统的核心部件是惯性测量单元（Inertial Measurement Unit，IMU），用于测量载体的三轴姿态角以及加速度，通常由陀螺仪、加速度计组成，部分还包含磁力计。陀螺仪主要用于测量载体三轴的角度/角速度，加速度计用于测量三轴的加速度，磁力计可提供磁场信息辅助测量。

不像很多其他导航仪器只能输出一种或很少几种导航参数，惯性导航系统还拥有多输出的特性，可以输出航程、水平方位等多种信息。因此，其不仅仅用于导航，也可以给其他系统提供有用的信号。

惯性导航系统的缺点是误差会随着时间而累积，这是因为惯性导航获得的信息是通过加速度计或者陀螺仪输出经过积分得到的，若存在初始误差，则随时间增加误差会越来越大。常通过两种途径来提高导航系统精度：一种是提高惯性单元的精度，另一种是使用其他导航设备对惯性导航进行重调和校正，通过这种组合的方式来保证导航系统的精度。

3. 陀螺仪

陀螺仪又称角速度传感器，是一种用于测量、控制物体在相对惯性空间中角运动的惯性检测器件。陀螺仪具有定轴性和进动性两种基本特性。定轴性表现为无外力矩时旋转轴指向恒定，构成角位移测量基础；进动性表现为外力矩作用下旋转轴产生正交旋进，应用于角速度测量。陀螺仪原理示意图如图 6.16 所示。

传统陀螺仪主要指的是机械式陀螺仪，其主要部分是一个相对自身轴线高度旋转的转子，该转子装于支架内，若通过转子中心轴加装内环支架，则陀螺仪即可环绕平面两轴做自由运动；若在内环支架外加装外环支架，即陀螺仪可环绕平面做三自由度运动，这就组成了一个完整的陀螺仪。滚珠轴承陀螺仪是最早、最经典的陀螺仪，其原理结构与轴承类似，精度较低。人们为了提高陀螺仪的精度，通过减少转子旋转时产生的摩擦阻力及抑制干扰力矩，改进研制出液浮陀螺仪、静电陀螺仪以及动力调谐陀螺仪等。

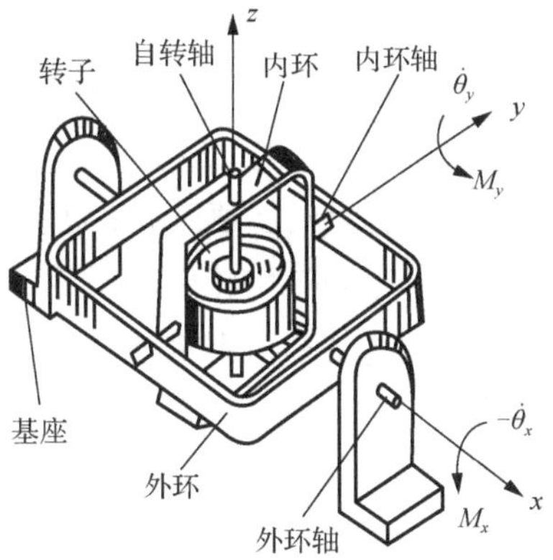

图 6.16　陀螺仪原理示意图

除了上述的机械式陀螺仪，还有其他种类的陀螺仪，如光电类陀螺仪，利用光学萨尼亚克（Sagnac）效应测量运载体旋转运动，其精度高、稳定性高、体积小、抗干扰能力强，是目前捷联式惯性导航系统中使用的主流产品。

4. 深度计

深度计是指基于压力传感或声波测距原理，直接或间接测量水体厚度仪器的统称（图 6.17）。深度计通常由传感器部分和显示部分组成，其中传感器部分包括压力传感器和信号转换器，其工作原理是根据水的压力变化来测量水深，当深度计放入水中时，水会对传感器产生压力，传感器将压力转换成电信号，信号转换器再将电信号转换成水深数据，最后通过显示部分显示。深度计的优点在于它结构简单、使用方便、价格便宜，同时对水质没有要求，可以直接测量水深。此外，深度计还可以输出数字信号或模拟信号，方便与其他设备连接。

图 6.17　深度计

5. 加速度计

加速度计是一种测量运载体线加速度的仪表，由检测质量（也称敏感质量）、支承、电位器、弹簧、阻尼器和壳体组成。检测质量受支承的约束只能沿一条轴线移动，这个轴常称为输入轴或敏感轴。当仪表壳体随着运载体沿敏感轴方向做加速运动时，根据牛顿第一、第二定律，具有一定惯性的检测质量倾向于保持其原来的运动状态不变。它与壳体之间将产生相对运动，使弹簧变形，于是检测质量在弹簧力的作用下随之做加速运动。当弹簧力与检测质量加速运动时产生的惯性力相平衡时，检测质量与壳体之间便不再有相对运动，这时弹簧的变形反映被测加速度的大小。

加速度计可分为压电式加速度计、压阻式加速度计、电容式加速度计和伺服式加速度计，如图 6.18 和图 6.19 所示。其各自的特点及应用如下所示。

压电式加速度计主要由质量块、压电元件和基座组成，其工作原理的本质为弹簧质量系统原理。基座与待测物刚性地固定在一起。当待测物运动时，基座与待测物以同一加速度运动，压电元件受到质量块与加速度相反方向的惯性力的作用，在压电元件的两个表面上产生交变电压。当振动频率远低于传感器的固有频率时，传感器的输出电压与作用力成正比。电信号经前置放大器放大，即可由一般测量仪器测试出电压大小，从而得出物体的加速度。压电式加速度计体积小、质量轻、工作频带宽，一般应用于仪器仪表检测、汽车制动启动检测、工程测震和地质勘探等场景。

压阻式加速度计的弹性元件一般采用硅梁外加质量块，在惯性力作用下质量块上下运动，悬臂梁上电阻的阻值随应力的作用而发生变化，引起测量电桥输出电压变化，以此实现对加速度的测量。压阻式加速度计体积小、功耗低，广泛应用于汽车碰撞实验、仪器测试和设备振动监测等领域。

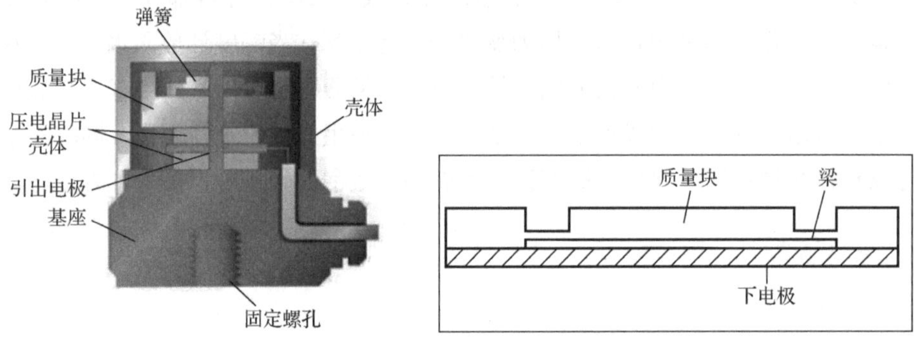

（a）压电式加速度计　　（b）压阻式加速度计

图 6.18　压电式加速度计和压阻式加速度计

电容式加速度计是基于电容原理的极距变化型的电容传感器，当待测物的振动导致与其固连的传感器基座振动时，质量块将由于惯性而保持静止，因此上下固定电极与质量块之间将会产生相对位移，这使得上下电容值发生变化，从而形成一个与加速度大小成正比的差动输出信号。电容式加速度计具有灵敏度高、零频响应、环境适应性好等特点，在实际应用中电容式加速度计较多地用于低频测量，常用在安全气囊和手机移动设备领域。

伺服式加速度计是一种闭环测试系统，当被测物体通过加速度计壳体有加速度输入时，质量块偏离静平衡位置，位移传感器检测出位移信号，经伺服放大器放大后输出电流，该电流流经电磁线圈，在永久磁铁的磁场中产生电磁恢复力，迫使质量块回到原静平衡位置，传感器输出与加速度计成一定比例的模拟信号，它与加速度值成正比。伺服式加速度计具备动态性能好、范围大的特点，广泛应用于惯性导航和惯性制导系统中，在高精度的振动测量和标定中也有应用。

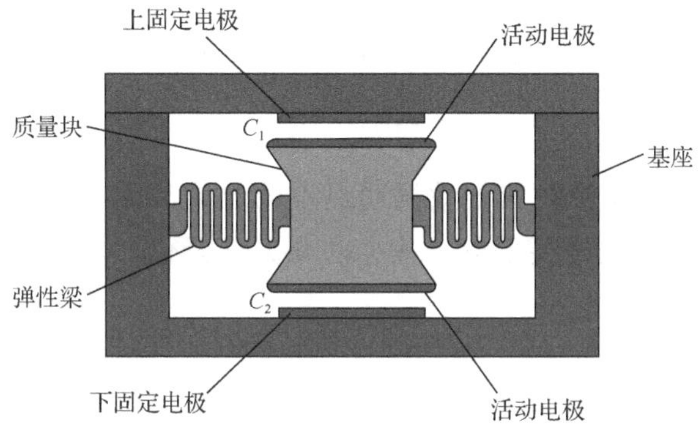

（a）电容式加速度计

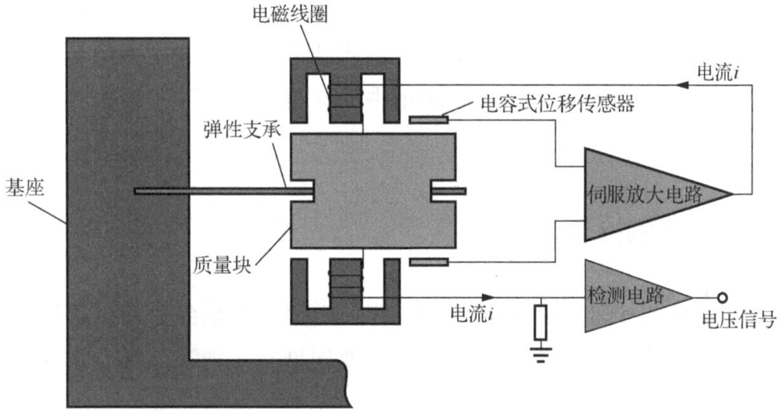

（b）伺服式加速度计

图 6.19　电容式加速度计和伺服式加速度计

6. 视觉相机

视觉相机是一种能够捕捉图像并将图像数据输入计算机系统的设备，其主要功能是捕捉图像，并将其转化为数字数据，然后通过计算机进行处理、分析。根据传感器的类型，视觉相机可以分为 CCD（电荷耦合器件）相机和 CMOS（互补金属氧化物半导体）相机；根据图像的获取方式，视觉相机可以分为面阵相机和线阵相机；根据输出信号的方式，视觉相机可以分为模拟相机和数字相机等。视觉相机具备高帧率、高分辨率、高灵敏度的特点，在工业自动化、机器人技术、安全监控、医疗诊断等领域具有广泛的应用前景。

6.3 海洋机器人运动传感器数据预处理方法

6.3.1 数据预处理的主要技术

数据预处理的主要技术分为数据野值剔除和数据平滑处理两大部分。

1. 数据野值剔除

在数据分析中，野值是指与其他数据明显不同的异常值。野值的存在会对数据分析结果产生很大的影响，因此需要采取一些方法来剔除野值，以保证数据分析的准确性和可靠性。

2. 数据平滑处理

在实际的工程应用中，经常会遇到初始结果噪声太多的问题，比如信号强度抖动得太厉害、视频流中的边界框抖动（Bounding Box Jitter，bbox 抖动）得太厉害、光谱信号抖动得太厉害等，这时候就需要使用一些简单的滑动平均算法来平滑处理这些信号。滑动平均作为一种基础方法，虽然其原理简单，但在实际应用中如何设计合理的平滑方式，往往需要进行深入的思考。

6.3.2 常用数据野值剔除算法

剔除野值是数据分析中非常重要的一步，它可以提高数据分析的准确性和可靠性。不同的剔除野值算法适用于不同的数据分布情况，需要根据具体情况选择合适的算法。

1. 3σ 算法

3σ 算法是一种基于正态分布的剔除野值的方法。根据正态分布的性质，大约 68%的数据分布在平均值的±1个标准差之间，95%的数据分布在平均值的±2 个标准差之间，99.7%的数据分布在平均值的± 3 个标准差之间。因此，如果数据点超出了平均值的± 3 个标准差之外，则被认为是野值。

在统计上，68-95-99.7 法则是在正则分布中，距平均值小于 1 个标准差、2 个标准差、3 个标准差以内的百分比，更精确的数字是 68.27%、95.45%及 99.73%，即3σ 准则。数值分布在$(\mu-\sigma,\mu+\sigma)$中的概率为 0.6827；数值分布在$(\mu-2\sigma,\mu+2\sigma)$中的概率为 0.9545；数值分布在$(\mu-3\sigma,\mu+3\sigma)$中的概率为 0.9973。

可以认为，一个正态分布的数据集的取值几乎全部集中在$(\mu-3\sigma,\mu+3\sigma)$区间内，超出这个范围的可能性仅占不到 0.3%，$3\sigma$ 分布如图 6.20 所示。

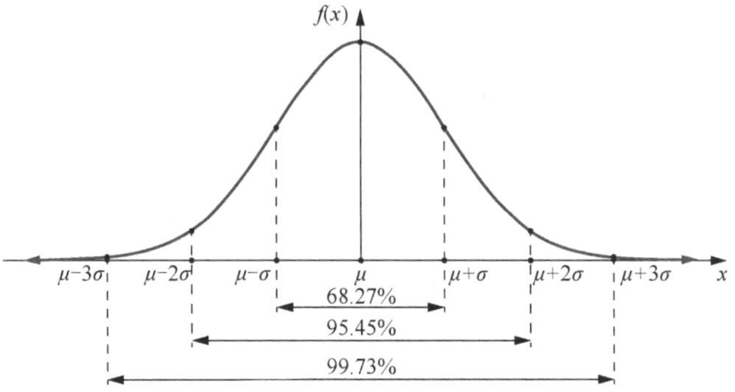

图 6.20　3σ 分布示意图

2. 离群点分析法

离群点分析法是一种基于距离的剔除野值的方法。它通过计算数据点与其他数据点之间的距离来判断数据是否存在野值。在大多数研究领域中，离群点也被称为异常值，在数据挖掘中，往往要剔除掉这些数据。常用的离群点分析法包括 k 近邻算法、基于密度的噪声应用空间聚类（Density-Based Spatial Clustering of Applications with Noise，DBSCAN）算法和局部离群因子（Local Outlier Factor，LOF）算法等。

LOF 算法是基于密度的离群点分析法中一个具有代表性的算法。该算法会给数据集中的每个点计算一个离群因子 LOF，通过判断 LOF 是否接近于 1 来判定是否是离群因子。若 LOF 远大于 1，则认为是离群因子，接近于 1，则是正常点。为了叙述 LOF 算法，首先引入以下概念。

1）对象 p 的第 k 距离

对于正整数 k，对象 p 的第 k 距离可记作 $k\text{-distance}(p)$。在样本空间中，存在对象 o，它与对象 p 之间的距离记作 $d(p,o)$。如果满足以下两个条件，我们则认为 $k\text{-distance}(p)=d(p,o)$：

（1）在样本空间中，至少存在 k 个对象 q，使得 $d(p,q)\leqslant d(d,o)$；

（2）在样本空间中，至多存在 $k-1$ 个对象 q，使得 $d(p,q)<d(p,o)$。

$$k\text{-distance}(p)=\max\|p-o\|$$

显然易见，如果使用 $k\text{-distance}(p)$ 来量化对象 p 的局部空间区域范围，那么对于对象密度较大的区域，$k\text{-distance}(p)$ 值较小，而对象密度较小的区域，$k\text{-distance}(p)$ 值较大。

2）对象 p 的第 k 距离邻域

已知对象 p 的第 k 距离，那么与对象 p 之间距离小于等于 $k\text{-distance}(p)$ 的对象集合称为对象 p 的第 k 距离邻域，记作 $N_k(p)$。

该邻域其实是以 p 为中心、$k\text{-distance}(p)$ 为半径的区域内所有对象的焦合（不包括 p 本身）。由于可能同时存在多个第 k 距离的数据，因此该集合至少包括 k 个对象。可以想象，离群度越大的对象的范围往往比较大，而离群度比较小的对象范围小。

3）对象 p 相对于对象 o 的可达距离

可达距离的公式为

$$\text{reach}_{\text{dist}}(p,o)=\max\{k\text{-distance}(o),\|p-o\|\} \tag{6.1}$$

也就是说，如果对象 p 远离对象 o，则二者之间的可达距离就是它们之间的实际距离，但是如果它们足够近，则实际距离用 o 的第 k 距离代替。

4）局部可达密度

对象 p 的局部可达密度定义为 p 的 k 近邻点的平均可达密度的倒数，其计算公式为

$$l_{rdk}(p)=\frac{|N_k(p)|}{\sum\limits_{o\in N_n(p)}\text{reach}_{\text{dist}_k}(p,o)} \tag{6.2}$$

5）局部离群点因子

局部离群点因子表征了对象 p 是离群点的程度，定义如下：

$$\text{LOF}_k(p)=\frac{\sum\limits_{\sigma\in N_k(p)}\dfrac{l_{rdk}(o)}{l_{rdk}(p)}}{|N_k(p)|} \tag{6.3}$$

如果对象 p 不是局部离群点，则 LOF(p) 接近于 1。即 p 是局部离群点的程度较小，对象 o 的局部可达密度和对象 p 的局部可达密度相似，最后所得的 LOF(p)值应该接近 1。相反，p 是局部离群点的程度越大，最后所得的LOF(p) 值越高。通过这种方式，即使在样本空间数据分布不均匀的情况下，也能准确发现离群点。可以想象下，一个离群点 p，它的局部密度远小于其邻近点的局部密度，通过特例很容易看出，这样该算法就可以很好理解了。

基于聚类的离群点（Cluster-based Local Outlier Factor，CLOF）算法的基本思想是：在聚类过程中，将那些不属于任何簇的点作为离群点。CLOF 算法流程如图 6.21 所示。然而，基于聚类的离群点算法的主要目标是聚类，离群点只是聚类时产生的“副产物”。因此传统的基于聚类的离群点算法检测精度比较低。

基于密度的 LOF 算法能有效地检测数据集中的局部离群点和全局离群点，检测精度比较高。但是基于密度的 LOF 算法存在一些缺点，使其应用受到一定的限制。

LOF 算法在检测离群点的过程中，遍历整个数据集以计算每个点的 LOF 值，使得算法运算速度慢。同时，由于数据正常点的数量一般远远多于离群点的数量，而 LOF 算法通过比较所有数据点的 LOF 值判断离群程度，就产生了大量没必要的计算，造成时间成本太高，同时由于中间结果的存储而浪费空间资源。因此，假如能在计算离群因子前，剪枝一部分正常数据点，则可以提高 LOF 算法的计算效率。那么如何进行剪枝呢？考虑到 k 均值是一种效率很高的聚类算法，CLOF 算法利用了该聚类算法，对数据集进行剪枝，得到“离群点候选集”，最后对该集合中的所有点执行 LOF 算法，从而判断是否为离群点。

综上所述，CLOF 算法的第一阶段是调用 k 均值聚类算法，聚类后，可以得到 k 个类的

中心（质心），然后求出类中所有点到该质心距离的平均值，这个平均值记为半径 R，针对类中所有点，若该点到质心的距离大于等于 R，则将其放入离群点候选集中。

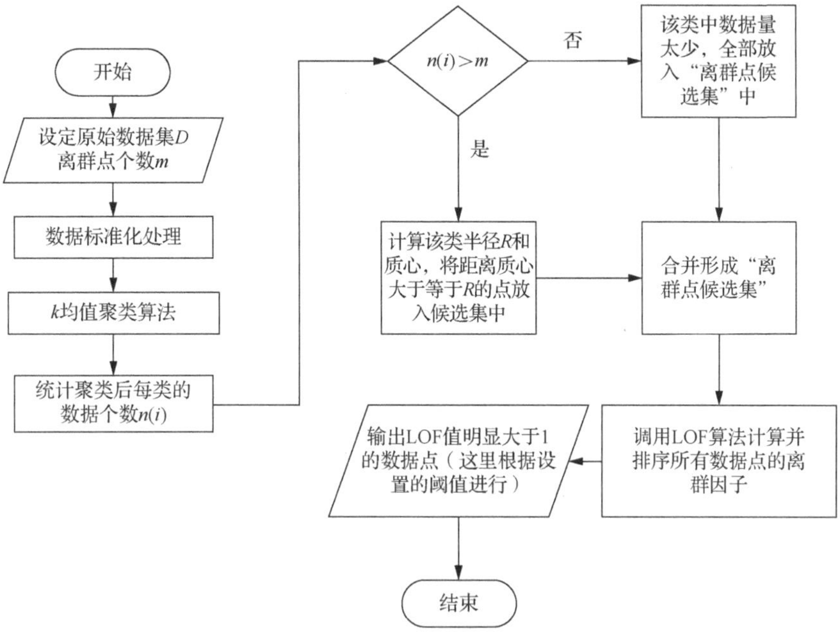

图 6.21　CLOF 算法流程图

基于 k 近邻的离群点检测算法是一种比较简单的检测方法。那么它是如何做离群点的检测呢？其算法流程如图 6.22 所示。

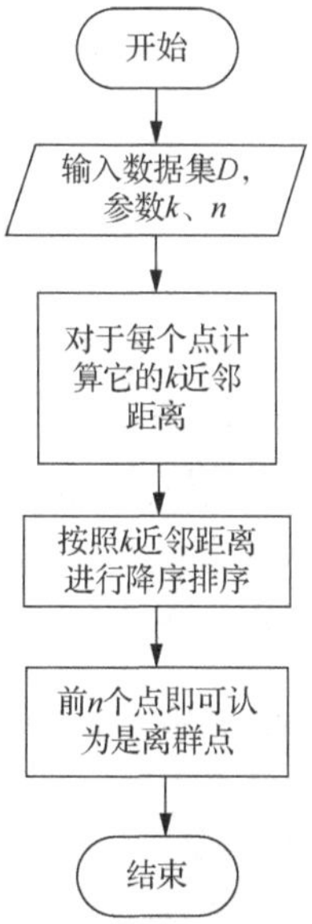

图 6.22　基于 k 近邻的离群点检测算法流程图

3. 数据野值剔除算法实例

海冰分割是图像处理领域的重要研究方向之一。由于高分辨率海冰图像较大，采用简单线性迭代聚类（Simple Linear Iterative Clustering，SLIC）超像素分割方法构建超像素块，可为后续的再分割节省时间。SLIC 虽能产生形状规则均匀的超像素块，但该算法的初始种子点对噪声敏感、分割精度与运行速度欠佳。采用 SLIC 结合 k 均值聚类算法时，应注意 k 均值聚类算法是一种非监督学习算法，它无须使用标签数据，可以将具有相似特征的数据点聚类或分组至一起。将空间中若干点设置为中心进行聚类，对最靠近这些中心的对象归类，通过迭代思想，逐次更新各聚类中心的值，直至得到最好的聚类结果。

将改进的 SLIC 分割产生的超像素块作为 k 均值聚类算法的数据输入；人为设置期望得到的聚类个数 K；再随机选取初始点即质心，计算每个样本点（即像素点）到质心的距离，通过计算当前像素点与每个质心的相似度，将像素点归类到最相似的类中；然后更新质心，直至质心不再变化，算法停止。

基于改进的 SLIC 与 k 均值聚类组合算法的具体过程如图 6.23 所示。

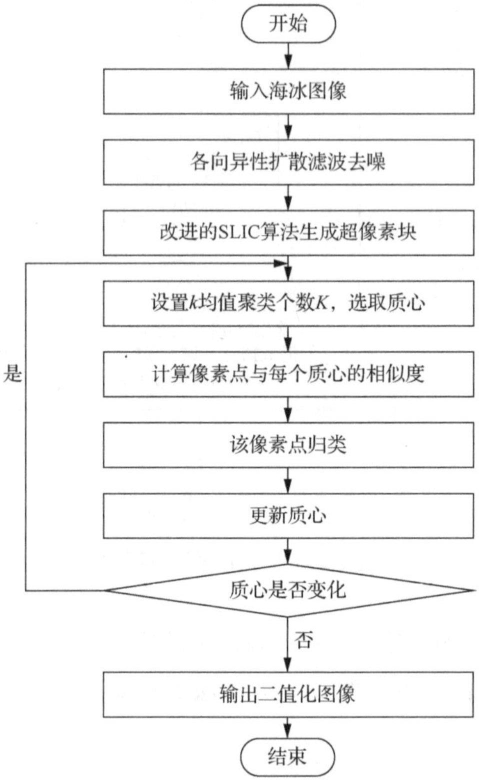

图 6.23　改进的 SLIC 与 k 均值聚类组合算法的流程图

在各向异性扩散滤波基础上，选择 $p = 6$ 时的 SLIC 与 DBSCAN 组合算法、$p = 10$ 时的 SLIC 与 k 均值聚类组合算法和马尔可夫随机场（Markov Random Field，MRF）分割算法进行对比，选出较好的、适用于高分辨率海冰图像的分割算法。算法比较实验将在三幅高分辨率可见光海冰图像上进行，如图 6.24～图 6.26 所示。其中图 6.24（a）和图 6.25（a）是图 6.26（a）的局部数据，图 6.26（a）是完整的海冰图像。

（a）初始图像1　（b）p=6, SLIC+DBSCAN　（c）p=10, SLIC+k均值聚类　（d）MRF

图 6.24　初始图像 1 不同算法的分割结果比较

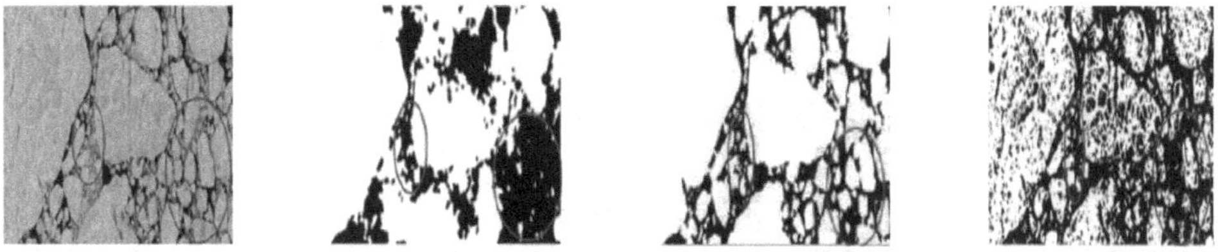

（a）初始图像2　（b）p=6, SLIC+DBSCAN　（c）p=10, SLIC+k均值聚类　（d）MRF

图 6.25　初始图像 2 不同算法的分割结果比较

（a）初始图像3　（b）p=6, SLIC+DBSCAN　（c）p=10, SLIC+k均值聚类　（d）MRF

图 6.26　初始图像 3 不同算法的分割结果比较

图 6.24（b）、图 6.25（b）以及图 6.26（b）先采用本章滤波算法进行去噪声处理，其次在 SLIC 算法预处理的基础上采用 DBSCAN 聚类进行再分割，该处理方法丢失了大量数据信息，只有部分较大冰块被分割，且边界模糊，对于密集的小冰块区域并不能进行分割，较为稀疏的区域分割较差，因此该处理方法并不适用于本章所研究的海冰图像。图 6.24（c）、图 6.25（c）以及图 6.26（c）是采用本章滤波算法后，将 p=10 的 SLIC 算法与 k 均值聚类算法相结合，该处理方法将原图中噪声点去除，较为完整地保留了图像的边缘信息，冰块间的边界较为清晰完整。较大的冰块能独立完整地被分割出来，对于碎冰较为稀疏的区域，碎冰能够较大程度地被分割出来，但是对于较多碎冰的区域，该处理方法无法完全将其分割出来，只有部分较小的冰块被较为清晰完整地分割。

图 6.24（d）、图 6.25（d）和图 6.26（d）是采用 MRF 分割算法进行分割，本章设置该算法的迭代次数为 10，该算法可以分割出较大冰块，但存在冰块数据丢失且噪声点较多的问题；在冰块密集的区域无法将碎小的冰块分割，只能将部分较大冰块分割，但是分割效果明显差于在各向异性扩散滤波下时 SLIC 与 k 均值聚类组合的算法。

表 6.3 给出了对图 6.26 中的初始图像 3 采用不同算法的性能评价。算法 1 为改进的 SLIC 与 DBSCAN 聚类结合的分割方法；算法 2 是基于各向异性扩散滤波，改进的 SLIC 与 DBSCAN 组合算法；算法 3 为改进的 SLIC 与 k 均值聚类结合的分割方法；算法 4 是基于各向异性扩散滤波，改进的 SLIC 与 k 均值聚类组合算法。可以看出，采用各向异性扩散滤波能有效提高算法的性能。在各向异性扩散滤波基础上，p=6 的 SLIC 与 DBSCAN 聚类结合的分割方法的准确率以及召回率表现均较差，运行速度虽然较快，但是丢失了大量的海冰图像；用 p=10 的 SLIC 与 k 均值聚类结合的分割方法虽然运行速度较慢，但是准确率及召回率的表现较佳；MRF 分割算法虽然准确率以及召回率优于基于改进的 SLIC 与 DBSCAN 组合算法，但是分

割后的图像存在大量噪声点。综上所述，采用各向异性扩散滤波去除噪声点，再用 p=10 的 SLIC 算法进行预分割，最后用 k 均值聚类算法进行二次分割的算法较适用于高分辨率海冰图像，该算法的准确率以及召回率均有较好的表现。

表 6.3　性能评价

分割方法	准确率	运行时间/s	召回率
算法 1	0.731	107.63	0.537
算法 2	0.746	93.54	0.559
算法 3	0.952	113.07	0.973
算法 4	0.960	105.90	0.984
MRF	0.871	148.03	0.754

6.3.3　常用数据平滑处理算法

1. 平均法

拟线性系统的解形式上与线性系统相同，但是振幅和相位不是常数，而是时间的慢变函数，即将近似解基波的振幅和相位对时间 t 求导，视作 t 的函数，并且用一个周期内的平均值作为该函数的近似值。平均法虽然相对简单，但滤波的效果并不好。

2. 样条函数法

从概念上，采样点被赋值为其对应的高程观测数据；样条插值通过拟合一个弹性曲面来连接这些点，该曲面在满足精确穿过采样点的约束下，最小化表面总曲率。在穿过采样点时，样条函数法将一个数学函数与指定数量的最近输入点进行拟合。此方法最适合生成平缓变化的表面，例如高程、地下水位高度或污染程度。基本形式的最小曲率样条函数插值法（基本最小曲率法）在内插法的基础上增加了以下两个条件：表面必须恰好经过数据点，表面必须具有最小曲率。通过表面上每个点获得表面的二阶导数项平方的累积总和必须最小。基本最小曲率法也称为薄板插值法，该方法可确保表面平滑（连续且可微分），一阶导数表面连续。在数据点的周围，梯度或坡度的变化率（一阶导数）很大。因此，该方法不适合估计二阶导数（曲率）。通过将权重参数的值指定为 0，可将基本插值法应用到样条函数法工具。

样条函数法采用样条插值的方式来逼近采样点，以此实现平滑，该算法灵活多变，效果较好，但计算过程相对复杂，在平滑幅度方面表现较差。

3. 五点三次平滑算法

五点三次平滑算法是一种常用的数据平滑方法。它可以有效地去除数据中的噪声，使得数据更加平滑和稳定。该算法的基本思想是利用数据点周围的邻近点来计算平滑后的数值，从而消除数据中的随机波动和噪声。

五点三次平滑算法的具体实现方法是，对于给定的一组数据点，首先选取其中的五个点，分别为当前点和其左右两个邻近点。然后，利用这五个点的数值，通过三次多项式拟合来计算当前点的平滑值。

假设有数据 $(t_0, y_0),(t_1, y_1),\cdots,(t_n, y_n)$。我们来探讨如何唯一确定一个三次样条函数。记 $[t_i, t_{i+1}]$ 上表示 S 的多项式为 S_i。首先根据连续性条件有

$$\begin{gathered} S_{i-1}(t_i) = y_i - S_i(t_i) \quad (1 \leqslant i \leqslant n-1) \\ S_0(t_p) = y_0 \\ S_n(t_n) = y_n \end{gathered} \tag{6.4}$$

这里有 $2n$ 个方程，根据二阶连续可导的条件：

$$\begin{gathered} S'_{i-1}(t_i) = S'_i(t_i) \quad (1 \leqslant i \leqslant n-1) \\ S''_{i-1}(t_i) = S''_i(t_i) \quad (1 \leqslant i \leqslant n-1) \end{gathered} \tag{6.5}$$

可知，这里有 $2n-2$ 个方程，总共有 $4n-2$ 个方程，但是唯一确定一个三次样条函数需要 $4n$ 个方程，所以还需 2 个自由量，求解方式将在后文进行描述。定义 $z_i = S''_i(t_i)$，因为容易证明 $S''_i(t_i) = z_i, S''_i(t_{i+1}) = z_{i+1}$，且 S_i 是二次多项式，所以其二阶导数为一阶多项式，所以

$$S''_i(x) = \frac{z_i}{h_i}(t_{i+1} - x) + \frac{z_{i+1}}{h_i}(x - t_i) \tag{6.6}$$

式中，$h_i = t_{i+1} - t_i$。对公式（6.6）进行两次积分，其结果为

$$S_i(x) = \frac{z_i}{6h_i}(t_{i+1} - x)^3 + \frac{z_{i+1}}{6h_i}(x - t_i)^3 + C(x - t_i) + D(t_{i+1} - x) \tag{6.7}$$

式中，C, D 是积分常数。分别将 $x = t_i$ 和 $x = t_{i+1}$ 代入公式（6.7）可求出 C 和 D，再将其回代入公式（6.7）可得

$$\begin{aligned} S_i(x) = {} & \frac{z_1}{6h_1}(t_{i+1} - x)^3 + \frac{z_{i+1}}{6h_i}(x - t_i)^3 + \left(\frac{y_1}{h_1} - \frac{x_{i+1}h_1}{6}\right)(x - t_i) \\ & + \left(\frac{y_1}{b_1} - \frac{y_1 h_1}{6}\right)(t_{i+1} - x) \end{aligned} \tag{6.8}$$

根据公式（6.8），求在节点 $x = t_i$ 处的一阶导数：

$$S'_i(t_i) = -\frac{h_i}{3} z_i - \frac{h_i}{6} z_{i+1} - \frac{y_i}{h_i} + \frac{y_{i+1}}{h_i} \tag{6.9}$$

$$S'_{i-1}(t_i) = \frac{h_{i-1}}{6} z_{i-1} + \frac{h_{i-1}}{3} z_i - \frac{y_{i-1}}{h_{i-1}} + \frac{y_i}{h_{i-1}} \tag{6.10}$$

由于 $S_i'(t_i)=S_{i-1}'(t_{i-1})$，可得

$$h_{i-1}z_{i-1}+2(h_i+h_{i-1})z_i+h_iz_{i+1}-\frac{6}{h_i}(y_{i+1}-y_i)-\frac{6}{h_{i-1}}(y_i-y_{i-1})=0 \tag{6.11}$$

这个线性方程组有未知解 $z_0,z_1,\cdots,z_n$，方程个数为 $n-1$ 个，所以需要另外增添条件，一个很好的选择是 $z_0-z_n=0$。

$$\begin{bmatrix} u_1 & h_1 & & & & \\ h_1 & u_2 & h_2 & & & \\ & h_2 & u_3 & h_3 & & \\ & & \ddots & \ddots & \ddots & \\ & & & h_{n-3} & u_{n-2} & h_{n-2} \\ & & & & h_{n-2} & u_{n-1} \end{bmatrix}\begin{bmatrix} z_1 \\ z_2 \\ z_3 \\ \vdots \\ z_{n-2} \\ z_{n-1} \end{bmatrix}=\begin{bmatrix} v_1 \\ v_2 \\ v_3 \\ \vdots \\ v_{n-2} \\ v_{n-1} \end{bmatrix} \tag{6.12}$$

式中

$$\begin{aligned} h_i &= t_{i+1}-t_i \\ u_i &= 2(h_i+h_{i-1}) \\ b_i &= \frac{6}{h_i}(y_{i+1}-y_i) \\ v &= b_i-b_{i-1} \end{aligned} \tag{6.13}$$

4. 数据平滑处理实例

针对荧光光谱的数据处理，通过对中值滤波、均值滤波、五点三次平滑滤波的滤波效果进行对比，进而选择荧光光谱数据的处理算法，使最终的滤波结果更加稳定，误差最小。为了能够更加直观地对比几种滤波算法的特点，选取 $y(x)=\sin x$ 正弦函数作为理想输入信号，在理想输入信号中加入高斯白噪声，运用均值滤波、中值滤波、五点三次平滑滤波分别进行滤波处理。

理想输入信号和 $N(0,1.005)$ 的高斯分布序列（即均值为 0，方差为 1.005）噪声信号曲线如图 6.27 所示，通过仿真得到去噪后的曲线（即理想输入信号）如图 6.28 所示。

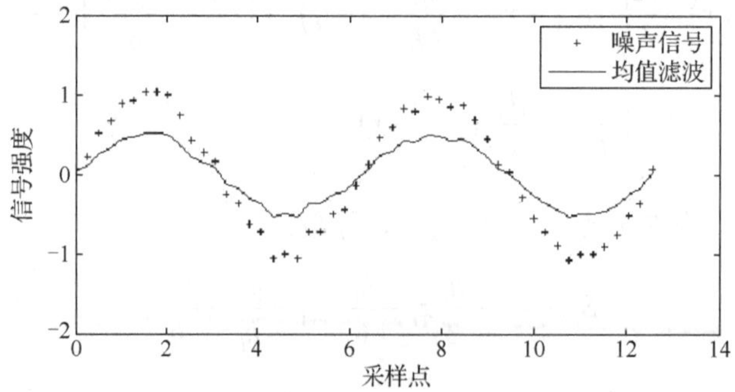

（a）均值滤波

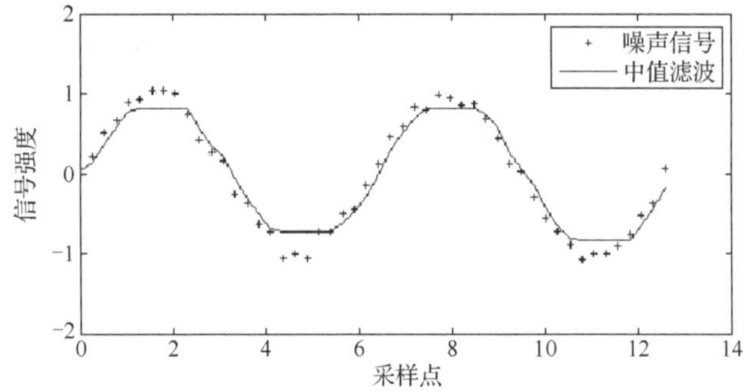

（b）中值滤波

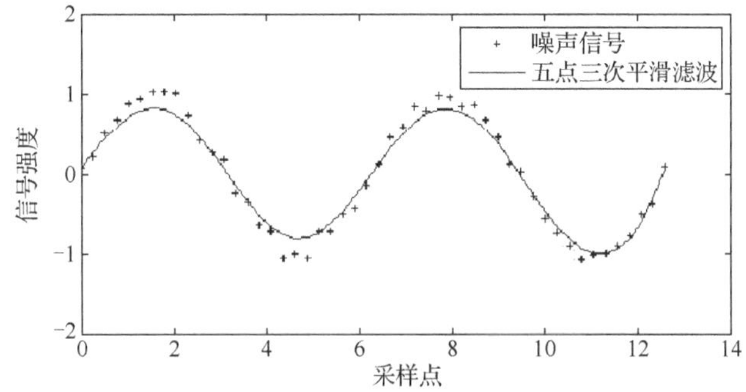

（c）五点三次平滑滤波

图 6.27　噪声信号与滤波后信号对比图

从图 6.28 中可以看出，均值滤波的效果最差，信号损失较为严重，并且处理效果一般。五点三次平滑滤波效果比较理想，既消除数据中的干扰成分，又保持原有曲线特性不变。

考虑到噪声大小的影响，由于之前仿真我们选取的是 $N(0,1.005)$的高斯分布序列噪声，因此只能说明在这样分布的噪声下各种算法的处理效果。下面考虑几种在其他分布下的噪声信号对滤波效果的影响。

$N(0,1.01)$的高斯分布序列噪声滤波效果图如图 6.29 所示。

$N(0,1.5)$的高斯分布序列噪声滤波效果图如图 6.30 所示。

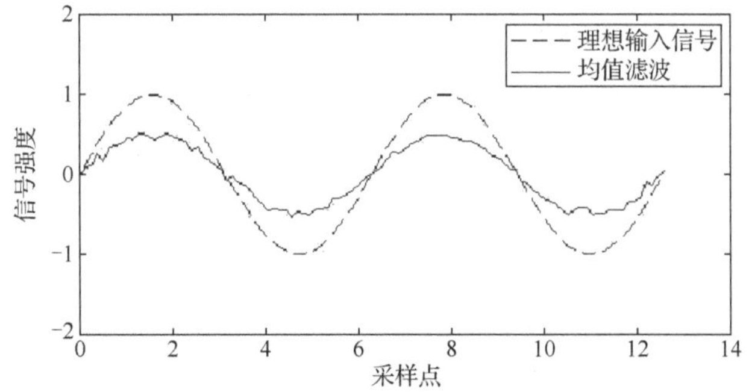

（a）均值滤波

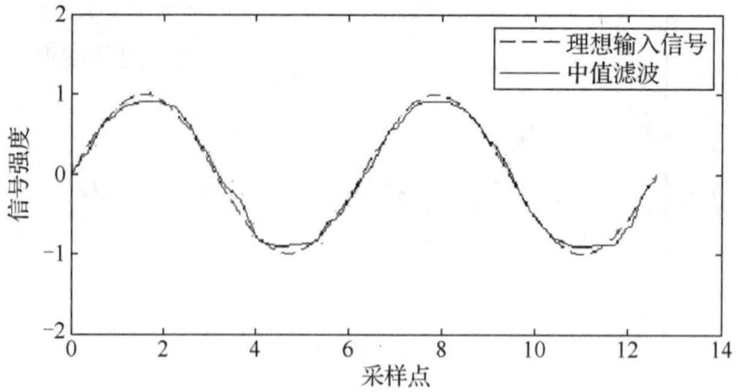

（b）中值滤波

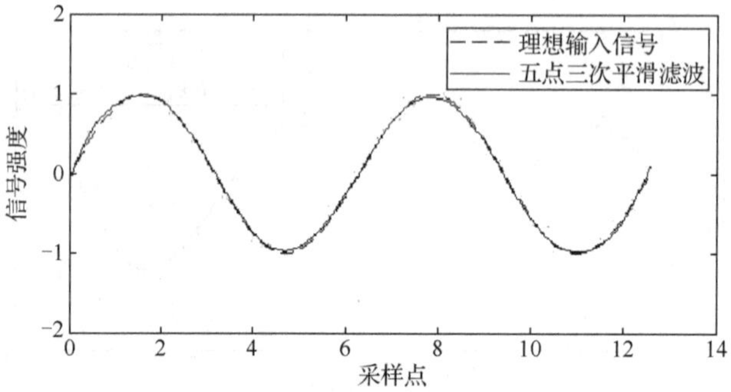

（c）五点三次平滑滤波

图 6.28　滤波效果与理想输入信号对比图

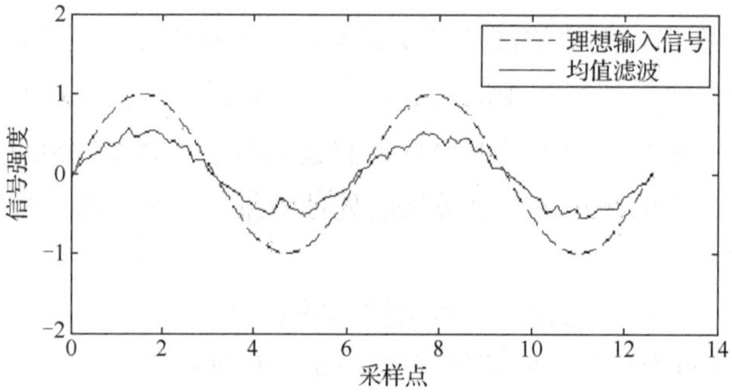

（a）均值滤波

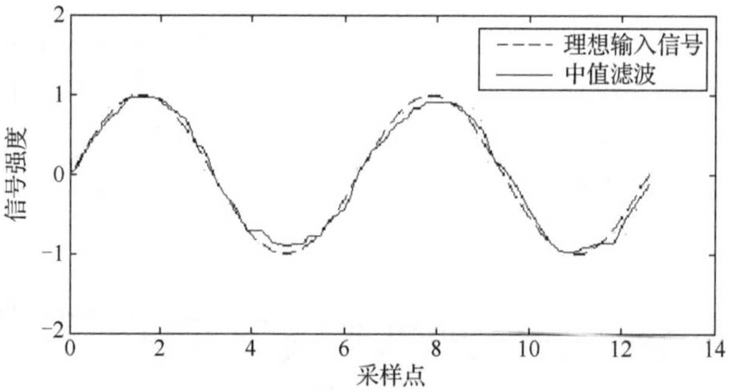

（b）中值滤波

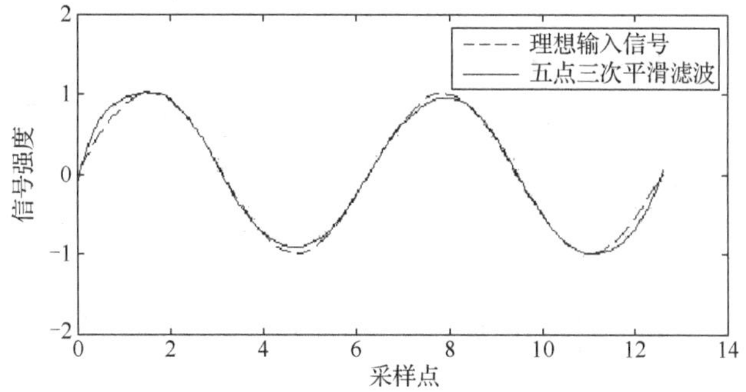

（c）五点三次平滑滤波

图 6.29　N(0,1.01)的高斯分布序列噪声图

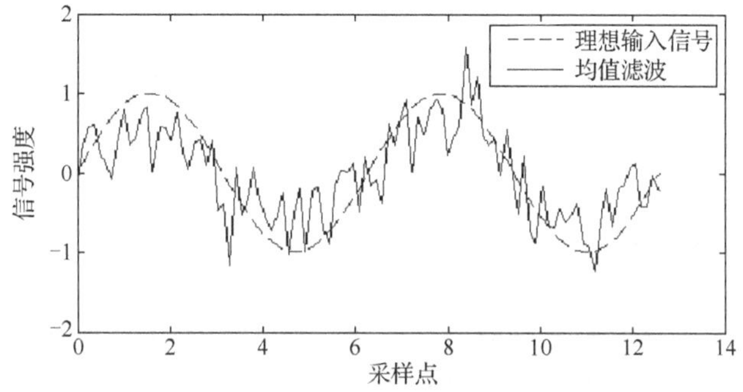

（a）均值滤波

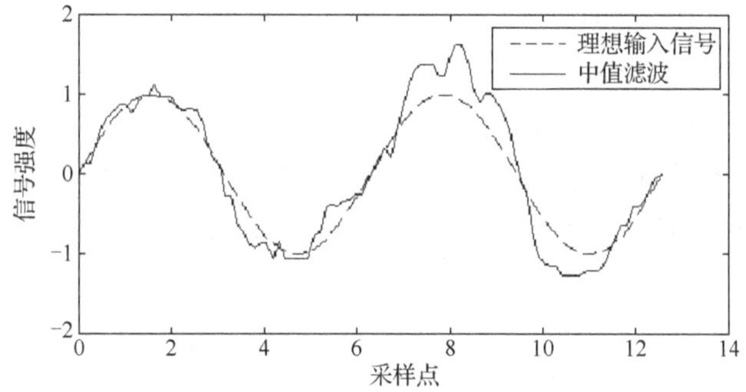

（b）中值滤波

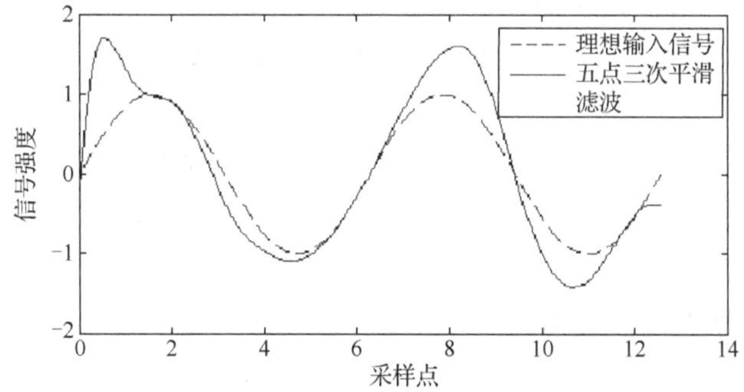

（c）五点三次平滑滤波

图 6.30　N(0,1.5)的高斯分布序列噪声图

从图 6.28～图 6.30 可以看出，随着噪声的增强，三种算法的平滑滤波效果有明显的差异，当噪声信号的方差小于 1.1 时，中值滤波、五点三次平滑滤波效果明显，其中以五点三次平滑滤波效果最佳。当噪声信号的方差大于 1.1 时，三种算法的滤波效果在慢慢减弱，其中只有五点三次平滑滤波的效果还较为理想。

故选择五点三次平滑滤波作为荧光光谱数据的处理算法。

6.4 海洋机器人运动传感器数据融合方法

数据融合有广义和狭义之分。广义的数据融合泛指一切数据融合的活动，狭义的数据融合主要指多传感器融合。多传感器融合的目的在于获得更高的检测概率以及可信度。下面介绍数据融合的基本方法。

数据融合方法分为三类：像元（Pixel）级融合、特征（Feature）级融合、决策（Decision）级融合。融合的水平依次从低到高。

6.4.1 数据融合基本原理

数据融合（Data Fusion）最早被应用于军事领域。现在数据融合的主要应用领域有多源影像复合、机器人和智能仪器系统、战场和无人驾驶飞机、图像分析与理解、目标检测与跟踪、自动目标识别等，数据融合属于一种属性融合，它是将同一地区的多源数据加以智能化合成，产生比单一信息源更精确、更完全、更可靠的估计和判断。

像元级融合是一种低水平的融合。像元级融合的流程为：经过预处理的数据—数据融合—特征提取—融合属性说明。像元级融合所包含的具体融合方法有：代数法、小波变换、主分量变换（Principal Component Transformation，PCT）、卡-洛变换（Karhunent-Loève Transform）等。

特征级融合是一种中等水平的融合。在这一级别中，先是将各数据进行特征提取，提取的特征信息应是原始信息的充分表示量或充分统计量，然后按特征信息对多源数据进行分类、聚集和综合，产生特征向量，而后采用一些特征级融合方法融合这些特征向量，做出基于融合特征向量的属性说明。特征级融合的流程为：经过预处理的数据—特征提取—特征级融合—融合属性说明。

决策级融合是最高水平的融合。融合的结果为指挥、控制、决策提供了依据。在这一级别中，首先对预处理的数据进行特征提取，对每一数据进行属性说明，然后对其结果加以融合，得到目标或环境的融合属性说明。决策级融合的流程为：经过预处理的数据—特征提取—属性说明—属性融合—融合属性说明。

6.4.2　卡尔曼滤波基本原理

卡尔曼滤波可以认为是贝叶斯滤波的一种特例，本质上都是根据贝叶斯公式叠加似然概率与先验概率得到后验概率。从最本质的原理去理解它需要深厚的概率论知识储备，但从使用形式上理解就比较简单。从形式上理解是测量值与估计值的权重叠加，为了便于叠加对测量值以及估计值采用高斯分布模型来描述期望值及误差，然后利用高斯分布模型的公式性质对测量值与估计值进行叠加输出，计算出最优值误差范围。下一周期的滤波过程与当前过程一致，不断进行迭代即可。卡尔曼滤波就是把统计学应用到了滤波算法上。卡尔曼滤波算法的核心思想是，根据当前的仪器“测量值”和上一刻的“预测量”和“误差”，计算得到当前的最优量，再预测下一刻的量。算法中比较突出的是观点是：把误差纳入计算，而且分为预测误差和测量误差两种，统称为噪声。卡尔曼滤波还有一个非常大的特点是，误差独立存在，始终不受测量数据的影响。其流程如下。

（1）初始化卡尔曼滤波器：

$$\boldsymbol{X}_0^+ = E\left(\boldsymbol{X}_0\right) \tag{6.14}$$

$$\boldsymbol{P}_0^+ = E\left[\left(\boldsymbol{X}_0 - \boldsymbol{X}_0^+\right)\left(\boldsymbol{X}_0 - \boldsymbol{X}_0^+\right)^{\mathrm{T}}\right] \tag{6.15}$$

（2）对下一时刻目标的位置信息进行预测：

$$\boldsymbol{X}_k^- = \boldsymbol{F}\boldsymbol{X}_{k-1}^+ + \boldsymbol{W}_{k-1} \tag{6.16}$$

（3）预测协方差矩阵：

$$\begin{aligned}\boldsymbol{P}_k^+ &= \left(\boldsymbol{I} - \boldsymbol{K}_{k-1}\boldsymbol{H}\right)\boldsymbol{P}_{k-1}^-\left(\boldsymbol{I} - \boldsymbol{K}_{k-1}\boldsymbol{H}\right)^{\mathrm{T}} + \boldsymbol{K}_{k-1}\boldsymbol{R}\boldsymbol{K}_{k-1}^{\mathrm{T}} \\ &= \left[\left(\boldsymbol{P}_{k-1}^-\right)^{-1} + \boldsymbol{H}^{\mathrm{T}}\boldsymbol{R}^{-1}\boldsymbol{H}\right]^{-1} \\ &= \left(\boldsymbol{I} - \boldsymbol{K}_{k-1}\boldsymbol{H}\right)\boldsymbol{P}_{k-1}^-\end{aligned} \tag{6.17}$$

（4）更新滤波增益矩阵：

$$\boldsymbol{K}_k = \boldsymbol{P}_k^+\boldsymbol{H}^{\mathrm{T}}\left(\boldsymbol{H}\boldsymbol{P}_k^+\boldsymbol{H}^{\mathrm{T}} + \boldsymbol{R}\right)^{-1} = \boldsymbol{P}_k^+\boldsymbol{H}^{\mathrm{T}}\boldsymbol{R}^{-1} \tag{6.18}$$

（5）获得下一时刻真实状态值：

$$\boldsymbol{X}_k^+ = \boldsymbol{X}_k^- + \boldsymbol{K}_k\left(\boldsymbol{Z}_k - \boldsymbol{H}\boldsymbol{X}_k^-\right) \tag{6.19}$$

（6）更新协方差矩阵：

$$\boldsymbol{P}_k^- = \boldsymbol{F}\boldsymbol{P}_k^+\boldsymbol{F}^{\mathrm{T}} + \boldsymbol{Q} \tag{6.20}$$

式中，$\boldsymbol{X}_0^+$ 为初始卡尔曼估计的状态矩阵；E 为计算状态矩阵的协方差；上标“+”为估计值；$\boldsymbol{P}_0^+$ 为初始卡尔曼估计的预测协方差矩阵；$\boldsymbol{P}_k^+$ 为预测协方差矩阵；$\boldsymbol{K}_k$ 为卡尔曼增益矩阵；$\boldsymbol{X}_k^+$ 为卡尔曼估计矩阵；$\boldsymbol{I}$ 为单位矩阵。本章中，状态矩阵 $\boldsymbol{F}$ 为单位矩阵；量测矩阵 $\boldsymbol{H}$ 为单位矩阵；过程噪声矩阵 $\boldsymbol{Q}$ 为主对角线为 e^{-5} 的单元矩阵；观测噪声矩阵 $\boldsymbol{R}$ 为主对角线为 e^{-1} 的单元矩阵。$\boldsymbol{Z}_k$ 使用雷达跟踪目标的位置信息代替。$\boldsymbol{W}_k$ 为过程噪声矩阵。

1. 多尺度图像归一化

三维激光点云数据经栅格化处理后，与导航雷达图像进行匹配叠加。由于激光雷达的有效探测距离小于导航雷达，因此栅格地图的实际范围小于导航雷达图像对应的实际范围，因此本章将栅格地图映射到导航雷达图像坐标系中，进而进行融合。通过实际距离和图像尺寸的关系，计算出在导航雷达图像内的栅格地图的尺寸，计算公式为

$$P_v = \frac{P_r R_v}{R_r} \tag{6.21}$$

式中，P_r 为导航雷达图像尺寸；R_r 为导航雷达实际量程；P_v 是栅格地图在导航雷达图像坐标系下的尺寸；R_v 为栅格地图中的实际距离。

2. 融合位置的确定

在进行多尺度图像的融合任务之前，要确定融合的位置。以导航雷达图像为底图，将激光点云的栅格图像映射在底图上进行融合。由于激光雷达生成的栅格图像范围完整地存在于导航雷达图像范围内，因此要确定栅格图像在导航雷达图像内的位置，才能实现图像融合。由于进行了多传感器的空间对齐，因此两种图像的中心点是一致的，且显示方向一致。再根据上述的尺度归一化处理，确定了栅格图像对应在导航雷达图像中的尺寸，最终即可确定融合的位置，如图 6.31 所示。

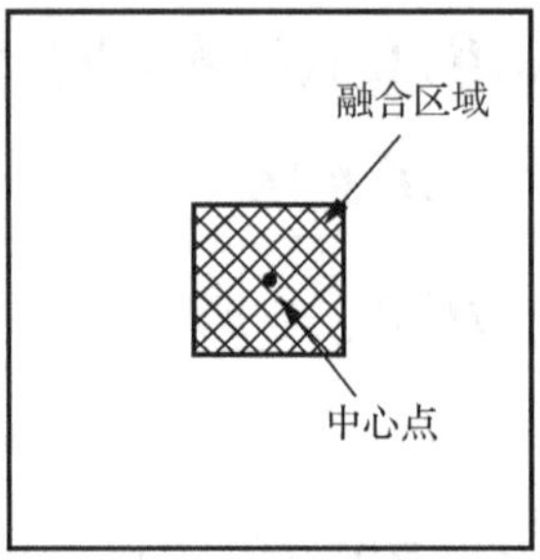

图 6.31　融合区域示意图

3. 多尺度图像的像素融合方法

在完成时空对齐与尺度归一化处理后，执行图像信息融合步骤。将激光雷达点云数据处理成栅格图像后，对航海雷达图像与栅格图像进行融合处理。栅格地图中包含两种区域：可通行区域和障碍区域。其中可通行区域包括没有障碍的区域以及可在障碍物下方穿行的区域。在栅格地图中用黑色、白色、红色三种颜色分别表示无障碍区域、可穿行区域以及障碍区域。

采用一种自适应像素点融合的方案，流程图如图 6.32 所示。设激光雷达的栅格图像中第 i 个像素点为 $L(i)$，导航雷达图像的像素点为 $R(i)$，融合图像的像素点为 $F(i)$。对于融合的方法描述如下：首先定位到根据栅格地图映射到导航雷达图像的区域，然后遍历栅格地图和导航雷达图像的每一个对应的像素点。融合的方法遵循以下规则。

（1）若对应的两个像素点颜色相同，则融合图像中该像素点为此颜色。

（2）若对应的两个像素点一个为红色、一个为黑色，则融合图像的颜色为红色。即在没有出现可穿行区域的情况下，只要有一个图像中认为此区域是障碍物，则融合后的图像该位置就是障碍区域。

（3）若栅格地图中的像素点出现白色，认为该区域是可穿行区域，则在融合图像中在该像素点的位置直接设置为白色。

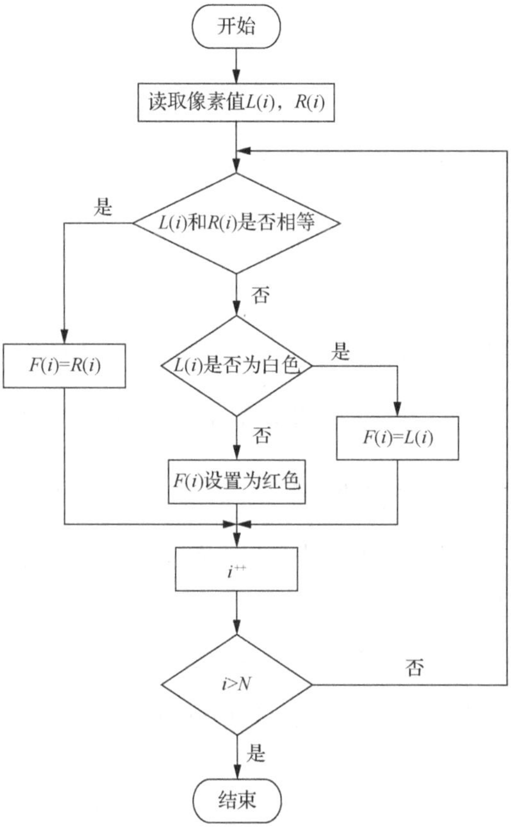

图 6.32　像素融合流程图

第7章　海洋机器人操纵控制建模与分析

7.1　全驱动水面机器人的数学模型

7.1.1　运动学模型与动力学模型转换

对海洋机器人而言，其运动学模型是定义在定系下的，而动力学模型则通常在动系下进行描述，因此，为统一变量在这两个坐标系下的描述，以及将模型的运动学特性和动力学特性进行关联，有必要对它们之间的变量关系进行描述。因此，本节将对基于欧拉角的坐标轴旋转方法进行相关介绍，以便于读者建立起海洋机器人运动学模型和动力学模型之间的关联。

记两个参考系 a、b 之间的旋转矩阵 $\boldsymbol{R}$ 为 $\boldsymbol{R}_b^a$，其中，旋转矩阵描述为一个特殊的三阶正交族中的一个元素，具体定义如下：

$$\mathrm{SO}(3)=\left\{\boldsymbol{R}\middle|\boldsymbol{R}\in\mathbb{R}^{3\times3},\quad \boldsymbol{R}\text{为正交矩阵且}\det(\boldsymbol{R})=1\right\} \tag{7.1}$$

式中，$\mathrm{SO}(3)$ 是一个全三阶正交矩阵的子集，即 $\mathrm{SO}(3)\subset O(3)$，其中 $O(3)$ 定义为

$$O(3):=\left\{\boldsymbol{R}\middle|\boldsymbol{R}\in\mathbb{R}^{3\times3},\quad \boldsymbol{R}^{\mathrm{T}}\boldsymbol{R}=\boldsymbol{R}\boldsymbol{R}^{\mathrm{T}}=\boldsymbol{I}\right\} \tag{7.2}$$

根据公式（7.1）和公式（7.2）可以获得基于欧拉角的旋转矩阵的以下性质。

性质 7.1　旋转矩阵 $\boldsymbol{R}$ 满足

$$\boldsymbol{R}^{\mathrm{T}}\boldsymbol{R}=\boldsymbol{R}\boldsymbol{R}^{\mathrm{T}}=\boldsymbol{I},\quad \det\boldsymbol{R}=1 \tag{7.3}$$

该性质表明旋转矩阵 $\boldsymbol{R}$ 为正交矩阵，$\boldsymbol{R}$ 的逆矩阵可以表示为：$\boldsymbol{R}^{-1}=\boldsymbol{R}^{\mathrm{T}}$。在进行后续的推导前，我们先给出如下常用性质以及定义。

定义 7.1　反对称矩阵　假设矩阵 $\boldsymbol{S}\in\mathrm{SS}(n)$，若 $\boldsymbol{S}$ 满足

$$\boldsymbol{S}=-\boldsymbol{S}^{\mathrm{T}} \tag{7.4}$$

则称 $\boldsymbol{S}$ 为反对称矩阵。$\boldsymbol{S}$ 的非对角线元素满足 $s_{ij}=-s_{ji}\ (i\neq j)$，且对角线元素为零。其中 $\boldsymbol{S}\in\mathrm{SS}(n)$ 定义为

$$\boldsymbol{S}(\lambda)=-\boldsymbol{S}^{\mathrm{T}}(\lambda)=\begin{bmatrix}0 & -\lambda_3 & \lambda_2\\ \lambda_3 & 0 & -\lambda_1\\ -\lambda_2 & \lambda_1 & 0\end{bmatrix},\quad \lambda=\begin{bmatrix}\lambda_1\\ \lambda_2\\ \lambda_3\end{bmatrix} \tag{7.5}$$

定义 7.2　向量积运算（Cross Product Operation）

$$\boldsymbol{\lambda}\times\boldsymbol{a}:=\boldsymbol{S}(\boldsymbol{\lambda})\boldsymbol{a} \tag{7.6}$$

定义 7.3　简单旋转（Simple Rotation）　如果刚体或者参考系 B 相对于刚体或参考系 A 运动时，存在一条固定的直线 L（即旋转轴），则称为 B 相对于 A 发生简单旋转。在运动过程中，旋转轴 L 的方位保持不变。

定理 7.1　欧拉旋转定理（Euler's Rotation Theorem）　两个刚体或者参考系 A 与 B 之间每一次相对方位的改变都可以通过 A 与 B 之间的简单旋转产生。

记 $\boldsymbol{v}_{b/n}^{b}$ 为动系下的速度向量，$\boldsymbol{v}_{b/n}^{n}$ 为大地坐标系下的速度向量，则 $\boldsymbol{v}_{b/n}^{n}$ 可以用 $\boldsymbol{v}_{b/n}^{b}$、平行于旋转轴的单位向量 $\boldsymbol{\lambda}=[\lambda_1,\lambda_2,\lambda_3]^{\mathrm{T}}\ (\|\boldsymbol{\lambda}\|=1)$ 以及动系 $\{b\}$ 相对大地坐标系 $\{n\}$ 的转角 β 来表示：

$$\boldsymbol{v}_{b/n}^{n}=\boldsymbol{R}_{b}^{n}\boldsymbol{v}_{b/n}^{b},\qquad \boldsymbol{R}_{b}^{n}:=\boldsymbol{R}_{\lambda,\beta} \tag{7.7}$$

式中，$\boldsymbol{R}_{\lambda,\beta}$ 是以与单位向量 $\boldsymbol{\lambda}$ 平行的轴为旋转轴、β 为转角的旋转矩阵：

$$\boldsymbol{R}_{\lambda,\beta}=\boldsymbol{I}_{3\times3}+\sin\beta\cdot\boldsymbol{S}(\boldsymbol{\lambda})+[1-\cos\beta]\boldsymbol{S}^2(\boldsymbol{\lambda}) \tag{7.8}$$

其中，$\boldsymbol{I}_{3\times3}$ 为 3×3 单位矩阵；$\boldsymbol{S}(\boldsymbol{\lambda})$ 为反对称矩阵，且满足 $\boldsymbol{S}^2(\boldsymbol{\lambda})=\boldsymbol{\lambda}\boldsymbol{\lambda}^{\mathrm{T}}-\boldsymbol{I}_{3\times3}$。

欧拉角（横倾角 ϕ、纵倾角 θ 和艏向角 ψ）可被用来将动系下的速度向量 $\boldsymbol{v}$ 分解到北东地（NED）坐标系下。令 $\boldsymbol{R}(\boldsymbol{\eta}_2)$、$\boldsymbol{T}(\boldsymbol{\eta}_2)$ 为由 $\boldsymbol{\eta}_2=[\phi,\theta,\psi]^{\mathrm{T}}$ 组成的欧拉角旋转矩阵，$\boldsymbol{R}(\boldsymbol{\eta}_2)$ 能将动系下的线速度向量 $\boldsymbol{v}_1=[u,v,w]^{\mathrm{T}}$ 转换到 NED 坐标系下，而 $\boldsymbol{T}(\boldsymbol{\eta}_2)$ 可以将动系下的角速度向量 $\boldsymbol{v}_2=[p,q,r]^{\mathrm{T}}$ 转换到 NED 坐标系下，即

$$\dot{\boldsymbol{\eta}}_1=\boldsymbol{R}(\boldsymbol{\eta}_2)\boldsymbol{v}_1 \tag{7.9}$$

$$\dot{\boldsymbol{\eta}}_2=\boldsymbol{T}(\boldsymbol{\eta}_2)\boldsymbol{v}_2 \tag{7.10}$$

为了描述欧拉角旋转矩阵 $\boldsymbol{R}(\boldsymbol{\eta}_2)$ 和 $\boldsymbol{T}(\boldsymbol{\eta}_2)$，首先定义主轴旋转矩阵。主轴旋转矩阵是刚体以 x, y, z 轴为旋转轴的旋转矩阵。根据公式（7.8），通过设置单位向量分别为 $\boldsymbol{\lambda}=[1,0,0]^{\mathrm{T}}$, $\boldsymbol{\lambda}=[0,1,0]^{\mathrm{T}}$, $\boldsymbol{\lambda}=[0,0,1]^{\mathrm{T}}$ 和 $\beta=\phi$, $\beta=\theta$, $\beta=\psi$ 分别获得 x, y, z 轴的旋转矩阵。各主轴的旋转矩阵表达式如下：

$$\boldsymbol{R}_{x,\phi}=\begin{bmatrix}1&0&0\\0&\cos\phi&-\sin\phi\\0&\sin\phi&\cos\phi\end{bmatrix},\quad \boldsymbol{R}_{y,\theta}=\begin{bmatrix}\cos\theta&0&\sin\theta\\0&1&0\\-\sin\theta&0&\cos\theta\end{bmatrix},\quad \boldsymbol{R}_{z,\psi}=\begin{bmatrix}\cos\psi&-\sin\psi&0\\\sin\psi&\cos\psi&0\\0&0&1\end{bmatrix} \tag{7.11}$$

一般而言，对任意旋转矩阵 $\boldsymbol{R}\in\mathbb{R}^{3\times3}$，都可以分解为绕 x, y, z 轴的旋转。但是，旋转的顺序不是任意的，在实际应用中，一般按照 z,y,x 的顺序约定，即按照欧拉角 ϕ，θ 至 ψ 的先后顺序进行旋转。所以，按照 z,y,x 的顺序约定，线速度旋转矩阵 $\boldsymbol{R}(\boldsymbol{\eta}_2)$ 和角速度旋转矩阵 $\boldsymbol{T}(\boldsymbol{\eta}_2)$ 表达式如下：

$$\begin{aligned}\boldsymbol{R}(\boldsymbol{\eta}_2)&=\boldsymbol{R}_{x,\phi}\boldsymbol{R}_{y,\theta}\boldsymbol{R}_{z,\psi}\\&=\begin{bmatrix}\cos\psi\cos\theta&-\sin\psi\cos\phi+\cos\psi\sin\theta\sin\phi&\sin\psi\sin\phi+\cos\psi\cos\phi\sin\theta\\\sin\psi\cos\theta&\cos\psi\cos\phi+\sin\phi\sin\theta\sin\phi&-\cos\psi\sin\phi+\sin\theta\sin\psi\cos\phi\\-\sin\theta&\cos\theta\sin\phi&\cos\theta\cos\phi\end{bmatrix}\end{aligned} \tag{7.12}$$

$$
\boldsymbol{T}(\boldsymbol{\eta}_2)=\begin{bmatrix}1 & \sin\phi\tan\theta & \cos\phi\tan\theta\\ 0 & \cos\phi & -\sin\phi\\ 0 & \sin\phi/\cos\theta & \cos\phi/\cos\theta\end{bmatrix} \tag{7.13}
$$

式中，$\boldsymbol{R}(\boldsymbol{\eta}_2)$满足$\boldsymbol{R}^{-1}(\boldsymbol{\eta}_2)=\boldsymbol{R}^{\mathrm{T}}(\boldsymbol{\eta}_2)$，即$\boldsymbol{R}(\boldsymbol{\eta}_2)$是全局可逆矩阵。逆矩阵$\boldsymbol{R}^{-1}(\boldsymbol{\eta}_2)$的表达式如下：

$$
\boldsymbol{R}_b^n(\boldsymbol{\eta}_2)^{-1}=\boldsymbol{R}_n^b(\boldsymbol{\eta}_2)=\boldsymbol{R}_{x,\phi}^{\mathrm{T}}\boldsymbol{R}_{y,\theta}^{\mathrm{T}}\boldsymbol{R}_{z,\psi}^{\mathrm{T}} \tag{7.14}
$$

可以注意到，当纵倾角$\theta=\pm\pi/2$时，$\boldsymbol{T}(\boldsymbol{\eta}_2)$具有奇异性。但是，在实际水面机器人的操纵过程中，由于恢复力矩的作用，一般不会出现$\theta=\pm\pi/2$的情况，即满足$|\theta|<\pi/2$的条件，所以可以忽略$\boldsymbol{T}(\boldsymbol{\eta}_2)$的奇异性问题。水下机器人可能会面临奇异性问题，具体解决方案在 7.4 节详述。

7.1.2　运动学模型

根据 7.1.1 节基于欧拉角的旋转矩阵方法描述，本节将在此基础上建立水面机器人的运动学模型。通过联立公式（7.9）和公式（7.10），可以得到描述水面机器人在大地坐标系下位置变化率与随体坐标系下水面机器人的速度之间的换算关系：

$$
\dot{\boldsymbol{\eta}}=\begin{bmatrix}\dot{\boldsymbol{\eta}}_1\\ \dot{\boldsymbol{\eta}}_2\end{bmatrix}=\begin{bmatrix}\boldsymbol{R}(\boldsymbol{\eta}_2) & \boldsymbol{0}_{3\times3}\\ \boldsymbol{0}_{3\times3} & \boldsymbol{T}(\boldsymbol{\eta}_2)\end{bmatrix}\begin{bmatrix}\boldsymbol{v}_1\\ \boldsymbol{v}_2\end{bmatrix}=\boldsymbol{J}(\boldsymbol{\eta}_2)\boldsymbol{v} \tag{7.15}
$$

公式（7.15）即考虑了六自由度运动的水面机器人运动学方程，基于 7.1.1 节中的符号定义以及 7.1.1 节中对公式（7.11）中所介绍的相关旋转矩阵定义，将公式（7.15）展开即可得到离散形式的六自由度水面机器人运动学模型：

$$
\begin{aligned}
\dot{x}&=u\cos\psi\cos\theta+v[\cos\psi\sin\theta\sin\phi-\sin\psi\cos\phi]\\
&\quad+w[\sin\psi\sin\phi+\cos\psi\cos\phi\sin\theta]\\
\dot{y}&=u\sin\psi\cos\theta+v[\cos\psi\cos\phi+\sin\phi\sin\theta\sin\psi]\\
&\quad+w[\sin\theta\sin\psi\cos\phi-\cos\psi\sin\phi]\\
\dot{z}&=-u\sin\theta+v\cos\theta\sin\phi+w\cos\theta\cos\phi\\
\dot{\phi}&=p+q\sin\phi\tan\theta+r\cos\phi\tan\theta\\
\dot{\theta}&=q\cos\phi-r\sin\phi\\
\dot{\psi}&=q\frac{\sin\phi}{\cos\theta}+r\frac{\cos\phi}{\cos\theta},\quad \theta\neq\pm90^\circ
\end{aligned} \tag{7.16}
$$

7.1.3　动力学模型

为了便于对水面机器人的受力特性以及航行速度进行描述，动力学模型通常是在动系下建立的。其主要用于描述水面机器人在受到水动力、海洋干扰力以及执行器推力下的加速度响应。本节将基于动系下的描述，进行水面机器人动力学模型的推导。记水面机器人的重心为G，$\boldsymbol{r}_g$为由动系原点O_b指向G的向量。

7.1.3.1　基于刚体运动微分方程的海洋机器人受力分析

海洋机器人在风、浪和海流等海洋环境扰动下的六自由度运动一般采用牛顿-欧拉方程或拉格朗日方程进行描述。这些方程通常用于模拟船舶、高速航行器和浮式结构等水下或者水面机器人，对于质量为m、重心位置为(x_g, y_g, z_g)的海洋机器人运动可采用下列刚体运动微分方程进行描述：

$$
\begin{aligned}
& m\left[\dot{u}-vr+wq-x_g\left(q^2+r^2\right)+y_g\left(pq-\dot{r}\right)+z_g\left(pr+\dot{q}\right)\right]=X \\
& m\left[\dot{v}-wp+ur-y_g\left(r^2+p^2\right)+z_g\left(qr-\dot{p}\right)+x_g\left(qp+\dot{r}\right)\right]=Y \\
& m\left[\dot{w}-uq+vp-z_g\left(p^2+q^2\right)+x_g\left(rp-\dot{q}\right)+y_g\left(rq+\dot{p}\right)\right]=Z \\
& I_x\dot{p}+\left(I_z-I_y\right)qr-\left(\dot{r}+pq\right)I_{xz}+\left(r^2-q^2\right)I_{yz}+\left(pr-\dot{q}\right)I_{xy} \\
& +m\left[y_g\left(\dot{w}-uq+vp\right)-z_g\left(\dot{v}-wp+ur\right)\right]=K \\
& I_y\dot{q}+\left(I_x-I_z\right)rp-\left(\dot{p}+qr\right)I_{xy}+\left(p^2-r^2\right)I_{zx}+\left(qp-\dot{r}\right)I_{yz} \\
& +m\left[z_g\left(\dot{u}-vr+wq\right)-x_g\left(\dot{w}-uq+vp\right)\right]=M \\
& I_z\dot{r}+\left(I_y-I_x\right)pq-\left(\dot{q}+rp\right)I_{yz}+\left(q^2-p^2\right)I_{xy}+\left(rp-\dot{p}\right)I_{zx} \\
& +m\left[x_g\left(\dot{v}-wp+ur\right)-y_g\left(\dot{u}-vr+wq\right)\right]=N
\end{aligned}
\tag{7.17}
$$

式中，X，Y，Z，K，M，N代表刚体在对应自由度下所受到的力；m为海洋机器人质量。

为便于给出后续紧凑形式的运动数学模型的描述，我们基于 7.1.1 节中的符号定义，以向量和矩阵对公式（7.17）中所出现的状态值进行整合。其中，$\boldsymbol{F}=[X,Y,Z]^{\mathrm{T}}$，$\boldsymbol{M}=[K,M,N]^{\mathrm{T}}$为海洋机器人在动系下受到的力与力矩；$\boldsymbol{\upsilon}_1=[u,v,w]^{\mathrm{T}}$，$\boldsymbol{\upsilon}_2=[p,q,r]^{\mathrm{T}}$分别为海洋机器人在体坐标系下相对于 NED 坐标系的线速度和角速度；$\boldsymbol{r}_b=[x_g,y_g,z_g]^{\mathrm{T}}$为动系下动系原点$O_b$到海洋机器人重心的向量；$\boldsymbol{I}_b$为海洋机器人相对于动系原点$O_b$的转动惯量矩阵。关于动系原点$O_b$的惯性矩阵$\boldsymbol{I}_b\in\mathbb{R}^{3\times 3}$定义为

$$
\boldsymbol{I}_b=\begin{bmatrix} I_{xx} & -I_{xy} & -I_{xz} \\ -I_{yx} & I_{yy} & -I_{yz} \\ -I_{zx} & -I_{zy} & I_{zz} \end{bmatrix}
\tag{7.18}
$$

式中，I_{xx}，I_{yy}，I_{zz}分别为刚体相对于O_bX_b，O_bY_b，O_bZ_b轴的转动惯量；$I_{xy}=I_{yx}$，$I_{xz}=I_{zx}$，$I_{yz}=I_{zy}$是对$O_bX_bY_b$，$O_bX_bZ_b$，$O_bY_bZ_b$平面的惯性积，其定义如下：

$$
\begin{aligned}
& I_{xx}=\int_V\left(y^2+z^2\right)\rho_m\mathrm{d}V; \qquad I_{xy}=\int_V xy\rho_m\mathrm{d}V=\int_V yx\rho_m\mathrm{d}V=I_{yx} \\
& I_{yy}=\int_V\left(x^2+z^2\right)\rho_m\mathrm{d}V; \qquad I_{xz}=\int_V xz\rho_m\mathrm{d}V=\int_V zx\rho_m\mathrm{d}V=I_{zx} \\
& I_{zz}=\int_V\left(x^2+y^2\right)\rho_m\mathrm{d}V; \qquad I_{yz}=\int_V yz\rho_m\mathrm{d}V=\int_V zy\rho_m\mathrm{d}V=I_{zy}
\end{aligned}
\tag{7.19}
$$

综上所述，$\boldsymbol{I}_b=\boldsymbol{I}_b^{\mathrm{T}}>0$，$\dot{\boldsymbol{I}}_b=0$。

基于上述定义，公式（7.17）可以整理为如下的向量形式：

$$\boldsymbol{M}_{\mathrm{RB}}\dot{\boldsymbol{v}}+\boldsymbol{C}_{\mathrm{RB}}(\boldsymbol{v})\boldsymbol{v}=\boldsymbol{\tau}_{\mathrm{RB}} \tag{7.20}$$

式中，$\boldsymbol{v}=[u,v,w,p,q,r]^{\mathrm{T}}$ 为海洋机器人的速度向量；$\boldsymbol{\tau}_{\mathrm{RB}}=[X,Y,Z,K,M,N]^{\mathrm{T}}$ 为海洋机器人所受到的合力（力矩）向量，主要由水动力（力矩）$\boldsymbol{\tau}_{\mathrm{H}}$、海洋干扰力（力矩）$\boldsymbol{\tau}_{\mathrm{E}}$ 以及推力（力矩）$\boldsymbol{\tau}$ 组成，即 $\boldsymbol{\tau}_{\mathrm{RB}}=\boldsymbol{\tau}_{\mathrm{H}}+\boldsymbol{\tau}_{\mathrm{E}}+\boldsymbol{\tau}$；$\boldsymbol{M}_{\mathrm{RB}}$ 为刚体质量与惯性矩阵；$\boldsymbol{C}_{\mathrm{RB}}(\boldsymbol{v})$ 为科里奥利向心力矩阵。

基于海洋机器人的刚体性质，其惯性质量矩阵 $\boldsymbol{M}_{\mathrm{RB}}$ 的表示方式可认为是唯一的，且满足如下性质：

$$\boldsymbol{M}_{\mathrm{RB}}=\boldsymbol{M}_{\mathrm{RB}}^{\mathrm{T}}>0,\qquad \dot{\boldsymbol{M}}_{\mathrm{RB}}=\boldsymbol{0}_{6\times 6} \tag{7.21}$$

式中，$\boldsymbol{M}_{\mathrm{RB}}$ 的定义如下：

$$\boldsymbol{M}_{\mathrm{RB}}=\begin{bmatrix} m\boldsymbol{I}_{3\times 3} & -m\boldsymbol{S}\left(\boldsymbol{r}_g^b\right) \\ m\boldsymbol{S}\left(\boldsymbol{r}_g^b\right) & \boldsymbol{I}_b \end{bmatrix}=\begin{bmatrix} m & 0 & 0 & 0 & mz_g & -my_g \\ 0 & m & 0 & -mz_g & 0 & mx_g \\ 0 & 0 & m & my_g & mx_g & 0 \\ 0 & -mz_g & my_g & I_{xx} & -I_{xy} & -I_{xz} \\ mz_g & 0 & -mx_g & -I_{yx} & I_{yy} & -I_{yz} \\ -my_g & mx_g & 0 & -I_{zx} & -I_{zy} & I_{zz} \end{bmatrix}$$

式中，$\boldsymbol{I}_{3\times 3}$ 为单位矩阵；$\boldsymbol{I}_b=\boldsymbol{I}_b^{\mathrm{T}}>0$ 是根据公式（7.18）计算得到的惯性矩阵；$\boldsymbol{S}\left(\boldsymbol{r}_g^b\right)$ 是根据定义 7.1 计算得到的反对称矩阵。公式（7.20）中 $\boldsymbol{C}_{\mathrm{RB}}(\boldsymbol{v})$ 由代表科里奥利向量项 $\boldsymbol{v}_2\times\boldsymbol{v}_1$ 和向心力项 $\boldsymbol{v}_2\times\left(\boldsymbol{v}_2\times\boldsymbol{r}_g^b\right)$ 组成。

定理 7.2　从系统惯性矩阵导出科里奥利向心力矩阵（Coriolis-Centripetal Matrix from System Inertia Matrix） 对任意 6×6 的惯性质量矩阵 $\boldsymbol{M}$，定义如下：

$$\boldsymbol{M}=\boldsymbol{M}^{\mathrm{T}}=\begin{bmatrix} \boldsymbol{M}_{11} & \boldsymbol{M}_{12} \\ \boldsymbol{M}_{21} & \boldsymbol{M}_{22} \end{bmatrix}>0 \tag{7.22}$$

式中，$\boldsymbol{M}_{21}=\boldsymbol{M}_{21}^{\mathrm{T}}$，则科里奥利向心力矩阵 $\boldsymbol{C}_{\mathrm{RB}}(\boldsymbol{v})$ 根据惯性质量矩阵 $\boldsymbol{M}$ 有如下定义：

$$\boldsymbol{C}_{\mathrm{RB}}(\boldsymbol{v})=\begin{bmatrix} \boldsymbol{0}_{3\times 3} & -\boldsymbol{S}\left(\boldsymbol{M}_{11}\boldsymbol{v}_1+\boldsymbol{M}_{12}\boldsymbol{v}_2\right) \\ -\boldsymbol{S}\left(\boldsymbol{M}_{11}\boldsymbol{v}_1+\boldsymbol{M}_{12}\boldsymbol{v}_2\right) & -\boldsymbol{S}\left(\boldsymbol{M}_{21}\boldsymbol{v}_1+\boldsymbol{M}_{22}\boldsymbol{v}_2\right) \end{bmatrix} \tag{7.23}$$

式中，$\boldsymbol{v}_1=[u,v,w]^{\mathrm{T}}$；$\boldsymbol{v}_2=[p,q,r]^{\mathrm{T}}$。

性质 7.2　科里奥利向心力矩阵 $\boldsymbol{C}_{\mathrm{RB}}(\boldsymbol{v})$ 总是存在，且 $\boldsymbol{C}_{\mathrm{RB}}(\boldsymbol{v})$ 为反对称矩阵。此外，

$$\boldsymbol{C}_{\mathrm{RB}}^{\mathrm{T}}(\boldsymbol{v})=-\boldsymbol{C}_{\mathrm{RB}}(\boldsymbol{v}),\qquad \forall\boldsymbol{v}\in\mathbb{R}^6 \tag{7.24}$$

需要指出，由于二次型 $\boldsymbol{v}^{\mathrm{T}}\boldsymbol{C}_{\mathrm{RB}}(\boldsymbol{v})\equiv 0$，这将在基于李雅普诺夫（Lyapunov）方法的控制器设计中起到重要的作用。因此，科里奥利向心力矩阵 $\boldsymbol{C}_{\mathrm{RB}}(\boldsymbol{v})$ 的反对称性质在设计非线性运动控制系统时意义重大。

科里奥利向心力矩阵 $\boldsymbol{C}_{\mathrm{RB}}(\boldsymbol{v})$ 的形式是不唯一的，下面给出两种常用的 $\boldsymbol{C}_{\mathrm{RB}}(\boldsymbol{v})$ 参数化方式：拉格朗日参数化（Lagrangian Parameterization）和速度无关参数化（Velocity-Independent Parameterization）。

根据拉格朗日参数化所得科里奥利向心力矩阵表达形式如下：

$$\boldsymbol{C}_{\mathrm{RB}}(\boldsymbol{v})=\begin{bmatrix} \boldsymbol{0}_{3\times3} & -m\boldsymbol{S}(\boldsymbol{v}_1)-m\boldsymbol{S}(\boldsymbol{v}_2)\boldsymbol{S}(\boldsymbol{r}_g^b) \\ m\boldsymbol{S}(\boldsymbol{r}_g^b)S(\boldsymbol{v}_2) & -\boldsymbol{S}(\boldsymbol{I}_b\boldsymbol{v}_2) \end{bmatrix} \tag{7.25}$$

根据速度无关参数化所得科里奥利向心力矩阵表达形式如下：

$$\boldsymbol{C}_{\mathrm{RB}}(\boldsymbol{v})=\begin{bmatrix} m\boldsymbol{S}(\boldsymbol{v}_2) & -m\boldsymbol{S}(\boldsymbol{v}_2)\boldsymbol{S}(\boldsymbol{r}_g^b) \\ m\boldsymbol{S}(\boldsymbol{r}_g^b)\boldsymbol{S}(\boldsymbol{v}_2) & -\boldsymbol{S}(\boldsymbol{I}_b\boldsymbol{v}_2) \end{bmatrix} \tag{7.26}$$

在本章中，我们根据拉格朗日参数化公式（7.26）与海洋机器人惯性质量矩阵 $\boldsymbol{M}_{\mathrm{RB}}$ 可得六自由度数学模型的科里奥利向心力矩阵 $\boldsymbol{C}_{\mathrm{RB}}(\boldsymbol{v})=[\boldsymbol{C}_1,\boldsymbol{C}_2]$，具体表达形式如下：

$$\boldsymbol{C}_1=\begin{bmatrix} 0 & 0 & 0 \\ 0 & 0 & 0 \\ 0 & 0 & 0 \\ -m(y_g q+z_g r) & m(y_g p+w) & m(z_g p-v) \\ m(x_g q-w) & -m(z_g r+x_g p) & m(z_g q+u) \\ m(x_g r+v) & m(y_g r-u) & -m(x_g p+y_g q) \end{bmatrix}$$

$$\boldsymbol{C}_2=\begin{bmatrix} m(y_g q+z_g r) & -m(x_g q-w) & -m(x_g r+v) \\ -m(y_g p+w) & m(z_g r+x_g p) & -m(y_g r-u) \\ -m(z_g p-v) & -m(z_g q+u) & m(x_g p+y_g q) \\ 0 & -I_{yz}q-I_x p+I_{zz}r & I_{yz}r+I_{xy}p-I_{yy}q \\ I_{yz}q+I_x p-I_{zz}r & 0 & -I_x r-I_{xy}q+I_{xx}p \\ -I_{yz}r-I_{xy}p+I_{yy}q & I_{xx}r+I_{xy}q-I_{xx}p & 0 \end{bmatrix} \tag{7.27}$$

7.1.3.2　六自由度下海洋机器人刚体动力学简化

刚体动力学方程可以通过选择动系原点的方式进行简化，若选取动系原点 O_b 与重心 G 重合，则 $\boldsymbol{r}_g=\boldsymbol{0}$，$\boldsymbol{I}_b=\boldsymbol{I}_g=\mathrm{diag}\{I_x^c,I_y^c,I_z^c\}$（上标 c 表示质心）且

$$\boldsymbol{M}_{\mathrm{RB}}=\begin{bmatrix} m\boldsymbol{I}_{3\times3} & \boldsymbol{0} \\ \boldsymbol{0} & \boldsymbol{I}_g \end{bmatrix} \tag{7.28}$$

将公式（7.19）代入公式（7.20）可得公式（7.17）的简化形式如下：

$$
\begin{aligned}
&m\left[\dot{u}-vr+wq-x_g\left(q^2+r^2\right)+y_g\left(pq-\dot{r}\right)+z_g\left(pr+\dot{q}\right)\right]=X\\
&m\left[\dot{v}-wp+ur-y_g\left(r^2+p^2\right)+z_g\left(qr-\dot{p}\right)+x_g\left(qp+\dot{r}\right)\right]=Y\\
&m\left[\dot{w}-uq+vp-z_g\left(p^2+q^2\right)+x_g\left(rp-\dot{q}\right)+y_g\left(rq+\dot{p}\right)\right]=Z\\
&I_x\dot{p}+\left(I_z-I_y\right)qr+m\left[y_g\left(\dot{w}-uq+vp\right)-z_g\left(\dot{v}-wp+ur\right)\right]=K\\
&I_y\dot{q}+\left(I_x-I_z\right)rp+m\left[z_g\left(\dot{u}-vr+wq\right)-x_g\left(\dot{w}-uq+vp\right)\right]=M\\
&I_z\dot{r}+\left(I_y-I_x\right)pq+m\left[x_g\left(\dot{v}-wp+ur\right)-y_g\left(\dot{u}-vr+wq\right)\right]=N
\end{aligned}
\tag{7.29}
$$

7.1.3.3　恢复力和力矩

假设海洋机器人的质量为m、排水量为∇、当地重力加速度为g、水的密度为ρ，则海洋机器人受到的重力G和浮力B的表达式如下：

$$
G=mg,\qquad B=\rho g\nabla \tag{7.30}
$$

海洋机器人的重力与浮力被作用在NED坐标系下的垂直面中，根据6.1节中有关坐标系的定义，NED坐标系的z轴取垂直向下为正，所以重力为正，浮力为负，重力$\boldsymbol{f}_g^n$（上标n表示NED坐标系）和浮力$\boldsymbol{f}_b^n$表达式如下：

$$
\boldsymbol{f}_g^n=\begin{bmatrix}0\\0\\G\end{bmatrix},\qquad \boldsymbol{f}_b^n=-\begin{bmatrix}0\\0\\B\end{bmatrix} \tag{7.31}
$$

根据7.1.1节旋转矩阵相关内容，重力$\boldsymbol{f}_g^n$和浮力$\boldsymbol{f}_b^n$可以借助旋转矩阵$\boldsymbol{R}\left(\boldsymbol{\eta}_2\right)$转换到动系下，动系下的重力与浮力表达式如下所示：

$$
\boldsymbol{f}_g^b=\boldsymbol{R}\left(\boldsymbol{\eta}_2\right)^{-1}\boldsymbol{f}_g^n \tag{7.32}
$$

$$
\boldsymbol{f}_b^b=\boldsymbol{R}\left(\boldsymbol{\eta}_2\right)^{-1}\boldsymbol{f}_b^n \tag{7.33}
$$

动系下的恢复力与力矩$\boldsymbol{g}(\boldsymbol{\eta})$需要平衡动系下重力$\boldsymbol{f}_g^b$与浮力$\boldsymbol{f}_b^b$产生的合力（力矩）效果，所以$\boldsymbol{g}(\boldsymbol{\eta})$的表达式如下：

$$
\boldsymbol{g}\left(\boldsymbol{\eta}\right)=-\begin{bmatrix}\boldsymbol{f}_g^b+\boldsymbol{f}_b^b\\ \boldsymbol{r}_g^b\times\boldsymbol{f}_g^b+\boldsymbol{r}_b^b\times\boldsymbol{f}_b^b\end{bmatrix}=-\begin{bmatrix}\boldsymbol{R}\left(\boldsymbol{\eta}_2\right)^{-1}\left(\boldsymbol{f}_g^n+\boldsymbol{f}_b^n\right)\\ \boldsymbol{r}_g^b\times\boldsymbol{R}\left(\boldsymbol{\eta}_2\right)^{-1}\boldsymbol{f}_g^n+\boldsymbol{r}_b^b\times\boldsymbol{R}\left(\boldsymbol{\eta}_2\right)^{-1}\boldsymbol{f}_b^n\end{bmatrix} \tag{7.34}
$$

恢复力（力矩）$\boldsymbol{g}(\boldsymbol{\eta})$ 的完整形式如下：

$$\boldsymbol{g}(\boldsymbol{\eta})=\begin{bmatrix}(G-B)\sin\theta\\-(G-B)\cos\theta\sin\phi\\-(G-B)\cos\theta\cos\phi\\-\left(y_gG-y_bB\right)\cos\theta\cos\phi+\left(z_gG-z_bB\right)\cos\theta\sin\phi\\\left(z_gG-z_bB\right)\sin\theta+\left(x_gG-x_bB\right)\cos\theta\cos\phi\\-\left(x_gG-x_bB\right)\cos\theta\sin\phi-\left(y_gG-y_bB\right)\sin\theta\end{bmatrix}\tag{7.35}$$

式中，$\left(x_b,y_b,z_b\right)$ 为动系原点 O_b 到浮心的距离。

7.1.3.4　水动力和力矩

假设刚体受到的力（力矩）具有线性可加性，作用在海洋机器人上的力（力矩）与遭遇频率有关，包含三个部分：①带动海洋机器人周围水流动引起的附加质量；②海洋机器人兴波引起的势能阻尼力（力矩）；③重力和浮力的恢复力（力矩）。所以水动力（力矩）的表达式如下：

$$\boldsymbol{\tau}_{\mathrm{H}}=-\boldsymbol{M}_A\dot{\boldsymbol{v}}-\boldsymbol{C}_A(\boldsymbol{v})\boldsymbol{v}-\boldsymbol{D}(\boldsymbol{v})\boldsymbol{v}-\boldsymbol{g}(\boldsymbol{\eta})\tag{7.36}$$

式中，$\boldsymbol{M}_A$ 为附加质量矩阵；$\boldsymbol{C}_A(\boldsymbol{v})$ 为附加质量引起的类科里奥利向心力矩阵；$\boldsymbol{D}(\boldsymbol{v})$ 为阻尼力矩阵；$\boldsymbol{g}(\boldsymbol{\eta})$ 为与位置和姿态相关的恢复力（力矩）。

$\boldsymbol{M}_A$ 的推导采用 SNAME 规定的流体力学导数符号，例如，若 O_bX_b 轴方向上的加速度为 $\dot{u}$，定义 $Y_{\dot{u}}$ 为如下形式：

$$Y_{\dot{u}}=\frac{\partial Y}{\partial\dot{u}}\tag{7.37}$$

则根据公式（7.29）可计算得 O_bX_b 轴方向上的加速度 $\dot{u}$，O_bY_b 轴方向产生的水动力附加质量力 Y 的表达式为

$$Y=-Y_{\dot{u}}\dot{u}\tag{7.38}$$

所以，附加质量矩阵 $\boldsymbol{M}_A$ 的具体形式如下：

$$\boldsymbol{M}_A=-\begin{bmatrix}X_{\dot{u}}&X_{\dot{v}}&X_{\dot{w}}&X_{\dot{p}}&X_{\dot{q}}&X_{\dot{r}}\\Y_{\dot{u}}&Y_{\dot{v}}&Y_{\dot{w}}&Y_{\dot{p}}&Y_{\dot{q}}&Y_{\dot{r}}\\Z_{\dot{u}}&Z_{\dot{v}}&Z_{\dot{w}}&Z_{\dot{p}}&Z_{\dot{q}}&Z_{\dot{r}}\\K_{\dot{u}}&K_{\dot{v}}&K_{\dot{w}}&K_{\dot{p}}&K_{\dot{q}}&K_{\dot{r}}\\M_{\dot{u}}&M_{\dot{v}}&M_{\dot{w}}&M_{\dot{p}}&M_{\dot{q}}&M_{\dot{r}}\\N_{\dot{u}}&N_{\dot{v}}&N_{\dot{w}}&N_{\dot{p}}&N_{\dot{q}}&N_{\dot{r}}\end{bmatrix}\tag{7.39}$$

性质 7.3 理想流体中静止或者以$\boldsymbol{U} \geqslant 0$前向运动的刚体，其附加质量矩阵$\boldsymbol{M}_A$为半正定矩阵：

$$\boldsymbol{M}_A = \boldsymbol{M}_A^{\mathrm{T}} \geqslant 0 \tag{7.40}$$

结合公式（7.22）与公式（7.40）可以得到海洋机器人运动过程中的惯性质量矩阵$\boldsymbol{M} = \boldsymbol{M}_{\mathrm{RB}} + \boldsymbol{M}_A$的表达式为

$$\boldsymbol{M} = \begin{bmatrix} m - X_{\dot{u}} & -X_{\dot{v}} & -X_{\dot{w}} & -X_{\dot{p}} & mz_g - X_{\dot{q}} & -my_g - X_{\dot{r}} \\ -X_{\dot{v}} & m - Y_{\dot{v}} & -Y_{\dot{w}} & -mz_g - Y_{\dot{p}} & -Y_{\dot{q}} & mx_g - Y_{\dot{r}} \\ -X_{\dot{w}} & -Y_{\dot{w}} & m - Z_{\dot{w}} & my_g - Z_{\dot{p}} & mx_g - Z_{\dot{q}} & -Z_{\dot{r}} \\ -X_{\dot{p}} & -mz_g - Y_{\dot{p}} & my_g - Z_{\dot{p}} & I_x - K_{\dot{p}} & -I_{xy} - K_{\dot{q}} & -I_{zx} - K_{\dot{r}} \\ mz_g - X_{\dot{q}} & -Y_{\dot{q}} & mx_g - Z_{\dot{q}} & -I_{xy} - K_{\dot{q}} & I_y - M_{\dot{q}} & -I_{yz} - M_{\dot{r}} \\ -my_g - X_{\dot{r}} & mx_g - Y_{\dot{r}} & -Z_{\dot{r}} & -I_{zx} - K_{\dot{r}} & -I_{yz} - M_{\dot{r}} & I_z - N_{\dot{r}} \end{bmatrix} \tag{7.41}$$

对于公式（7.40）形式的附加质量矩阵$\boldsymbol{M}_A$，可以改写成以下分块矩阵的形式：

$$\boldsymbol{M}_A = \begin{bmatrix} \boldsymbol{A}_{11} & \boldsymbol{A}_{12} \\ \boldsymbol{A}_{21} & \boldsymbol{A}_{22} \end{bmatrix} \tag{7.42}$$

式中，$\boldsymbol{A}_{ij} \in \mathbb{R}^{3\times 3}$，通过公式（7.43）描述的附加质量矩阵$\boldsymbol{M}_A$可以得到水动力附加科里奥利向心力矩阵$\boldsymbol{C}_A(\boldsymbol{v})$的一种参数化的表达形式：

$$\boldsymbol{C}_A(\boldsymbol{v}) = \begin{bmatrix} \boldsymbol{0}_{3\times 3} & -\boldsymbol{S}(\boldsymbol{A}_{11}\boldsymbol{v}_1 + \boldsymbol{A}_{12}\boldsymbol{v}_2) \\ -\boldsymbol{S}(\boldsymbol{A}_{11}\boldsymbol{v}_1 + \boldsymbol{A}_{12}\boldsymbol{v}_2) & -\boldsymbol{S}(\boldsymbol{A}_{21}\boldsymbol{v}_1 + \boldsymbol{A}_{22}\boldsymbol{v}_2) \end{bmatrix} \tag{7.43}$$

性质 7.4 在理想流体中运动的刚体，其水动力附加科里奥利向心力矩阵$\boldsymbol{C}_A(\boldsymbol{v})$总可以被参数化，且为反对称矩阵：

$$\boldsymbol{C}_A(\boldsymbol{v}) = -\boldsymbol{C}_A^{\mathrm{T}}(\boldsymbol{v}), \quad \forall \boldsymbol{v} \in \mathbb{R}^6 \tag{7.44}$$

附加科里奥利向心力矩阵$\boldsymbol{C}_A(\boldsymbol{v})$的表达形式不是唯一的，公式（7.44）是其中一种满足公式（7.45）的参数化方法。将水动力附加科里奥利向心力矩阵$\boldsymbol{C}_A(\boldsymbol{v})$写成完整形式如下：

$$\boldsymbol{C}_A(\boldsymbol{v}) = \begin{bmatrix} 0 & 0 & 0 & 0 & -a_3 & a_2 \\ 0 & 0 & 0 & a_3 & 0 & -a_1 \\ 0 & 0 & 0 & -a_2 & a_1 & 0 \\ 0 & -a_3 & a_2 & 0 & -b_3 & b_2 \\ a_3 & 0 & -a_1 & b_3 & 0 & -b_1 \\ -a_2 & a_1 & 0 & -b_2 & b_1 & 0 \end{bmatrix} \tag{7.45}$$

式中

$$\begin{cases} a_1 = X_{\dot{u}}u + X_{\dot{v}}v + X_{\dot{w}}w + X_{\dot{p}}p + X_{\dot{q}}q + X_{\dot{r}}r \\ a_2 = Y_{\dot{u}}u + Y_{\dot{v}}v + Y_{\dot{w}}w + Y_{\dot{p}}p + Y_{\dot{q}}q + Y_{\dot{r}}r \\ a_3 = Z_{\dot{u}}u + Z_{\dot{v}}v + Z_{\dot{w}}w + Z_{\dot{p}}p + Z_{\dot{q}}q + Z_{\dot{r}}r \\ b_1 = K_{\dot{u}}u + K_{\dot{v}}v + K_{\dot{w}}w + K_{\dot{p}}p + K_{\dot{q}}q + K_{\dot{r}}r \\ b_2 = M_{\dot{u}}u + M_{\dot{v}}v + M_{\dot{w}}w + M_{\dot{p}}p + M_{\dot{q}}q + M_{\dot{r}}r \\ b_3 = N_{\dot{u}}u + N_{\dot{v}}v + N_{\dot{w}}w + N_{\dot{p}}p + N_{\dot{q}}q + N_{\dot{r}}r \end{cases}$$

海洋机器人的阻尼力（力矩）包括势能阻尼、层流边界层的表面摩擦、湍流边界层的二次摩擦、涡流造成的二次阻尼和升力等。一般地，总阻尼力（力矩）$\boldsymbol{D}(\boldsymbol{v})$ 的表达式如下：

$$\boldsymbol{D}(\boldsymbol{v}) = \boldsymbol{D} + \boldsymbol{D}_{\mathrm{n}}(\boldsymbol{v}) \tag{7.46}$$

式中，$\boldsymbol{D}$ 为线性阻尼矩阵；$\boldsymbol{D}_{\mathrm{n}}(\boldsymbol{v})$ 为非线性阻尼矩阵。

性质 7.5　在理想流体中运动的刚体的水动力阻尼矩阵是严格为正的非对称实矩阵：

$$\boldsymbol{D}(\boldsymbol{v}) > 0, \quad \forall \boldsymbol{v} \in \mathbb{R}^6 \tag{7.47}$$

$$\boldsymbol{x}^{\mathrm{T}}\boldsymbol{D}(\boldsymbol{v})\boldsymbol{x} = \frac{1}{2}\boldsymbol{x}^{\mathrm{T}}\left[\boldsymbol{D}(\boldsymbol{v}) + \boldsymbol{D}(\boldsymbol{v})^{\mathrm{T}}\right]\boldsymbol{x} > 0, \quad \forall \boldsymbol{x} \neq \boldsymbol{0} \tag{7.48}$$

线性阻尼部分 $\boldsymbol{D}$ 的表达式如下：

$$\boldsymbol{D} = -\begin{bmatrix} X_u & 0 & 0 & 0 & 0 & 0 \\ 0 & Y_v & 0 & Y_p & 0 & Y_r \\ 0 & 0 & Z_w & 0 & Z_q & 0 \\ 0 & K_v & 0 & K_p & 0 & K_r \\ 0 & 0 & M_w & 0 & M_q & 0 \\ 0 & N_v & 0 & N_p & 0 & N_r \end{bmatrix} \tag{7.49}$$

非线性阻尼矩阵 $\boldsymbol{D}_{\mathrm{n}}(\boldsymbol{v})$ 的表达式如下：

$$\boldsymbol{D}_{\mathrm{n}}(\boldsymbol{v}) = -\begin{bmatrix} X_{|u|u}|u| & 0 & 0 & 0 & 0 & 0 \\ 0 & Y_{|v|v}|v| + Y_{|r|v}|r| & 0 & 0 & 0 & Y_{|v|r}|v| + Y_{|r|r}|r| \\ 0 & 0 & Z_{|w|w}|v| & 0 & 0 & 0 \\ 0 & 0 & 0 & K_{|p|p}|p| & 0 & 0 \\ 0 & 0 & 0 & 0 & M_{|q|q}|q| & 0 \\ 0 & N_{|v|v}|v| + N_{|r|v}|r| & 0 & 0 & 0 & N_{|v|r}|v| + N_{|r|r}|r| \end{bmatrix} \tag{7.50}$$

式中，$X_{|u|u}$，$Y_{|v|v}$，$Y_{|r|v}$，$Y_{|v|r}$，$Y_{|r|r}$，$Z_{|w|w}$，$N_{|v|v}$，$N_{|r|v}$，$N_{|v|r}$，$N_{|r|r}$，$K_{|p|p}$，$M_{|q|q}$ 为 SNAME 描述的系数。

7.1.3.5　环境干扰力

$\boldsymbol{\tau}_{\mathrm{E}}$为海洋机器人受到的风、浪和流等干扰力（力矩），可以表示为

$$\boldsymbol{\tau}_{\mathrm{E}}=\boldsymbol{\tau}_{\mathrm{E}}^{\mathrm{wi}}+\boldsymbol{\tau}_{\mathrm{E}}^{\mathrm{wa}}+\boldsymbol{\tau}_{\mathrm{E}}^{\mathrm{cu}} \tag{7.51}$$

式中，$\boldsymbol{\tau}_{\mathrm{E}}^{\mathrm{wi}}$、$\boldsymbol{\tau}_{\mathrm{E}}^{\mathrm{wa}}$、$\boldsymbol{\tau}_{\mathrm{E}}^{\mathrm{cu}}$分别表示风、浪和流干扰力（力矩）。

联立公式（7.15）、公式（7.20）、公式（7.36），可得到全自由度运动的海洋机器人的运动数学模型：

$$\begin{cases}\dot{\boldsymbol{\eta}}=\boldsymbol{J}(\boldsymbol{\eta})\boldsymbol{v}\\ \boldsymbol{M}\dot{\boldsymbol{v}}+\boldsymbol{C}(\boldsymbol{v})\boldsymbol{v}+\boldsymbol{D}(\boldsymbol{v})\boldsymbol{v}+\boldsymbol{g}(\boldsymbol{\eta})=\boldsymbol{\tau}+\boldsymbol{\tau}_{\mathrm{E}}\end{cases} \tag{7.52}$$

式中，$\boldsymbol{M}=\boldsymbol{M}_{\mathrm{RB}}+\boldsymbol{M}_{A}$；$\boldsymbol{C}(\boldsymbol{v})=\boldsymbol{C}_{\mathrm{RB}}(\boldsymbol{v})+\boldsymbol{C}_{A}(\boldsymbol{v})$；$\boldsymbol{D}(\boldsymbol{v})=\boldsymbol{D}+\boldsymbol{D}_{\mathrm{n}}(\boldsymbol{v})$。海洋机器人在理想流体中处于静止或者低速运动时，$\boldsymbol{M}$为对称正定矩阵，满足$\boldsymbol{M}=\boldsymbol{M}^{\mathrm{T}}>0$。对于在流体中运动的刚体，$\boldsymbol{C}(\boldsymbol{v})$具有反对称特性，即满足$\boldsymbol{C}(\boldsymbol{v})=-\boldsymbol{C}^{\mathrm{T}}(\boldsymbol{v}),\forall\boldsymbol{v}\in\mathbb{R}^{6}$；而对于在理想流体中运动的刚体，$\boldsymbol{D}(\boldsymbol{v})$具有非对称性和正定性，即满足$\boldsymbol{D}(\boldsymbol{v})>0,\forall\boldsymbol{v}\in\mathbb{R}^{6}$。

对水面机器人而言，一般只讨论其水平面内的运动控制问题，即$\boldsymbol{\eta}=[x,y,\psi]^{\mathrm{T}}$，$\boldsymbol{v}=[u,v,r]^{\mathrm{T}}$。在上述海洋机器人空间运动的数学模型的基础上，为了简化分析，引入以下四条假设。

假设 7.1　水面机器人艇体关于纵中剖面$O_bX_bZ_b$对称（左右对称），则有$I_{xy}=I_{yz}=0$。

假设 7.2　将水面机器人动系的坐标原点O_b移至重心G处，O_bX_b、O_bY_b、O_bZ_b选择为经过G的水线面、横剖面和纵中剖面的交线，则有$x_g=y_g=z_g=0$。

假设 7.3　只考虑水平面内的运动，忽略横摇、纵摇和垂荡运动的影响，则有$z=w=\phi=\theta=p=q=0$，$\boldsymbol{g}(\boldsymbol{\eta})=\boldsymbol{0}$。

假设 7.4　考虑存在模型摄动和环境干扰等不确定性影响，不确定性有界且为慢变过程。

在满足假设 7.1 至假设 7.4 的条件下，公式（7.52）各分量可以表示成如下形式：

$$\begin{cases}\dot{\boldsymbol{\eta}}=\boldsymbol{J}(\boldsymbol{\eta})\boldsymbol{v}\\ \boldsymbol{M}\dot{\boldsymbol{v}}+\boldsymbol{C}(\boldsymbol{v})\boldsymbol{v}+\boldsymbol{D}(\boldsymbol{v})\boldsymbol{v}=\boldsymbol{\tau}+\boldsymbol{\tau}_{\mathrm{E}}\end{cases} \tag{7.53}$$

式中，$\boldsymbol{J}(\boldsymbol{\eta})$、$\boldsymbol{M}$、$\boldsymbol{C}(\boldsymbol{v})$、$\boldsymbol{D}(\boldsymbol{v})$等矩阵的定义与六自由度模型定义一致，表达式如下：

$$\begin{cases}\boldsymbol{J}(\boldsymbol{\eta})=\begin{bmatrix}\cos\psi & -\sin\psi & 0\\ \sin\psi & \cos\psi & 0\\ 0 & 0 & 1\end{bmatrix},\quad \boldsymbol{M}=\begin{bmatrix}m-X_{\dot{u}} & 0 & 0\\ 0 & m-Y_{\dot{v}} & -Y_{\dot{r}}\\ 0 & -Y_{\dot{r}} & I_{zz}-N_{\dot{r}}\end{bmatrix}\\ \boldsymbol{C}(\boldsymbol{v})=\begin{bmatrix}0 & 0 & -mv+Y_{\dot{v}}v+Y_{\dot{r}}r\\ 0 & 0 & mu-X_{\dot{u}}u\\ mv-Y_{\dot{v}}v-Y_{\dot{r}}r & -mu+X_{\dot{u}}u & 0\end{bmatrix}\\ \boldsymbol{D}=-\begin{bmatrix}X_u & 0 & 0\\ 0 & Y_v & Y_r\\ 0 & N_v & N_r\end{bmatrix},\quad \boldsymbol{D}_{\mathrm{n}}(\boldsymbol{v})=-\begin{bmatrix}X_{|u|u}|u| & 0 & 0\\ 0 & Y_{|v|v}|v|+Y_{|r|v}|r| & Y_{|v|r}|v|\\ 0 & N_{|v|v}|v|+N_{|r|v}|r| & N_{|v|r}|v|+N_{|r|r}|r|\end{bmatrix}\end{cases} \tag{7.54}$$

推力（力矩）$\boldsymbol{\tau}$ 和环境干扰力（力矩）$\boldsymbol{\tau}_{\mathrm{E}}$ 分别定义为 $\boldsymbol{\tau}=[\tau_u,\tau_v,\tau_r]^{\mathrm{T}}$，$\boldsymbol{\tau}_{\mathrm{E}}=[d_u,d_v,d_r]^{\mathrm{T}}$。环境干扰力 $\boldsymbol{\tau}_{\mathrm{E}}$ 包括水面机器人在纵向、横向和艏向受到的海洋环境干扰，是包括模型摄动、测量噪声、风浪流干扰等一切不确定因素的总和。假设不确定因素是有上界且慢变的，即 $|d_u|\leqslant\bar{d}_u$，$|d_v|\leqslant\bar{d}_v$，$|d_r|\leqslant\bar{d}_r$，且满足 $\dot{d}_u=0$，$\dot{d}_v=0$，$\dot{d}_r=0$。引入以下假设条件将水面机器人运动的数学模型进一步进行简化。

假设水面机器人不但左右对称，还相对于中横剖面 $O_bY_bZ_b$ 对称（前后对称），则可以将 $\boldsymbol{M}$、$\boldsymbol{C}(\boldsymbol{v})$、$\boldsymbol{D}(\boldsymbol{v})$ 进一步简化为

$$\begin{cases}\boldsymbol{M}=\begin{bmatrix}m-X_{\dot{u}} & 0 & 0\\ 0 & m-Y_{\dot{v}} & 0\\ 0 & 0 & I_{zz}-N_{\dot{r}}\end{bmatrix}=\begin{bmatrix}m_{11} & 0 & 0\\ 0 & m_{22} & 0\\ 0 & 0 & m_{33}\end{bmatrix}\\ \boldsymbol{D}=-\begin{bmatrix}X_u & 0 & 0\\ 0 & Y_v & 0\\ 0 & 0 & N_r\end{bmatrix},\quad \boldsymbol{D}_{\mathrm{n}}(\boldsymbol{v})=-\begin{bmatrix}X_{|u|u}|u| & 0 & 0\\ 0 & Y_{|v|v}|v| & 0\\ 0 & 0 & N_{|r|r}|r|\end{bmatrix}\\ \boldsymbol{C}(\boldsymbol{v})=\begin{bmatrix}0 & 0 & -mv+Y_{\dot{v}}v\\ 0 & 0 & mu-X_{\dot{u}}u\\ mv-Y_{\dot{v}}v & -mu+X_{\dot{u}}u & 0\end{bmatrix}=\begin{bmatrix}0 & 0 & -m_{22}v\\ 0 & 0 & m_{11}u\\ m_{22}v & -m_{11}u & 0\end{bmatrix}\end{cases}\tag{7.55}$$

式中，$m_{11}=m-X_{\dot{u}}$、$m_{22}=m-Y_{\dot{v}}$、$m_{33}=I_{zz}-N_{\dot{r}}$，$m_{11}$、$m_{22}$、$m_{33}$ 分别表示水面机器人的惯性矩阵在动系上三个坐标轴上的分量。实际上，对水面机器人而言，一般只具有左右对称性，而没有前后对称性，即 $\boldsymbol{M}$、$\boldsymbol{C}(\boldsymbol{v})$、$\boldsymbol{D}(\boldsymbol{v})$ 的对角线元素不会为 0，但是，非对角线元素相对于对角线元素而言是小量，对整个控制器而言影响较小，为了控制系统分析与设计的简便，一般可以忽略不计。

将公式（7.55）代入公式（7.53）可得标准水面机器人运动数学模型：

$$\begin{cases}\dot{x}=u\cos\psi-v\sin\psi\\ \dot{y}=u\sin\psi+v\cos\psi\\ \dot{\psi}=r\\ \dot{u}=\dfrac{m_{22}}{m_{11}}vr-\dfrac{X_u}{m_{11}}u-\dfrac{X_{|u|u}}{m_{11}}|u|u+\dfrac{\tau_u}{m_{11}}+\dfrac{d_u}{m_{11}}\\ \dot{v}=-\dfrac{m_{11}}{m_{22}}ur-\dfrac{Y_v}{m_{22}}v-\dfrac{Y_{|v|v}}{m_{22}}|v|v+\dfrac{\tau_v}{m_{22}}+\dfrac{d_v}{m_{22}}\\ \dot{r}=\dfrac{m_{11}-m_{22}}{m_{33}}uv-\dfrac{N_r}{m_{33}}r-\dfrac{N_{|r|r}}{m_{33}}|r|r+\dfrac{\tau_r}{m_{33}}+\dfrac{d_r}{m_{33}}\end{cases}\tag{7.56}$$

模型中包含非线性阻尼项 $\boldsymbol{D}_{\mathrm{n}}(\boldsymbol{v})$，即 $X_{|u|u}\neq0$、$Y_{|v|v}\neq0$、$N_{|r|r}\neq0$。

若忽略高于一阶的非线性阻尼项 $\boldsymbol{D}_{\mathrm{n}}(\boldsymbol{v})$，即 $\boldsymbol{D}_{\mathrm{n}}(\boldsymbol{v})=0$。同时忽略模型摄动和环境干扰力等不确定性的影响，即 $d_u=d_v=d_r=0$，则可以进一步将公式（7.56）简化为

$$
\begin{cases}
\dot{x}=u\cos\psi-v\sin\psi\\
\dot{y}=u\sin\psi+v\cos\psi\\
\dot{\psi}=r\\
\dot{u}=\dfrac{m_{22}}{m_{11}}vr-\dfrac{d_{11}}{m_{11}}u+\dfrac{\tau_u}{m_{11}}\\
\dot{v}=-\dfrac{m_{11}}{m_{22}}ur-\dfrac{d_{22}}{m_{22}}v+\dfrac{\tau_v}{m_{22}}\\
\dot{r}=\dfrac{m_{11}-m_{22}}{m_{33}}uv-\dfrac{d_{33}}{m_{33}}r+\dfrac{\tau_r}{m_{33}}
\end{cases}
\tag{7.57}
$$

式中，$d_{11}=X_u$；$d_{22}=Y_u$；$d_{33}=N_r$。简化模型（7.57）的应用十分广泛，但由于其忽略了非线性阻尼项 $\boldsymbol{D}_{\mathrm{n}}(\boldsymbol{v})$ 以及模型不确定性等因素，在实际应用中可能会对结果的准确性和可靠性产生一定的影响。

7.2 欠驱动水面机器人的数学模型

对欠驱动水面机器人而言，其在横荡自由度是欠驱动的，它的控制输入一般只有由螺旋桨提供的纵向推力 τ_u 和由舵提供的转向力矩 τ_r。其船体的水动力特性与全驱动模型基本保持一致。因此，在满足 7.1 节全驱动水面机器人运动数学模型建立时所要求的前提下，除控制输入向量外，其运动学模型和动力学模型式形式是一致的。记欠驱动水面机器人的控制输入向量 $\boldsymbol{\tau}=[\tau_u,0,\tau_r]^{\mathrm{T}}$，联立公式（7.53），可得到欠驱动水面机器人的运动模型形式如下：

$$
\begin{cases}
\dot{x}=u\cos\psi-v\sin\psi\\
\dot{y}=u\sin\psi+v\cos\psi\\
\dot{\psi}=r\\
\dot{u}=\dfrac{m_{22}}{m_{11}}vr-\dfrac{d_{11}}{m_{11}}u+\dfrac{\tau_u}{m_{11}}\\
\dot{v}=-\dfrac{m_{11}}{m_{22}}ur-\dfrac{d_{22}}{m_{22}}v\\
\dot{r}=\dfrac{m_{11}-m_{22}}{m_{33}}uv-\dfrac{d_{33}}{m_{33}}r+\dfrac{\tau_r}{m_{33}}
\end{cases}
\tag{7.58}
$$

式中，$d_{11}=X_u$；$d_{22}=Y_u$；$d_{33}=N_r$。

7.3 全驱动水下机器人的数学模型

本节将给出全驱动水下机器人的运动数学模型。本节将针对不同的应用场景需求，给出基于欧拉角和旋转矩阵的两种水下机器人的运动数学模型表达方式。

7.3.1　基于欧拉角的六自由度非线性数学模型

水下机器人与水面机器人的主要区别在于后者是在水平面运动的，由于浮力以及恢复力矩的存在，其在升沉以及纵倾方向上的位移量通常是有限的。而水下机器人由于其作业范围为水下，其在总体设计时通常会保证浮力与恢复力矩的平衡，因此，水下机器人是可以在空间六自由度内进行操纵运动的。在欧拉角的描述下，水下机器人运动学模型和动力学模型的建模方式与 7.2 节中水面机器人的建模方式基本一致。因此，其相同的部分本节将不再赘述。基于公式（7.53），我们可将其重写为如下形式，用以描述水下机器人的运动学特性和动力学特性：

$$\begin{cases}\dot{\boldsymbol{\eta}}=\boldsymbol{J}(\boldsymbol{\eta})\boldsymbol{v}\\ \boldsymbol{M}\dot{\boldsymbol{v}}+\boldsymbol{C}(\boldsymbol{v})\boldsymbol{v}+\boldsymbol{D}(\boldsymbol{v})\boldsymbol{v}+\boldsymbol{g}(\boldsymbol{\eta})=\boldsymbol{\tau}+\boldsymbol{\tau}_{\mathrm{d}}\end{cases} \tag{7.59}$$

式中，$\boldsymbol{\eta}=[x,y,z,\phi,\theta,\psi]^{\mathrm{T}}$ 表示水下机器人在大地坐标系中的位置与姿态，x、y、z 代表水下机器人的位置，ϕ、θ、ψ 代表水下机器人的姿态；$\boldsymbol{v}=[u,v,w,p,q,r]^{\mathrm{T}}$ 表示水下机器人在动系中的速度，u、v、w 表示线速度，p、q、r 表示角速度；$\boldsymbol{\tau}_{\mathrm{d}}$ 为时变外界干扰；$\boldsymbol{J}(\boldsymbol{\eta})$ 为旋转矩阵，其形式与公式（7.15）的定义一致：

$$\boldsymbol{J}(\boldsymbol{\eta})=\begin{bmatrix}\boldsymbol{R}(\boldsymbol{\eta}) & \boldsymbol{0}_{3\times3}\\ \boldsymbol{0}_{3\times3} & \boldsymbol{T}(\boldsymbol{\eta})\end{bmatrix} \tag{7.60}$$

其中，$\boldsymbol{R}(\boldsymbol{\eta})$ 为线速度转换矩阵，$\boldsymbol{T}(\boldsymbol{\eta})$ 为角速度转换矩阵。

$$\boldsymbol{R}(\boldsymbol{\eta})=\begin{bmatrix}\cos\psi\cos\theta & -\sin\psi\cos\phi+\cos\psi\sin\theta\sin\phi & \sin\psi\sin\phi+\cos\psi\cos\phi\sin\theta\\ \sin\psi\cos\theta & \cos\psi\cos\phi+\sin\phi\sin\theta\sin\phi & -\cos\psi\sin\phi+\sin\theta\sin\psi\cos\phi\\ -\sin\theta & \cos\theta\sin\phi & \cos\theta\cos\phi\end{bmatrix}$$

$$\boldsymbol{T}(\boldsymbol{\eta}_2)=\begin{bmatrix}1 & \sin\phi\tan\theta & \cos\phi\tan\theta\\ 0 & \cos\phi & -\sin\phi\\ 0 & \sin\phi/\cos\theta & \cos\phi/\cos\theta\end{bmatrix}$$

公式（7.59）即水下机器人控制器设计中应用最为广泛的运动数学模型描述形式。除该描述形式外，在下文中我们将基于一些相关假设，将公式（7.59）转化为更为通用的欧拉-拉格朗日形式。相关假设如下。

假设 7.5　在水下机器人模型中，纵倾角 θ 满足 $\sup|\theta|<\theta_{\max}<\pm\pi/2$，其中 sup 表示上确界，$\theta_{\max}$ 为已知正常数。此外，对于矩阵 $\boldsymbol{J}(\boldsymbol{\eta})$，认为其一阶导数 $\dot{\boldsymbol{J}}(\boldsymbol{\eta})$ 和其逆矩阵 $\boldsymbol{J}^{-1}(\boldsymbol{\eta})$ 的一阶导数 $\dot{\boldsymbol{J}}^{-1}(\boldsymbol{\eta})$ 存在且有界。存在正常数 $\bar{J}_1$、$\bar{J}_2$，使得 $\max\left\{\sup_{\eta}\left\|\boldsymbol{J}(\boldsymbol{\eta})\right\|,\sup_{\eta}\left\|\boldsymbol{J}^{-1}(\boldsymbol{\eta})\right\|\right\}\leqslant\bar{J}_1$、$\max\left\{\sup_{\eta}\left\|\dot{\boldsymbol{J}}(\boldsymbol{\eta})\right\|,\sup_{\eta}\left\|\dot{\boldsymbol{J}}^{-1}(\boldsymbol{\eta})\right\|\right\}\leqslant\bar{J}_2\left\|\dot{\boldsymbol{\eta}}\right\|$ 成立。

假设 7.6　公式（7.53）中 $\boldsymbol{M}$ 、$\boldsymbol{C}(\boldsymbol{v})$、$\boldsymbol{D}(\boldsymbol{v})$ 、$\boldsymbol{J}(\boldsymbol{\eta})$ 等模型参数有界，即

$$\begin{aligned}&\|\boldsymbol{M}\|\leqslant a_1,\quad \|\boldsymbol{C}(\boldsymbol{v})\|\leqslant a_2\|\boldsymbol{v}\|\\&\|\boldsymbol{D}(\boldsymbol{v})\|\leqslant a_3+a_4\|\boldsymbol{v}\|,\quad \|\boldsymbol{J}(\boldsymbol{\eta})\|\leqslant a_5\end{aligned}\tag{7.61}$$

式中，$a_i(i=1,2,\cdots,5)$ 为未知正常数。

假设 7.7　公式(7.59)中时变外界干扰 $\boldsymbol{\tau}_{\mathrm{d}}$ 为有界函数，即存在正常数 $\overline{\tau}_{\mathrm{d}}$ 使得 $\|\boldsymbol{\tau}_{\mathrm{d}}\|\leqslant\overline{\tau}_{\mathrm{d}}<\infty$ 关系成立，式中 $\overline{\tau}_{\mathrm{d}}$ 为未知参数。

针对上述三个假设，$\boldsymbol{g}(\boldsymbol{\eta})$ 为与 $\boldsymbol{\eta}$ 相关的非线性项，因此假设 $\boldsymbol{g}(\boldsymbol{\eta})$ 为有界是合理的。由于执行器的约束，水下机器人的速度是有限制的。此外，考虑到外部环境总是在能量有限的情况下不断变化，因此可以认为对水下机器人的扰动是未知的、时变的、有界的。

定义相关的水动力参数矩阵 $\boldsymbol{M}(\boldsymbol{\eta})$ 、$\boldsymbol{C}(\boldsymbol{v},\boldsymbol{\eta})$ 、$\boldsymbol{D}(\boldsymbol{v},\boldsymbol{\eta})$ 、$\boldsymbol{G}(\boldsymbol{\eta})$ 如下：

$$\begin{aligned}&\boldsymbol{M}(\boldsymbol{\eta})=\boldsymbol{J}(\boldsymbol{\eta})^{-\mathrm{T}}\boldsymbol{M}\boldsymbol{J}(\boldsymbol{\eta})^{-1},\quad \boldsymbol{C}(\boldsymbol{v},\boldsymbol{\eta})=\boldsymbol{J}(\boldsymbol{\eta})^{-\mathrm{T}}[\boldsymbol{C}(\boldsymbol{v})-\boldsymbol{M}\boldsymbol{J}(\boldsymbol{\eta})^{-1}\dot{\boldsymbol{J}}(\boldsymbol{\eta})]\boldsymbol{J}(\boldsymbol{\eta})^{-1}\\&\boldsymbol{D}(\boldsymbol{v},\boldsymbol{\eta})=\boldsymbol{J}(\boldsymbol{\eta})^{-\mathrm{T}}\boldsymbol{D}(\boldsymbol{v})\boldsymbol{J}(\boldsymbol{\eta})^{-1},\quad \boldsymbol{G}(\boldsymbol{\eta})=\boldsymbol{J}(\boldsymbol{\eta})^{-\mathrm{T}}\boldsymbol{g}(\boldsymbol{\eta})\end{aligned}\tag{7.62}$$

此外，转换后的控制指令和外部扰动分别描述为 $\boldsymbol{\tau}_{\mathrm{d}}^{*}=\boldsymbol{J}(\boldsymbol{\eta})^{-\mathrm{T}}\boldsymbol{\tau}_{\mathrm{d}}$，$\boldsymbol{\tau}_{\eta}=\boldsymbol{J}(\boldsymbol{\eta})^{\mathrm{T}}\boldsymbol{\tau}_{v}$，将实际控制输入表示为

$$\boldsymbol{\tau}_{v}=\boldsymbol{J}(\boldsymbol{\eta})^{\mathrm{T}}\boldsymbol{\tau}_{\eta}\tag{7.63}$$

则将公式（7.62）和公式（7.63）代入公式（7.53）得到水下机器人运动数学模型的欧拉-拉格朗日形式：

$$\boldsymbol{M}(\boldsymbol{\eta})\ddot{\boldsymbol{\eta}}+\boldsymbol{C}(\boldsymbol{v},\boldsymbol{\eta})\dot{\boldsymbol{\eta}}+\boldsymbol{D}(\boldsymbol{v},\boldsymbol{\eta})\dot{\boldsymbol{\eta}}+\boldsymbol{G}(\boldsymbol{\eta})+\boldsymbol{\tau}_{\mathrm{d}}^{*}=\boldsymbol{\tau}_{\eta}+\overline{\boldsymbol{\tau}}_{\eta}\tag{7.64}$$

对于满足以上假设条件下的水下机器人运动数学模型的欧拉-拉格朗日形式，有以下性质成立。

性质 7.6　有以下不等式成立：

$$\begin{aligned}&\|\boldsymbol{M}(\boldsymbol{\eta})\|=\|\boldsymbol{J}(\boldsymbol{\eta})^{-\mathrm{T}}\boldsymbol{M}\boldsymbol{J}(\boldsymbol{\eta})^{-1}\|\leqslant\|\boldsymbol{J}(\boldsymbol{\eta})^{-\mathrm{T}}\|\cdot\|\boldsymbol{M}\|\cdot\|\boldsymbol{J}(\boldsymbol{\eta})^{-1}\|\leqslant\overline{J}_1^2a_1\\&\|\boldsymbol{C}(\boldsymbol{v},\boldsymbol{\eta})\|=\|\boldsymbol{J}(\boldsymbol{\eta})^{-\mathrm{T}}[\boldsymbol{C}(\boldsymbol{v})-\boldsymbol{M}\boldsymbol{J}(\boldsymbol{\eta})^{-1}\dot{\boldsymbol{J}}(\boldsymbol{\eta})]\boldsymbol{J}(\boldsymbol{\eta})^{-1}\|\leqslant\overline{J}_1^2a_2\|\boldsymbol{v}\|+\overline{J}_1^3a_1\overline{J}_2\|\dot{\boldsymbol{\eta}}\|\\&\|\boldsymbol{D}(\boldsymbol{v},\boldsymbol{\eta})\|=\|\boldsymbol{J}(\boldsymbol{\eta})^{-\mathrm{T}}\boldsymbol{D}(\boldsymbol{v})\boldsymbol{J}(\boldsymbol{\eta})^{-1}\|\leqslant\|\boldsymbol{J}(\boldsymbol{\eta})^{-\mathrm{T}}\|\cdot\|\boldsymbol{D}(\boldsymbol{v})\|\cdot\|\boldsymbol{J}(\boldsymbol{\eta})^{-1}\|\leqslant\overline{J}_1^2a_3+\overline{J}_1^2a_4\|\boldsymbol{v}\|\\&\|\boldsymbol{G}(\boldsymbol{\eta})\|=\|\boldsymbol{J}(\boldsymbol{\eta})^{-\mathrm{T}}\boldsymbol{g}(\boldsymbol{\eta})\|\leqslant\|\boldsymbol{J}(\boldsymbol{\eta})^{-\mathrm{T}}\|\cdot\|\boldsymbol{g}(\boldsymbol{\eta})\|\leqslant\overline{J}_1a_5\end{aligned}\tag{7.65}$$

性质 7.7　矩阵 $\dot{\boldsymbol{M}}(\boldsymbol{\eta})-2\boldsymbol{C}(\boldsymbol{v},\boldsymbol{\eta})$ 为反对称矩阵，即对任意向量 $\boldsymbol{x}\in\mathbb{R}^3$，该矩阵满足 $\boldsymbol{x}^{\mathrm{T}}[\dot{\boldsymbol{M}}(\boldsymbol{\eta})-2\boldsymbol{C}(\boldsymbol{v},\boldsymbol{\eta})]\boldsymbol{x}=0$ 。

7.3.2　基于旋转矩阵的六自由度非线性数学模型

在 7.3.1 节中，我们已经建立了基于欧拉角的水下机器人运动数学模型，并分别给出了其通用描述形式［公式（7.59）］以及欧拉-拉格朗日形式［公式（7.64）］。基于模型［公式（7.59）

与公式（7.64）］进行控制器设计的过程中，通常认为假设 7.5 中的条件 $\sup|\theta|<\theta_{\max}<\pm\pi/2$ 成立。但是，需要指出，对基于欧拉角的模型而言，当纵倾角 $\theta=\pm\pi/2$ 时，系统将会出现奇异性的问题。因此，本节给出另一种基于旋转矩阵的水下机器人的数学模型。在该方式的描述下，该奇异性问题可以得到有效避免。首先，给出本节模型推导所涉及的相关引理。

引理 7.1　定义旋转矩阵为 $\boldsymbol{R}\in\mathbb{R}^{3\times3}$，有 $\boldsymbol{R}\in\mathrm{SO}(3)$，其中 $\mathrm{SO}(3)$ 为满足公式（7.66）的正交群，亦称之为三维旋转群。对于任意旋转矩阵 $\boldsymbol{R}$，有其秩满足 $-1\leqslant\mathrm{tr}(\boldsymbol{R})\leqslant3$，当且仅当 $\boldsymbol{R}_e=\boldsymbol{I}^{3\times3}$ 时，有其秩满足 $\mathrm{tr}(\boldsymbol{R})=3$。

$$\mathrm{SO}(3)=\left\{\boldsymbol{R}\mid\boldsymbol{R}^{\mathrm{T}}\boldsymbol{R}=\boldsymbol{I}^{3\times3},\det\boldsymbol{R}=1\right\}\tag{7.66}$$

引理 7.2　定义旋转向量 $\boldsymbol{\varpi}\in\Re^3$ 表示坐标轴的三维旋转，其大小对应于以弧度为单位的旋转角度。根据罗德里格斯（Rodrigues）旋转公式，可得旋转向量和旋转矩阵的关系为

$$\boldsymbol{R}=\exp(\boldsymbol{\varpi}),\quad\exists\boldsymbol{\varpi}\in\Omega_{\boldsymbol{\varpi}}=\left\{\boldsymbol{\varpi}\mid\|\boldsymbol{\varpi}\|\leqslant\pi\right\}\tag{7.67}$$

根据引理 7.1 和引理 7.2，考虑了模型不确定性和外界干扰的水下机器人的六自由度模型可按下式进行描述：

$$\begin{bmatrix}\dot{\boldsymbol{\eta}}_1\\\dot{\boldsymbol{\eta}}_2\end{bmatrix}=\begin{bmatrix}\boldsymbol{R}^{\mathrm{T}}(\boldsymbol{\eta}_2)&\boldsymbol{O}^{3\times3}\\\boldsymbol{O}^{3\times3}&\boldsymbol{T}(\boldsymbol{\eta}_2)\end{bmatrix}\begin{bmatrix}\boldsymbol{v}_1\\\boldsymbol{v}_2\end{bmatrix}\tag{7.68}$$

$$\begin{aligned}&\underbrace{\left(\widehat{\boldsymbol{M}}+\Delta\boldsymbol{M}\right)}_{\boldsymbol{M}}\dot{\boldsymbol{v}}+\underbrace{\left(\widehat{\boldsymbol{C}}(\boldsymbol{v})+\Delta\boldsymbol{C}(\boldsymbol{v})\right)}_{\boldsymbol{C}(\boldsymbol{v})}\boldsymbol{v}+\underbrace{\left(\widehat{\boldsymbol{D}}(\boldsymbol{v})+\Delta\boldsymbol{D}(\boldsymbol{v})\right)}_{\boldsymbol{D}(\boldsymbol{v})}\boldsymbol{v}\\&+\underbrace{\left(\widehat{\boldsymbol{g}}(\boldsymbol{\eta})+\Delta\boldsymbol{g}(\boldsymbol{\eta})\right)}_{\boldsymbol{g}(\boldsymbol{\eta})}+\boldsymbol{\tau}_{\mathrm{E}}=\boldsymbol{\tau}\end{aligned}\tag{7.69}$$

式中，$\boldsymbol{R}^{\mathrm{T}}(\boldsymbol{\eta}_2)$ 为特殊的旋转矩阵，用于将线速度 $\boldsymbol{v}_1$ 从动系转至大地坐标系下，$\boldsymbol{R}(\boldsymbol{\eta}_2)$ 能够将向量从大地坐标系转至动系下；$\boldsymbol{T}(\boldsymbol{\eta}_2)$ 为欧拉角速度的旋转矩阵；$\boldsymbol{M}\in\mathbb{R}^{6\times6}$ 为水下机器人重量惯性和水动力附加惯性组成的矩阵；$\boldsymbol{C}(\boldsymbol{v})\in\mathbb{R}^{6\times6}$ 为科里奥利向心力矩阵；$\boldsymbol{D}(\boldsymbol{v})\in\mathbb{R}^{6\times6}$ 为水动力阻力参数矩阵；$\boldsymbol{g}(\boldsymbol{\eta})\in\mathbb{R}^{6\times6}$ 为恢复力矩阵；$\boldsymbol{\tau}\in\mathbb{R}^{6\times1}$ 为控制输入力矩向量；$\boldsymbol{\tau}_{\mathrm{d}}\in\mathbb{R}^{6\times1}$ 为外部环境扰动向量。值得一提的是，这里默认 $\widehat{\boldsymbol{M}}$、$\widehat{\boldsymbol{C}}(\boldsymbol{v})$、$\widehat{\boldsymbol{D}}(\boldsymbol{v})$ 和 $\widehat{\boldsymbol{g}}(\boldsymbol{\eta})$ 为已知的参数矩阵，同时 $\Delta\boldsymbol{M}$、$\Delta\boldsymbol{C}(\boldsymbol{v})$、$\Delta\boldsymbol{D}(\boldsymbol{v})$ 和 $\Delta\boldsymbol{g}(\boldsymbol{\eta})$ 被认为是未知的模型参数。

旋转矩阵 $\boldsymbol{R}\in\mathrm{SO}(3)$ 能够用于表示水下机器人的构型，即其动系相对于大地坐标系的角度。因此，我们将公式（7.68）和公式（7.69）所述的运动模型重写为如下形式：

$$\dot{\boldsymbol{\eta}}_1=\boldsymbol{R}\boldsymbol{v}_1\tag{7.70}$$

$$\dot{\boldsymbol{R}}=\boldsymbol{R}\boldsymbol{v}_2^{\wedge}\tag{7.71}$$

$$\widehat{\boldsymbol{M}}\dot{\boldsymbol{v}}+\widehat{\boldsymbol{C}}(\boldsymbol{v})\boldsymbol{v}+\widehat{\boldsymbol{D}}(\boldsymbol{v})\boldsymbol{v}+\widehat{\boldsymbol{g}}(\boldsymbol{R})+\boldsymbol{O}(\dot{\boldsymbol{v}},\boldsymbol{v},\boldsymbol{R})=\boldsymbol{\tau}\tag{7.72}$$

式中，运算符$(\cdot)^{\wedge}:\mathbb{R}^3 \to \mathrm{SO}(3)$将向量变换成反对称矩阵，且有$\mathrm{SO}(3)=\left\{\boldsymbol{L}\in\mathbb{R}^{3\times 3} \mid \boldsymbol{L}^{\mathrm{T}}=-\boldsymbol{L}\right\}$表示$\mathrm{SO}(3)$的李代数。具体地，有

$$\boldsymbol{L}=\boldsymbol{v}_2^{\wedge}=\begin{bmatrix}0 & -r & q\\ r & 0 & -p\\ -q & p & 0\end{bmatrix},\quad \forall \boldsymbol{v}=\begin{bmatrix}p\\ q\\ r\end{bmatrix} \tag{7.73}$$

在公式（7.72）中，$\boldsymbol{O}(\dot{\boldsymbol{v}},\boldsymbol{v},\boldsymbol{R})=\Delta\boldsymbol{M}\dot{\boldsymbol{v}}+\left[\Delta\boldsymbol{C}(\boldsymbol{v})+\Delta\boldsymbol{D}(\boldsymbol{v})\right]\boldsymbol{v}+\Delta\boldsymbol{g}(\boldsymbol{R})+\boldsymbol{\tau}_{\mathrm{d}}$表示为集总的不确定项。$\widehat{\boldsymbol{g}}(\boldsymbol{R})$为基于旋转矩阵的恢复力矩，具体表达式为

$$\widehat{\boldsymbol{g}}(\boldsymbol{R})=\begin{bmatrix}\boldsymbol{R}^{\mathrm{T}}\boldsymbol{W}-\boldsymbol{R}^{\mathrm{T}}\boldsymbol{B}\\ \boldsymbol{r}_b^{\wedge}\boldsymbol{R}^{\mathrm{T}}\boldsymbol{W}-\boldsymbol{r}_g^{\wedge}\boldsymbol{R}^{\mathrm{T}}\boldsymbol{B}\end{bmatrix} \tag{7.74}$$

式中，$\boldsymbol{G}=[0,0,mg]^{\mathrm{T}}$和$\boldsymbol{B}=[0,0,\rho g\nabla]^{\mathrm{T}}$分别表示为重力和浮力向量，$\rho$为水的密度，$\nabla$为排水量；$\boldsymbol{r}_g=[x_g,y_g,z_g]^{\mathrm{T}}$和$\boldsymbol{r}_b=[x_b,y_b,z_b]^{\mathrm{T}}$分别为重心和浮心的位置。

7.4 欠驱动水下机器人的数学模型

7.3 节中，我们推导了水下机器人运动的六自由度数学模型。水下机器人的重心G和浮心B之间存在一个核心高度（Metacenter Height）能产生足够大的横滚恢复力矩以补偿水下机器人的横滚运动，所以当水下机器人在低速状态下工作时，可以忽略横滚运动。且在工程实际中，水下机器人一般只有三个可用的控制输入τ_u、τ_q、τ_r，系统缺少横荡、垂荡方向上的独立控制输入，即速度v和w是不可控的，所以水下机器人是欠驱动的。根据水下机器人的六自由度运动数学模型（7.59），得到水下机器人的五自由度运动数学模型，表示如下：

$$\begin{cases}\dot{\boldsymbol{\eta}}=\boldsymbol{J}(\boldsymbol{\eta})\boldsymbol{v}\\ \boldsymbol{M}\dot{\boldsymbol{v}}+\boldsymbol{C}(\boldsymbol{v})\boldsymbol{v}+\boldsymbol{D}(\boldsymbol{v})\boldsymbol{v}+\boldsymbol{g}(\boldsymbol{\eta})=\boldsymbol{\tau}+\boldsymbol{\tau}_{\mathrm{E}}\end{cases} \tag{7.75}$$

式中，$\boldsymbol{\eta}=[x,y,z,\theta,\psi]^{\mathrm{T}}$为水下机器人惯性坐标系下的位置与姿态；$\boldsymbol{v}=[u,v,w,q,r]^{\mathrm{T}}$，$u,v,w,q,r$分别代表纵向线速度、横向线速度、垂向线速度、纵摇角速度和艏摇角速度；控制输入$\boldsymbol{\tau}=[\tau_u,0,0,\tau_q,0,\tau_r]^{\mathrm{T}}$。公式（7.75）可展开为如下分量形式：

$$\begin{cases}\dot{x}=u\cos\varphi\cos\theta-v\sin\varphi+w\sin\theta\cos\varphi\\ \dot{y}=u\sin\varphi\cos\theta+v\cos\varphi+w\sin\theta\sin\varphi\\ \dot{z}=-u\sin\theta+w\cos\theta\\ \dot{\theta}=q\\ \dot{\varphi}=\dfrac{r}{\cos\theta}\end{cases} \tag{7.76}$$

$$
\begin{cases}
\dot{u}=\dfrac{m_{22}}{m_{11}}vr-\dfrac{m_{33}}{m_{11}}wq-\dfrac{d_{11}}{m_{11}}u+\dfrac{1}{m_{11}}\tau_u+d_u \\
\dot{v}=\dfrac{m_{33}-m_{11}}{m_{55}}uw-\dfrac{d_{55}}{m_{55}}q-\dfrac{\rho g\overline{L_{GB}}\sin\theta}{m_{55}}+d_v \\
\dot{w}=-\dfrac{m_{11}}{m_{33}}uq-\dfrac{d_{33}}{m_{33}}w+d_w \\
\dot{q}=\dfrac{m_{33}-m_{11}}{m_{55}}uw-\dfrac{d_{55}}{m_{55}}q-\dfrac{\rho g\overline{L_{GB}}\sin\theta}{m_{55}}+\dfrac{1}{m_{55}}\tau_q+d_q \\
\dot{r}=\dfrac{m_{11}-m_{22}}{m_{66}}uw-\dfrac{d_{66}}{m_{66}}r+\dfrac{1}{m_{66}}\tau_r+d_r
\end{cases}
$$

式中，d_u、d_v、d_w、d_q、d_r 为风浪流等海洋环境产生的未知扰动；$m_{ii}\,(i=1,2,\cdots,6)$ 为水下机器人的惯性质量（包含附加质量）；$d_{ii}\,(i=1,2,\cdots,6)$ 为水下机器人的水动力参数；ρg 为水下机器人的浮力；$\overline{L_{GB}}$ 为重心、浮心之间的距离。

第 8 章　海洋机器人轨迹跟踪控制技术

8.1　考虑输入饱和约束下的水面机器人自适应轨迹跟踪控制

近年来，随着海洋机器人的技术发展逐步趋于成熟，其所搭载的任务载荷也越来越多样化，使得海洋机器人可以应用于更为广泛且复杂的工作场景中。因此，海洋机器人需要具备更好的控制性能以使控制器适应这些复杂任务的要求。在实际的海洋机器人动力学系统中，由于物理限制（如硬件、质量、燃料等），实际执行器力/力矩存在大小限制，进一步地，表明由控制器产生的控制信号总是应该受到约束，即输入饱和约束。许多文献所提出的控制律为保证闭环系统的稳定，会产生十分大的力（力矩）以快速响应误差的变化。尽管此类控制器忽视了饱和约束问题，从而有效降低了控制器的设计复杂度（额外施加的饱和约束，即额外给予运动模型非线性项，往往会使得运动模型变得更加复杂），一旦对其控制器施加饱和约束，必然导致其对误差的响应变慢，从而降低系统的性能，甚至可能会导致系统的发散。因此，从实际出发，考虑系统的安全性，输入饱和约束问题值得被研究。

本章针对考虑输入饱和约束的海洋机器人控制问题，介绍了一种基于死区算子的饱和约束模型。基于死区算子的饱和约束模型的主要特点有两个：①与现有的饱和模型相比，该模型具有足够的灵活性，可以对软限制和硬限制等多种饱和模型进行拟合；②得益于该模型能够将饱和约束线性化，在控制器的设计过程中，模型的复杂度能够被有效降低。

本章针对海洋机器人执行机构饱和约束问题设计轨迹跟踪控制器，结合有限时间控制理论，介绍了针对海洋机器人的控制器设计方法。针对海洋机器人存在模型不确定性、饱和约束及外部干扰情况，设计了考虑输入饱和约束的海洋机器人轨迹跟踪控制策略，最后通过数值仿真，对本章所设计的控制方法进行了可行性验证。

8.1.1　基础知识

引理 8.1　对于任意连续函数 $f(\boldsymbol{x}):\mathbb{R}^n \to \mathbb{R}$ 都可以用径向基函数神经网络进行在线逼近，表达式如下：

$$f(\boldsymbol{x})=\boldsymbol{W}^{*\mathrm{T}}\boldsymbol{H}(\boldsymbol{x})+\varepsilon \tag{8.1}$$

式中，$\boldsymbol{x}=[x_1,x_2,\cdots,x_m]^{\mathrm{T}}$ 表示网络输入向量；$\boldsymbol{W}=[w_1,w_2,\cdots,w_i,\cdots,w_n]^{\mathrm{T}}$ 表示网络节点 n 的权重参数向量；$\varepsilon\in\mathbb{R}$ 表示径向基函数神经网络的理想逼近误差；$\boldsymbol{H}(\boldsymbol{x})=[h_1(\boldsymbol{x}),h_2(\boldsymbol{x}),\cdots,h_j(\boldsymbol{x}),\cdots,h_n(\boldsymbol{x})]$ 表示高斯函数向量，其中 $h_j(\boldsymbol{x})$ 的定义如下：

$$h_j(\boldsymbol{x}) = \exp\left(-\frac{\left\|\boldsymbol{x}-\boldsymbol{c}_j\right\|^2}{2b_j^2}\right),\quad j=1,2,\cdots,n \tag{8.2}$$

式中，$\boldsymbol{c}_j \in \mathbb{R}^m (j=1,2,\cdots,n)$ 表示与输入向量 $\boldsymbol{x}$ 维数相同的中心向量；$b_j \in \Re$ 表示高斯函数 $h_j(\boldsymbol{x})$ 的宽度。

引理 8.2　对于任意 $\mu \in \mathbb{R}^+$、$x \in \mathbb{R}$ 和 $\kappa = \mathrm{e}^{-(\kappa+1)}$，下列不等式成立。

$$0 < |x| - x\tanh(\mu x) \leqslant \frac{\kappa}{\mu} \tag{8.3}$$

引理 8.3　对于有界初始条件，如果存在一个连续且正定的李雅普诺夫函数 $V(x)$ 满足 $k_1(\|x\|) \leqslant V(x) \leqslant k_2(\|x\|)$，其中 k_1、$k_2: \mathbb{R}^n \to \mathbb{R}$ 为 κ 类函数，且存在正参数 α_1、β_1 满足 $\dot{V}(x) \leqslant -\alpha_1 V(x) + \beta_1$，则解 $x(t)$ 一致最终有界。此外，如果存在 $\alpha_1 > 0$、$\beta_1 > 0$ 和 $0 < p < 1$ 使得 $V(x)$ 满足 $\dot{V}(x) \leqslant -\alpha_2 V^p(x) + \beta_2$，则闭环系统具有有限时间稳定性。

饱和约束限制：由于物理限制（如硬件、质量、燃料），控制输入信号的幅值应受到限制。因此，一旦 $\tau_{\vartheta,i}$ 超过最大允许值，命令控制输入 $\boldsymbol{\tau}_\vartheta$ 和实际控制输入 $\mathbf{sat}(\boldsymbol{\tau}_\vartheta)$ 之间就会出现差异。如果忽略这一问题可能导致对轨迹变化的响应变慢，甚至导致系统发散。关于这一点，给出一个硬限制饱和模型动态公式（8.4）：

$$\mathbf{sat}(\tau_{\vartheta,i}) = \begin{cases} \operatorname{sgn}(\tau_{\vartheta,i})\tau_{\vartheta,\max i}, & \left|\tau_{\vartheta,i}\right| > \tau_{\vartheta,\max i} \\ \tau_{\vartheta,i}, & \left|\tau_{\vartheta,i}\right| \leqslant \tau_{\vartheta,\max i} \end{cases} \tag{8.4}$$

式中，$\operatorname{sgn}(\bullet)$ 是标准符号函数；$i=1,2,3$；$\tau_{\vartheta,\max i}$ 代表相应控制输入信号的最大允许值。

基于死区算子的平滑模型：当执行器控制输入接近饱和值时，这种模型将产生不连续的信号，从而使设计过程复杂化。鉴于此，引入一个平滑的基于死区算子的模型 $\boldsymbol{O}(\boldsymbol{\tau}_\vartheta) = \left[O(\tau_{\vartheta,1}), O(\tau_{\vartheta,2}), O(\tau_{\vartheta,3})\right]^{\mathrm{T}}$ 来代替方程（8.4）。使得闭环系统信号是连续的。具体来说：

$$O(\tau_{\vartheta,i}) = c_i\tau_{\vartheta,i} - d_i,\quad i=1,2,3 \tag{8.5}$$

$$d_i = \int_0^{\alpha_i} \ell_i(\beta) z(\tau_{\vartheta,j}, \beta)\mathrm{d}\beta,\quad i=1,2,3 \tag{8.6}$$

式中，$c_i = \int_0^{\alpha_i} \ell_i(\beta)\mathrm{d}\beta$ 是正常数；$\alpha_i > 0$ 是与 $\tau_{\vartheta,\max i} (i=1,2,3)$ 相关的有限上界；$\ell_i(\beta)$ 为密度函数，当 $\beta > 0$ 时满足 $\ell_i(\beta) \geqslant 0$；此外，死区运算符 $z(\tau_{\vartheta,i}, \beta)$ 为

$$z(\tau_{\vartheta,i}, \beta) = \max\left\{\tau_{\vartheta,i} - \beta, \min(0, \tau_{\vartheta,i} + \beta)\right\} \tag{8.7}$$

这里需要注意的是，d_i 是有界的，这个性质将在引理 8.4 的证明中得到证实。

引理 8.4　对于给定最大允许控制输入力矩 $\tau_{\vartheta,\max i}$，存在密度函数 $\ell_i(\beta)$ 使得下列等式成立：

$$\tau_{\vartheta,\max i} = \lim_{\tau_{\vartheta,i} \to \infty} O(\tau_{\vartheta,i}) = \int_0^{\alpha_i} \beta\ell_i(\beta)\mathrm{d}\beta,\quad i=1,2,3,\cdots \tag{8.8}$$

引理 8.4 证明　根据 $z\left(\tau_{\vartheta,i},\beta\right)$ 的定义，可以推导出：

$$\lim_{\tau_{\vartheta,i}\to\infty} z\left(\tau_{\vartheta,i},\beta\right)=\tau_{\vartheta,i}-\beta \tag{8.9}$$

将公式（8.6）和公式（8.9）代入公式（8.5）中，可以得到：

$$\lim_{\tau_{\vartheta,i}\to\infty} O\left(\tau_{\vartheta,i}\right)=c_i\tau_{\vartheta,i}-\int_0^{\alpha_i}\tau_{\vartheta,i}\ell_i\left(\beta\right)\mathrm{d}\beta+\int_0^{\alpha_i}\beta\ell_i\left(\beta\right)\mathrm{d}\beta \tag{8.10}$$

根据 c_i 的定义，可以推导出公式（8.8）。同时，由于 $O\left(\tau_{\vartheta,i}\right)$ 是一个连续函数，所以可以保证 $O\left(\tau_{\vartheta,i}\right)$ 的有界性。这也就意味着 d_i 是有界的。因此引理 8.4 证明完毕。

8.1.2　控制器设计

本节将通过考虑模型不确定性和外界环境干扰的三自由度水面无人艇运动数学模型设计抗饱和控制器。首先给出本节研究数学模型如下：

$$\begin{cases}\dot{x}=u\cos\psi-v\sin\psi\\ \dot{y}=u\sin\psi+v\cos\psi\\ \dot{\psi}=r\end{cases} \tag{8.11}$$

$$\begin{cases}\dot{u}=\left(m_{22}vr-d_{11}u+\tau_X+\tau_{dX}\right)/m_{11}\\ \dot{v}=\left(-m_{11}ur-d_{22}v+\tau_{dY}\right)/m_{22}\\ \dot{r}=\left(\left(m_{11}-m_{22}\right)uv-d_{33}r+\tau_N+\tau_{dN}\right)/m_{33}\end{cases} \tag{8.12}$$

式中，(x,y) 和 ψ 分别表示水面无人艇的位置和偏航角；(u,v) 和 r 分别表示线速度和角速度；m_{11}、m_{22} 和 m_{33} 表示水面无人艇附加惯性质量；d_{11}、d_{22} 和 d_{33} 表示流体动力阻尼系数；τ_X 和 τ_N 表示控制输入；τ_{dX}、τ_{dY} 和 τ_{dN} 表示外界未知干扰力。

假设 8.1　外界的不确定性干扰为慢变过程，且具有上界，即满足 $\left|\tau_{dX}\right|\leqslant\tau_{dX\max}$、$\left|\tau_{dY}\right|\leqslant\tau_{dY\max}$ 和 $\left|\tau_{dN}\right|\leqslant\tau_{dN\max}$，其中 $\tau_{di\max}(i=X,Y,N)$ 为正常数。

注 8.1　在实际工程中，水面无人艇运动模型的高度非线性和强耦合使得其精确的模型参数难以获得。不过，在整个控制闭环系统内，状态变量以及控制输入是容易获得的。因此，为了降低对水面无人艇数学模型的依赖性并提高控制系统的自适应能力，本节将假设上文提及的模型参数 d_{11}、d_{22}、d_{33} 对于控制设计者未知。同时，基于最小参数学习（Minimally Parameterized Learning，MLP）法和径向基函数神经网络设计辅助控制信号，以近似这些模型参数，其中辅助控制信号的输入仅为水面无人艇的状态信息和控制输入。

本节将针对输入饱和约束的水面无人艇系统，利用滑模控制机制设计轨迹跟踪控制律。为此，首先将根据参考轨迹，设计一个基于输出重定义的动态转换方法，即选择原始输出与其他状态的组合作为新的输出，构造具有明确相对度的输入-输出动力学，将复杂海况下的水面无人艇运动数学模型转换为等效的跟踪误差动力学模型，该过程将纵荡运动和艏摇运动集成在一起，而不是将其分成两个子系统，从而避免欠驱动水面无人艇总是需要反步法设计的问题，这样就可以保证我们的设计过程和结果更简洁和实用。然后采用一个基于死区算子的光滑模型来表示执行机构输入饱和模型，它可以保证控制输入永远不会发生饱和现象，在此基础上，通过水面无人艇误差动力学模型设计相应的轨迹跟踪控制器和自适应律，计算所得的控制输入通过基于死区算子的光滑饱和模型得出最终水面无人艇控制输入，传输给执行机构，得出下一时刻水面无人艇状态，以此循环迭代跟踪期望航迹。图 8.1 更好地呈现了模型转换过程。下面给出水面无人艇误差动力学模型构建过程。

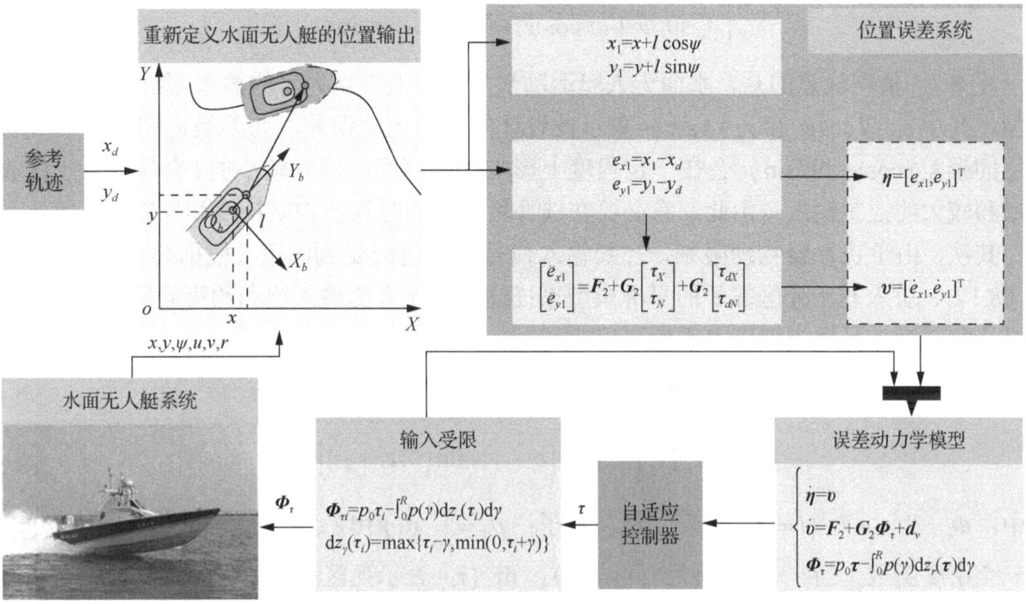

图 8.1　具有输入饱和约束的跟踪误差动态模型转换图

首先，定义参考轨迹的坐标为$\left(x_d, y_d\right)$。据此，我们设计如下变量以表述水面无人艇的状态，与直接用(x, y)表述状态不同的是该变量能够便于后续的欠驱动水面无人艇轨迹跟踪控制律设计：

$$
\begin{aligned}
x_1 &= x + l\cos\psi \\
y_1 &= y + l\sin\psi
\end{aligned} \tag{8.13}
$$

因为ψ被引入新的状态输出中，控制力矩τ_{dN}将出现在该状态输出的二阶导数里。在这种情况下，水面无人艇轨迹跟踪误差表示如下：

$$
e_{x1} = x_1 - x_d,\quad e_{y1} = y_1 - y_d \tag{8.14}
$$

对公式（8.14）求二阶导数，并将公式（8.11）～公式（8.13）代入后得出误差动力学方程如下：

$$
\begin{aligned}
\dot{\boldsymbol{\eta}} &= \boldsymbol{v} \\
\dot{\boldsymbol{v}} &= \boldsymbol{F}_2 + \boldsymbol{G}_2\boldsymbol{\tau} + \boldsymbol{d}_v
\end{aligned} \tag{8.15}
$$

$$
\boldsymbol{F}_2 = \boldsymbol{F}_1 + \begin{bmatrix} -lf_r\sin\psi - lr^2\cos\psi \\ lf_r\cos\psi - lr^2\sin\psi \end{bmatrix} \tag{8.16}
$$

$$G_2=\begin{bmatrix}\cos\psi/m_{11} & -l\sin\psi/m_{33}\\ \sin\psi/m_{11} & l\cos\psi/m_{33}\end{bmatrix} \tag{8.17}$$

式中，$f_u=(m_{22}vr-d_{11}u)/m_{11}$；$f_r=\left[(m_{11}-m_{22})uv-d_{33}r\right]/m_{33}$；$\boldsymbol{\eta}=\left[e_{x1},e_{y1}\right]^{\mathrm{T}}$；$\boldsymbol{v}=\left[\dot{e}_{x1},\dot{e}_{y1}\right]^{T}$；$\boldsymbol{\tau}=\left[\tau_X,\tau_N\right]^{\mathrm{T}}$；$\boldsymbol{d}_v=\boldsymbol{G}_2\left[\tau_{dX},\tau_{dN}\right]^{\mathrm{T}}$；

$$\boldsymbol{F}_1=\begin{bmatrix}f_u\cos\psi-ur\sin\psi-\dot{v}\sin\psi-vr\cos\psi-\ddot{x}_d\\ f_u\sin\psi+ur\cos\psi+\dot{v}\cos\psi-vr\sin\psi-\ddot{y}_d\end{bmatrix}$$

注 8.2　值得注意的是，水面无人艇运动数学模型被转换为新的输入-输出动态误差系统模型，其中$e_x+l\cos\psi$和$e_y+l\sin\psi$表示被设计的新的运动误差，而不是e_x和e_y，因此额外产生的误差$l\cos\psi$和$l\sin\psi$会在一定程度上影响控制精度，同时较小的l会导致较小的收敛区域和较大的控制输入。由此，有必要在选择增益的同时权衡控制精度和控制输入大小。

其次，由于执行器物理限制，控制输入信号的幅值应受到约束，根据公式（8.15）～公式（8.17），引入基于死区算子的平滑模型来描述水面无人艇输入饱和约束问题，并进一步降低设计复杂度。具体模型可表示为

$$\boldsymbol{\Phi}_{\tau i}=p_0\tau_i-\int_0^R p(\gamma)\mathrm{d}z_r(\tau_i)\mathrm{d}\gamma \tag{8.18}$$

$$\mathrm{d}z_\gamma(\tau_i)=\max\left\{\tau_i-\gamma,\min(0,\tau_i+\gamma)\right\} \tag{8.19}$$

式中，$\boldsymbol{\Phi}_{\tau i}:\mathbb{R}^2\to\mathbb{R}^2(i=X,N)$表示饱和算子；$p_0=\int_0^R p(\gamma)\mathrm{d}\gamma\leqslant\infty$表示一个正常数；$p(\gamma)$表示一个密度函数，当$\gamma>0$时满足$p(\gamma)\geqslant0$；$\mathrm{d}z_\gamma(\tau_i)$表示死区运算符。

为便于后面的轨迹跟踪控制器设计，结合公式（8.15）、公式（8.18）和公式（8.19），最终得到以下误差动力学方程：

$$\begin{cases}\dot{\boldsymbol{\eta}}=\boldsymbol{v}\\ \dot{\boldsymbol{v}}=\boldsymbol{F}_2+\boldsymbol{G}_2\boldsymbol{\Phi}_\tau+\boldsymbol{d}_v\\ \boldsymbol{\Phi}_\tau=p_0\boldsymbol{\tau}-\int_0^R p(\gamma)\mathrm{d}z_r(\boldsymbol{\tau})\mathrm{d}\gamma\end{cases} \tag{8.20}$$

注 8.3　在以前的工作中，控制输入信号幅值约束是被假设已知的，然而在实际工程应用中，控制输入信号幅值约束可能会随着执行机构的磨损而发生改变，从而导致控制性能降低。与现有的饱和模型相比，本章提出的基于死区算子的饱和约束模型具有足够的灵活性，可以对软限制和硬限制等多种饱和模型进行拟合，控制效果更好。

注 8.4　相较于硬饱和模型以非线性的形式表述输入饱和约束问题，根据公式（8.20），我们可以发现本节所给出的模型以线性的形式限制了控制输入的演化范围，从而有效降低了控制器的设计复杂度。

控制目标　针对具有输入饱和约束的欠驱动水面无人艇系统，本章的控制目标是设计一个水面无人艇的轨迹跟踪控制器，使跟踪误差在有限时间内收敛到一个小邻域，并且所有闭环信号都有界。

本节提出一种考虑输入饱和约束的滑模控制方案，使得水面无人艇能够在考虑参数不确定性、外部干扰和输入饱和约束的情况下，以有限时间收敛至参考轨迹。为了降低计算复杂

度，本节将采用基于 MLP 法的径向基函数神经网络对未知系统动力学进行逼近。为了更好地说明，输入饱和约束下滑模轨迹跟踪控制器设计过程如图 8.2 所示。在水面无人艇误差动力学模型参数未知情况下，利用径向基函数神经网络在线逼近水面无人艇数学模型未知部分，解决模型参数时变不确定性问题。水面无人艇艇上设备应精简稳定，即工控机处理单元较小，而径向基函数神经网络在线逼近过程处理较为复杂，工控机处理单元很难较快处理神经网络在线逼近过程，为了减少径向基函数神经网络在线辨识数据量，对径向基函数神经网络逼近性能进行优化，提高运算速度，采用 MLP 法对径向基函数神经网络权值进行估计。通过基于 MLP 法的径向基函数神经网络在线估计水面无人艇未建模动态，计算得出当前任务所需的控制律及自适应律，随后通过基于死区算子的光滑饱和模型得出最终水面无人艇控制输入，传输给执行机构，最终在外界干扰、饱和受限条件下，通过执行机构输出得出水面无人艇下一时刻状态，以此循环迭代完成当前任务。下面给出控制器及自适应律设计过程。

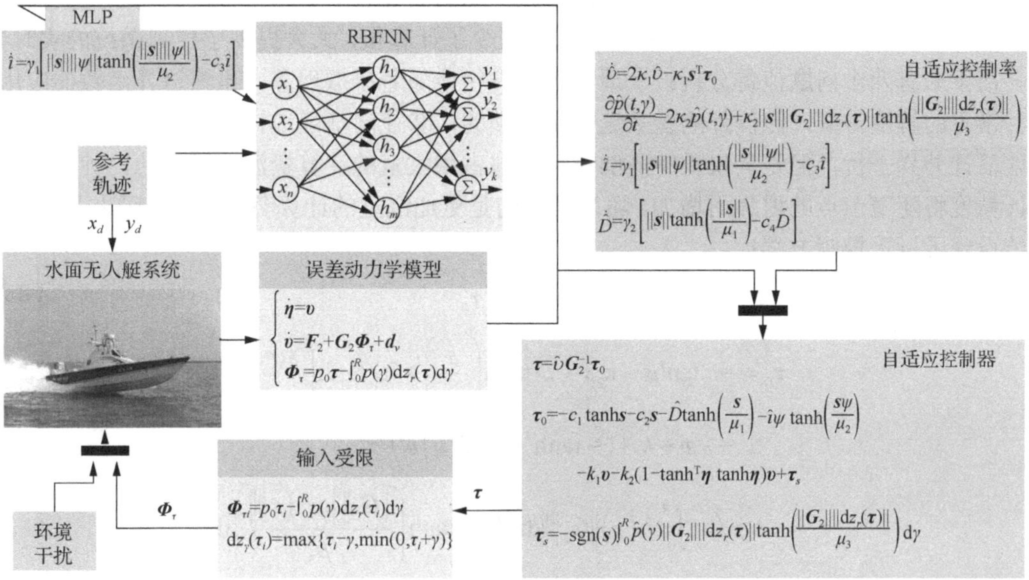

图 8.2　输入饱和约束下滑模轨迹跟踪控制器设计过程

RBFNN 为径向基函数神经网络（radial basis function neural network）

为了实现有限时间稳定，首先将滑模面设计为

$$\boldsymbol{s} = \boldsymbol{v} + k_1\boldsymbol{\eta} + k_2 \tanh \boldsymbol{\eta} \tag{8.21}$$

式中，k_1、k_2 表示正参数。对滑模面 $\boldsymbol{s}$ 进行求导并将公式（8.21）代入得

$$\begin{aligned}\dot{\boldsymbol{s}} = \boldsymbol{F}_2 + \boldsymbol{G}_2\left[p_0\boldsymbol{\tau} - \int_0^R p(\gamma)\mathrm{d}z_r(\boldsymbol{\tau})\mathrm{d}\gamma\right] \\ + \boldsymbol{d}_v + k_1\boldsymbol{v} + k_2\left(1-\tanh^{\mathrm{T}}\boldsymbol{\eta}\tanh\boldsymbol{\eta}\right)\boldsymbol{v}\end{aligned} \tag{8.22}$$

根据引理 8.1，未建模动态 $\boldsymbol{F}_2$ 和外部干扰 $\boldsymbol{d}_v$ 可通过公式（8.23）进行估计：

$$\boldsymbol{F}_2 + \boldsymbol{d}_v = \boldsymbol{W}^{*\mathrm{T}}\boldsymbol{H}(\boldsymbol{x}) + \boldsymbol{\varepsilon}(\boldsymbol{x}) \tag{8.23}$$

根据高斯函数定义以及假设 8.1 可以得出 $\boldsymbol{H}(\boldsymbol{x})$ 和 $\boldsymbol{F}_2+\boldsymbol{d}_v$ 是有界的，同时根据引理 8.1 可以得出 $\boldsymbol{W}^{*\mathrm{T}}$ 和 $\boldsymbol{\varepsilon}(\boldsymbol{x})$ 是有界的，基于上述推论，采用 MLP 法，可以有效地减少在线学习费时的问题：

$$\left\|\boldsymbol{F}_2+\boldsymbol{d}_v\right\| \leqslant \left\|\boldsymbol{W}^{*\mathrm{T}}\right\|\left\|\boldsymbol{H}(\boldsymbol{x})\right\|+\left\|\boldsymbol{\varepsilon}(\boldsymbol{x})\right\| \leqslant \iota\psi(\boldsymbol{x})+D \tag{8.24}$$

式中，$\iota=\left\|\boldsymbol{W}^{*T}\right\|$；$\psi(\boldsymbol{x}_n)=\left\|\boldsymbol{H}(\boldsymbol{x})\right\|$；$D$ 表示正设计参数。值得注意的是，不等式（8.24）将作为控制器设计和相应稳定性分析的基础。

注 8.5　需要指出的是，公式（8.21）中比例项的加入增强了控制器的鲁棒性，并确保了跟踪误差在有限时间内收敛。同时，滑模面设计中通过双曲正切函数的引入，推导出控制器输入为一个平滑函数，同时避免了抖振引起的不利影响。

注 8.6　由于更新权重矩阵的计算复杂性，基于神经网络的控制器通常需要大量计算才能获得理想的权重矩阵，通过将 MLP 法与径向基函数神经网络相结合，我们只需要估计单个参数，而不需要估计权重矩阵。从而有效地减少了计算量，大大提高了控制系统的实时性。

接下来有两个问题值得分析：①滑模控制往往伴随着抖振现象，虽然边界函数的应用是一种常见的解决方案，但额外的参数选择是烦琐的；②径向基函数神经网络虽然可以较为精确地估计外界干扰，但是其权重矩阵的更新往往占用大量的计算资源。具体地，神经网络的估计精度将随着节点的增加而增加，随之而来的是更加沉重的计算负担。为了解决上述问题，本节设计了以下控制方案：

$$\boldsymbol{\tau}=\hat{\upsilon}\boldsymbol{G}_2^{-1}\boldsymbol{\tau}_0 \tag{8.25}$$

$$\begin{aligned}\boldsymbol{\tau}_0=&-c_1\tanh\boldsymbol{s}-c_2\boldsymbol{s}-\hat{D}\tanh\left(\frac{\boldsymbol{s}}{\mu_1}\right)-\hat{\iota}\psi\tanh\left(\frac{\boldsymbol{s}\psi}{\mu_2}\right)\\&-k_1\boldsymbol{\upsilon}-k_2\left(1-\tanh^{\mathrm{T}}\boldsymbol{\eta}\tanh\boldsymbol{\eta}\right)\boldsymbol{\upsilon}+\boldsymbol{\tau}_s\end{aligned} \tag{8.26}$$

$$\boldsymbol{\tau}_s=-\mathrm{sgn}(\boldsymbol{s})\int_0^R\hat{p}(\gamma)\left\|\boldsymbol{G}_2\right\|\left\|\mathrm{d}z_r(\boldsymbol{\tau})\right\|\tanh\left(\frac{\left\|\boldsymbol{G}_2\right\|\left\|\mathrm{d}z_r(\boldsymbol{\tau})\right\|}{\mu_3}\right)\mathrm{d}\gamma \tag{8.27}$$

式中，$\upsilon=1/p_0$；c_1 和 c_2 表示设计的正参数；另外 $\hat{D}$、$\hat{\iota}$、$\hat{p}(\gamma)$ 和 $\hat{\upsilon}$ 表示相应的自适应估计值，它们的自适应控制律如下：

$$\dot{\hat{\upsilon}}=2\kappa_1\hat{\upsilon}-\kappa_1\boldsymbol{s}^{\mathrm{T}}\boldsymbol{\tau}_0 \tag{8.28}$$

$$\frac{\partial\hat{p}(t,\gamma)}{\partial t}=2\kappa_2\hat{p}(t,\gamma)+\kappa_2\left\|\boldsymbol{s}\right\|\left\|\boldsymbol{G}_2\right\|\left\|\mathrm{d}z_r(\boldsymbol{\tau})\right\|\tanh\left(\frac{\left\|\boldsymbol{G}_2\right\|\left\|\mathrm{d}z_r(\boldsymbol{\tau})\right\|}{\mu_3}\right) \tag{8.29}$$

$$\dot{\hat{\iota}}=\gamma_1\left[\left\|\boldsymbol{s}\right\|\left\|\psi\right\|\tanh\left(\frac{\left\|\boldsymbol{s}\right\|\left\|\psi\right\|}{\mu_2}\right)-c_3\hat{\iota}\right] \tag{8.30}$$

$$\dot{\hat{D}}=\gamma_2\left[\left\|\boldsymbol{s}\right\|\tanh\left(\frac{\left\|\boldsymbol{s}\right\|}{\mu_1}\right)-c_4\hat{D}\right] \tag{8.31}$$

式中，κ_1、κ_2、γ_1、γ_2、c_3 和 c_4 都是设计的正参数。

注 8.7　$\boldsymbol{\tau}_s$ 项用于补偿公式（8.22）中的非线性项 $\int_0^R p(\gamma)\mathrm{d}z_r(\boldsymbol{\tau})\mathrm{d}\gamma$ 引起的滞后效应。由于 $\int_0^R p(\gamma)\mathrm{d}z_r(\tau_i)\mathrm{d}\gamma$ 是积分形式，我们无法对其有界性进行假设，因此无法设计传统的鲁棒自适应控制器。然而，密度函数 $p(\gamma)$ 不是时间的函数，所以它可以当成输入饱和约束模型的“参数”，并且通过自适应律来获得其估计值。

8.1.3　稳定性分析

定理 8.1　考虑满足假设 8.1 的水面无人艇系统，同时在模型参数不确定、外部干扰和执行器饱和情况下，如果使用控制律［公式（8.26）～公式（8.28）］和自适应律［公式（8.29）～公式（8.32）］，则可以完成轨迹跟踪控制任务，且闭环系统内信号一致最终有界。

将对上述的滑模面的稳定性进行证明。为了方便后续的公式推导，定义如下误差：

$$\begin{aligned}&\tilde{\upsilon}=\upsilon-\hat{\upsilon},\quad \tilde{p}=p-\hat{p}\\&\tilde{D}=D-\hat{D},\quad \tilde{\iota}=\iota-\hat{\iota}\end{aligned}\tag{8.32}$$

基于上面所定义的估计误差，构造李雅普诺夫方程 V_1 如下：

$$V_1=\frac{1}{2}\boldsymbol{s}^{\mathrm{T}}\boldsymbol{s}+\frac{p_0}{2\kappa_1}\tilde{\upsilon}^2+\frac{1}{2\kappa_2}\int_0^R\tilde{p}^2(t,\gamma)\mathrm{d}\gamma+\frac{1}{2\gamma_1}\tilde{\iota}^2+\frac{1}{2\gamma_2}\tilde{D}^2\tag{8.33}$$

对公式（8.33）左右两边分别求导，并代入滑模面的一阶导数［公式（8.22）］和控制律［公式（8.25）］可得如下等式：

$$\begin{aligned}\dot{V}_1=&\boldsymbol{s}^{\mathrm{T}}\left[\boldsymbol{F}_2+\boldsymbol{d}_v+p_0\hat{\upsilon}\boldsymbol{\tau}_0-\boldsymbol{G}_2\int_0^R p(\gamma)\mathrm{d}z_r(\boldsymbol{\tau})\mathrm{d}\gamma+k_1\boldsymbol{\upsilon}+k_2\left(1-\tanh^{\mathrm{T}}\boldsymbol{\eta}\tanh\boldsymbol{\eta}\right)\boldsymbol{\upsilon}\right]\\&-\frac{p_0}{\kappa_1}\tilde{\upsilon}\dot{\hat{\upsilon}}-\frac{1}{\kappa_2}\int_0^R\tilde{p}(t,\gamma)\frac{\partial\tilde{p}(t,\gamma)}{\partial t}\mathrm{d}\gamma-\frac{1}{\gamma_1}\tilde{\iota}\dot{\hat{\iota}}-\frac{1}{\gamma_2}\tilde{D}\dot{\hat{D}}\end{aligned}\tag{8.34}$$

由上文给出的关键不等式（8.24），可知以下不等式能够成立：

$$\boldsymbol{s}^{\mathrm{T}}\left(\boldsymbol{F}_2+\boldsymbol{d}_v\right)\leqslant\|\boldsymbol{s}\|\left(\iota\psi(\boldsymbol{x})+D\right)\tag{8.35}$$

回顾 $\tilde{\upsilon}$ 的定义，同时将公式（8.28）～公式（8.31）代入公式（8.35），通过引理 8.2，即 $0<|x|-x\tanh(\mu x)\leqslant\dfrac{\kappa}{\mu}$ 化简可得出如下出不等式：

$$\begin{aligned}\dot{V}_1\leqslant&\tilde{\iota}\|\boldsymbol{s}\psi(\boldsymbol{x})\|+\boldsymbol{s}^{\mathrm{T}}\tilde{D}-c_1\|\boldsymbol{s}\|-c_2\|\boldsymbol{s}\|^2\\&-2p_0\hat{\upsilon}\tilde{\upsilon}-2\int_0^R\tilde{p}(t,\gamma)\hat{p}(t,\gamma)\mathrm{d}\gamma\\&-\tilde{\iota}\|\boldsymbol{s}\psi\|+c_3\tilde{\iota}\hat{\iota}-\tilde{D}\|\boldsymbol{s}\|+c_4\tilde{D}\hat{D}\\&+3c_1\kappa+3D\kappa\mu_1+3\iota\kappa\mu_2-\|\boldsymbol{s}\|3\kappa\mu_3\int_0^R\hat{p}(\gamma)\mathrm{d}\gamma\end{aligned}\tag{8.36}$$

根据杨氏不等式，公式（8.36）可以简化成

$$\begin{aligned}\dot{V}_1 \leqslant & -c_1\|\boldsymbol{s}\|-c_2\|\boldsymbol{s}\|^2-p_0\tilde{\upsilon}^2-\int_0^R\tilde{p}(t,\gamma)^2\mathrm{d}\gamma-\frac{c_3}{2}\tilde{\iota}^2-\frac{c_4}{2}\tilde{D}^2\\ & +3\kappa c_1+3\kappa\mu_1 D+3\kappa\mu_2\iota-3\kappa\mu_3\|\boldsymbol{s}\|\int_0^R\hat{p}(\gamma)\mathrm{d}\gamma\\ & +p_0\upsilon^2+\int_0^R p(t,\gamma)^2\mathrm{d}\gamma+\frac{c_3}{2}\iota^2+\frac{c_4}{2}D^2\\ \leqslant & -\lambda_1 V_1+\Gamma_1\end{aligned} \tag{8.37}$$

式中

$$\lambda_1=\min\left(2c_2,2\kappa_1,2\kappa_2,\gamma_1 c_3,\gamma_2 c_4\right) \tag{8.38}$$

$$\begin{aligned}\Gamma_1= & 3\kappa\left[c_1+\mu_1 D+\mu_2\iota-\mu_3\|\boldsymbol{s}\|\int_0^R\hat{p}(\gamma)\mathrm{d}\gamma\right]\\ & +p_0\upsilon^2+\int_0^R p(t,\gamma)^2\mathrm{d}\gamma+\frac{c_3}{2}\iota^2+\frac{c_4}{2}D^2\end{aligned} \tag{8.39}$$

根据引理 8.3 可以证明闭环系统内李雅普诺夫函数V，跟踪误差$\boldsymbol{\eta}$、$\boldsymbol{\upsilon}$和估计误差$\tilde{\upsilon}$、$\int_0^R\tilde{p}(t,\gamma)\mathrm{d}\gamma$、$\tilde{\iota}$、$\tilde{D}$一致最终有界。那么满足$\bar{\upsilon}>\upsilon$、$\bar{\upsilon}>\hat{\upsilon}$、$\bar{p}(t,\gamma)>p(t,\gamma)$、$\bar{p}(t,\gamma)>\hat{p}(t,\gamma)$、$\bar{\iota}>\iota$、$\bar{\iota}>\hat{\iota}$、$\bar{D}>D$和$\bar{D}>\hat{D}$的正常数$\bar{\upsilon}$、$\bar{p}(t,\gamma)$、$\bar{\iota}$和$\bar{D}$一定存在。接下来将构造新的李雅普诺夫函数来证明系统的有限时间稳定性：

$$\begin{aligned}V_2= & \frac{1}{2}\boldsymbol{s}^{\mathrm{T}}\boldsymbol{s}+\frac{p_0}{2\kappa_1}(\bar{\upsilon}-\hat{\upsilon})^2+\frac{1}{2\kappa_2}\int_0^R\left[\bar{p}(t,\gamma)-\hat{p}(t,\gamma)\right]^2\mathrm{d}\gamma\\ & +\frac{1}{\gamma_1}(\bar{\iota}-\hat{\iota})^2+\frac{1}{\gamma_2}\left(\bar{D}-\hat{D}\right)^2\end{aligned} \tag{8.40}$$

对上述函数两边分别求导可得

$$\begin{aligned}\dot{V}_2= & \boldsymbol{s}^{\mathrm{T}}\dot{\boldsymbol{s}}-\frac{p_0}{\kappa_1}(\bar{\upsilon}-\hat{\upsilon})\dot{\hat{\upsilon}}-\frac{1}{\kappa_2}\int_0^R\left[\bar{p}(t,\gamma)-\hat{p}(t,\gamma)\right]\frac{\partial\hat{p}(t,\gamma)}{\partial t}\mathrm{d}\gamma\\ & -\frac{2}{\gamma_1}(\bar{\iota}-\hat{\iota})\dot{\hat{\iota}}-\frac{2}{\gamma_2}\left(\bar{D}-\hat{D}\right)\dot{\hat{D}}\end{aligned} \tag{8.41}$$

将公式（8.28）～公式（8.31）代入公式（8.41），并根据引理 8.2 和杨氏不等式化简可得

$$\begin{aligned}\dot{V}_2\leqslant & -c_1\|\boldsymbol{s}\|-c_2\|\boldsymbol{s}\|^2-\left(\|\boldsymbol{s}\psi\|-3\kappa\mu_2\right)(\bar{\iota}-\hat{\iota})-\left(\|\boldsymbol{s}\|-3\kappa\mu_1\right)\left(\bar{D}-\hat{D}\right)\\ & -2p_0\bar{\upsilon}(\bar{\upsilon}-\hat{\upsilon})-2\int_0^R\bar{p}(t,\gamma)\left[\bar{p}(t,\gamma)-\hat{p}(t,\gamma)\right]\mathrm{d}\gamma\\ & +2(\bar{\iota}-\hat{\iota})c_3\hat{\iota}+2\left(\bar{D}-\hat{D}\right)c_4\hat{D}\\ & +3\kappa c_1+3\kappa\mu_1\bar{D}+3\kappa\mu_2\bar{\iota}-3\kappa\mu_3\|\boldsymbol{s}\|\int_0^R\bar{p}(t,\gamma)\mathrm{d}\gamma\\ \leqslant & -\lambda_2 V_2^{\frac{1}{2}}+\Gamma_2\end{aligned} \tag{8.42}$$

式中

$$\begin{aligned}\lambda_2 &= \min\left(\sqrt{2}c_1, 2\bar{\upsilon}\sqrt{2\kappa_1 p_0}, 2\sqrt{2\kappa_2}, \sqrt{\gamma_1}\left(\|s\psi\| - 3\kappa\mu_2\right), \sqrt{\gamma_2}\left(\|s\| - 3\kappa\mu_1\right)\right)\\ \Gamma_2 &= 3\kappa\left[c_1 + \mu_1\bar{D} + \mu_2\bar{\tau} - \mu_3\|s\|\int_0^R \bar{p}(t,\gamma)\mathrm{d}\gamma\right] + \frac{c_3}{2}\bar{\tau}^2 + \frac{c_4}{2}\bar{D}^2\end{aligned} \tag{8.43}$$

根据引理 8.3 最终证明得出所设计的欠驱动闭环动力学系统在输入饱和约束下具有有限时间稳定性，并且可以在有限时间内收敛到零附近的一个小邻域。

8.1.4　水面机器人饱和控制算法仿真验证

在本节中，通过两组数值模拟仿真实验来证明所提出控制机制的有效性和可行性：第一个仿真实验着重于说明所提出的具有输入饱和约束的滑模控制器在不同外界干扰条件影响下的鲁棒性；第二个仿真实验是为了证明所提出的方法具有更好的控制性能，通过对现有方法和所提出的方法在未建模动力学和外界干扰下水面机器人轨迹跟踪控制的瞬态响应和稳态保持方面的比较，证明了所提方法具有更好的控制性能。

场景 I：不同外界干扰下的比较实验。

在整个仿真过程中，水面机器人的模型参数见表 8.1。需要说明的是，这些参数对控制器是不可用的。为了证明鲁棒性，时变外部干扰由以下公式给出。

示例 1 时变外部干扰：

$$\begin{bmatrix}\tau_{dX}\\ \tau_{dY}\\ \tau_{dN}\end{bmatrix} = \begin{cases}\begin{bmatrix}-0.2\cos(0.5t)\cos t + 0.03\cos(0.5t)\sin(0.5t) - 0.3\\ 0.01\sin(0.1t)\\ 0.06\sin(1.1t)\cos(0.3t)\end{bmatrix}, & t \geqslant 40\text{s}\\ [0,0,0]^{\mathrm{T}}, & t < 40\text{s}\end{cases} \tag{8.44}$$

示例 2 时变外部干扰：

$$\begin{bmatrix}\tau_{dX}\\ \tau_{dY}\\ \tau_{dN}\end{bmatrix} = \begin{cases}\begin{bmatrix}0.03\cos(0.1t)\sin(0.1t)\\ 0.05\\ 0.12\sin(0.3t)\end{bmatrix}, & t < 40\text{s}\\ \begin{bmatrix}-0.3\cos(0.5t)\cos t + 0.3\cos(0.5t)\sin(0.5t) - 0.3\\ 0.1\sin(0.1t)\\ 0.12\cos(0.3t)\end{bmatrix}, & 40\text{s} \leqslant t \leqslant 70\text{s}\\ \begin{bmatrix}0.5\sin(0.1t) + 0.5\cos(0.1t) - 0.5\\ 0.2\sin(1.1t)\cos(0.3t)\\ 0.24\cos(0.3t)\end{bmatrix}, & t > 70\text{s}\end{cases} \tag{8.45}$$

示例 3 时变外部干扰：

$$\begin{bmatrix}\tau_{dX}\\ \tau_{dY}\\ \tau_{dN}\end{bmatrix}=\begin{cases}\begin{bmatrix}0.03\cos(0.1t)\sin(0.1t)\\ 0.05\\ 0.12\sin(0.3t)\end{bmatrix}, & t<40\text{s}\\ \begin{bmatrix}-0.8\cos(0.5t)\cos t+0.8\cos(0.5t)\sin(0.5t)-0.8\\ 0.4\sin(0.1t)\\ 0.4\cos(0.3t)\end{bmatrix}, & 40\text{s}\leqslant t\leqslant 70\text{s}\\ \begin{bmatrix}\sin(0.1t)+\cos(0.1t)-1\\ 0.8\sin(1.1t)\cos(0.3t)\\ 0.8\cos(0.3t)\end{bmatrix}, & t>70\text{s}\end{cases}\tag{8.46}$$

饱和约束条件如下：在此设置中，基于死区算子的平滑饱和约束模型的参数可选择为$l=0.01$、$R=200$和$p(\gamma)=\begin{cases}0.02, 0\leqslant\gamma\leqslant 50\\ 0, \quad \gamma>50\end{cases}$。控制律参数及自适应律参数选择见表 8.2，径向基函数神经网络中的参数选择为$b=2$、$p=30$和$c=\left[\text{linspace}(-1.5,1.5,30);\text{linspace}(-1.5,1.5,30)\right]$。

选择水面无人艇的初始条件为$[x_0,y_0,\varphi_0]^{\mathrm{T}}=[-2.21\text{m},-2.01\text{m},0.1\text{rad}]^{\mathrm{T}}$和$[u_0,v_0,r_0]^{\mathrm{T}}=[0.01\text{m/s},0.01\text{m/s},0.01\text{m/s}]^{\mathrm{T}}$。此外，设计期望轨迹如下：

$$[x_d,y_d]^{\mathrm{T}}=\begin{cases}[50\sin\omega t, 50-50\cos\omega t]^{\mathrm{T}}, & t\in[0,T_1)\\ \left[-50, 50-50\omega(t-T_1)\right]^{\mathrm{T}}, & t\in[T_1,T_1+T_2)\\ \begin{bmatrix}-100+50\cos\omega(t-T_1-T_2)\\ -50-50\sin\omega(t-T_1-T_2)\end{bmatrix}, & t\in[T_1+T_2,2T_1+T_2)\\ \left[-100+50\omega(t-2T_1-T_2),0\right]^{\mathrm{T}}, & t\in\left[2T_1+T_2,2T_1+2T_2\right]\end{cases}\tag{8.47}$$

式中，$T_1=1.5\pi/\omega$；$T_2=2/\omega$；ω=0.04。

表 8.1 水面无人艇主要模型参数

参数	取值
惯性质量参数	$m_{11}=1.956$，$m_{22}=2.405$，$m_{33}=0.043$
水动力参数	$d_{11}=2.436$，$d_{22}=12.992$，$d_{33}=0.0564$

表 8.2 控制律参数及自适应律参数

参数	取值
滑模控制参数	$k_1=5$，$k_2=5$
控制律参数	$c_1=0.1$，$c_2=0.1$，$c_3=0.5$，$c_4=0.5$， $\mu_1=0.1$，$\mu_2=0.1$，$\mu_3=100$
自适应律参数	$\kappa_1=0.001$，$\kappa_1=0.001$，$\gamma_1=2$，$\gamma_2=0.5$

仿真结果如图 8.3～图 8.8 所示。图 8.3 描述了在不同外界扰动下水面无人艇轨迹跟踪对比情况，可以明显看出，即使在不同的时变干扰和输入饱和约束情况下，所提出的控制器也具有很好的跟踪性能。在图 8.4、图 8.5 中，描述了具有输入饱和约束的滑模控制器中水面无人艇位置跟踪误差和速度跟踪误差，其中所有误差均可在 t=10s 范围内收敛到原点附近的一个小邻域，并快速达到稳定。显然，本章提出的方法对扰动的影响不敏感。更重要的是，我们可以说，即使在外部干扰较大的情况下，水面无人艇也能稳定快速地跟踪期望的轨迹。此外，图 8.6 显示了水面无人艇控制输入的时间响应。通过对上述结果观察，可以说控制力和力矩始终分别限制在 30N 和 30N·m 以内，即控制信号从未违反约束。此外，当外部干扰的振幅变大时，我们可以调整控制输入立即响应并达到稳定，从而保持良好的鲁棒性。最后，从图 8.7 和图 8.8 可以看出，自适应参数 $\hat{p}(t,\gamma)$、$\hat{\upsilon}$、$\hat{D}$ 和 $\hat{\imath}$ 是有界的。

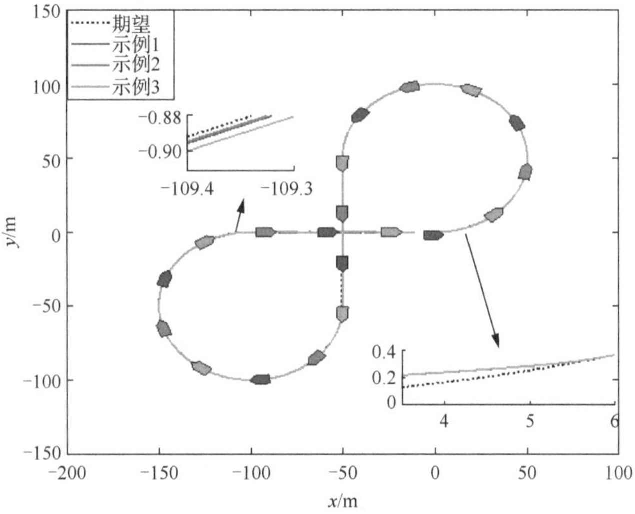

图 8.3　不同外界扰动下水面无人艇轨迹跟踪对比图

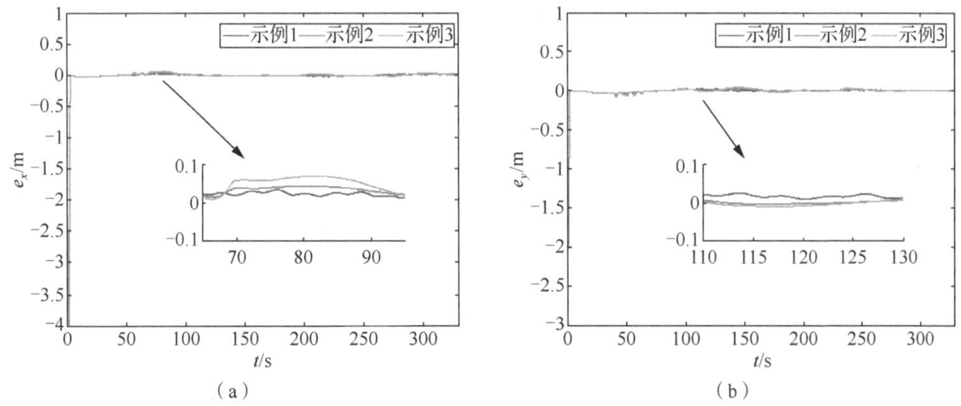

图 8.4　不同外界扰动下水面无人艇位置跟踪误差对比图

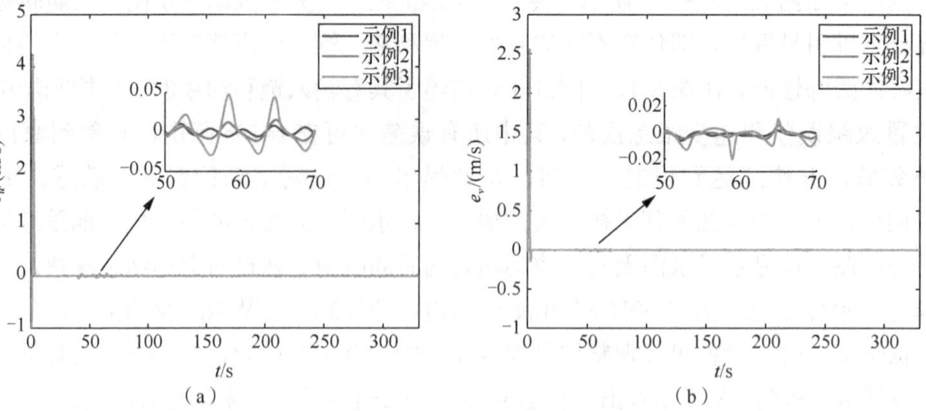

图 8.5　不同外界扰动下水面无人艇速度跟踪误差对比图

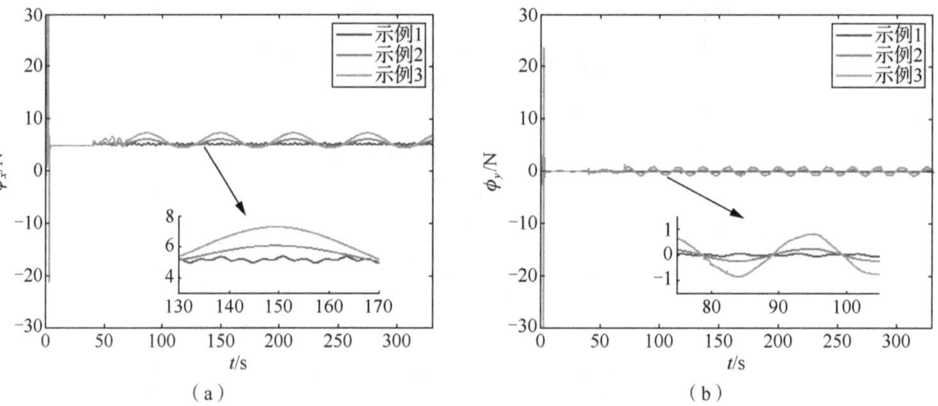

图 8.6　不同外界扰动下水面无人艇控制输入对比图

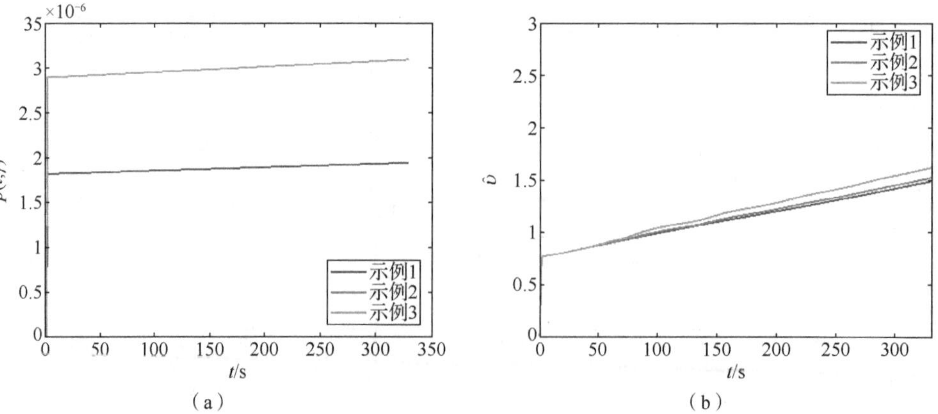

图 8.7　不同外界扰动下控制器自适应参数 $\hat{p}(t,\gamma)$、$\hat{\upsilon}$ 对比图

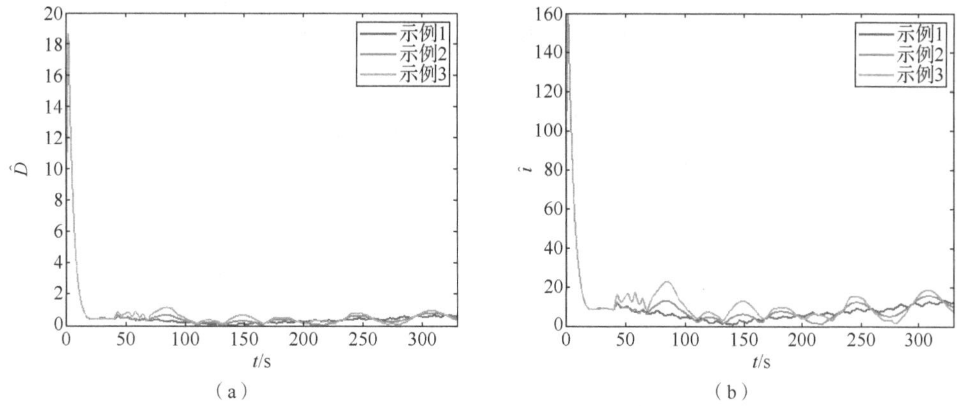

图 8.8　不同外界扰动下控制器自适应参数 $\hat{D}$ 、$\hat{\iota}$ 对比图

场景Ⅱ：不同控制机制下的比较实验。

如我们所见，上述仿真实验说明了所提出方案的鲁棒性。为了进一步验证所提出的具有输入饱和约束的快速终端滑模控制（Fast Terminal Sliding Mode Control，FTSMC）的有效性，提出了以一种基于横向关联函数（Transverse Correlation Function，TCF）法的自适应神经网络控制（Adaptive Neural Network Control，ANNC）结构设计技术为比较对象的仿真实验。为了更好地比较水面无人艇在不同控制方法下轨迹跟踪的不同跟踪效果，将设置相同的初始状态：

$$[x_0, y_0, \varphi_0]^{\mathrm{T}} = [-0.21\mathrm{m}, 50.01\mathrm{m}, 0.1\mathrm{rad}]^{\mathrm{T}}, [u_0, v_0, r_0]^{\mathrm{T}} = [0.01\mathrm{m/s}, 0.01\mathrm{m/s}, 0.01\mathrm{m/s}]^{\mathrm{T}}$$

以及外部干扰（即示例 1）。期望轨迹由公式（8.48）给出：

$$[x_d, y_d]^{\mathrm{T}} = \begin{cases} [2t, 0]^{\mathrm{T}}, & t \in [0, T_3) \\ \begin{bmatrix} 2T_3 + 50\sin\left[0.05\left(t - T_3\right)\right] \\ -50 + 50\cos\left[0.05\left(t - T_3\right)\right] \end{bmatrix}, & t \in [T_3, T_3 + T_4) \\ \begin{bmatrix} 2T_3 + 50\sin\left[-0.05\left(t - T_3 - T_4\right)\right] \\ -150 + 50\cos\left[-0.05\left(t - T_3 - T_4\right)\right] \end{bmatrix}, & t \in [T_3 + T_4, T_3 + 2T_4) \\ \begin{bmatrix} 60 + 2\left(t - T_3 - 2T_4\right) \\ -200 \end{bmatrix}, & t \in \left[T_3 + 2T_4, 200\right] \end{cases} \tag{8.48}$$

仿真结果如图 8.9～图 8.12 所示。图 8.9 展示了不同控制机制下水面无人艇轨迹跟踪对比情况，可以看出两个控制器都较好地收敛到了期望航迹，但具有输入饱和约束的滑模控制器以更快的速度收敛到了期望航迹。位置跟踪误差如图 8.10 所示，可以明显看出，两个控制器都有能力完成轨迹跟踪。尽管如此，从图 8.10 中可以看出，所提出的具有输入饱和约束的滑模控制机制能够以更短的时间达到稳定的跟踪状态，并且相对于基于横向关联函数法的自适应神经网络控制机制跟踪稳态误差更小。图 8.11 为不同控制机制下水面无人艇控制输入对比图，可以看出，具有输入饱和约束的滑模控制机制的输入信号与基于横向关联函数法的自适应神经网络控制机制相比是连续的，没有抖动现象。图 8.12 为不同控制机制下水面无人艇速度跟踪对比图，相比之下其中具有输入饱和约束的滑模控制机制的速度跟踪效果更好，没有抖动现象，当期望速度变化时，具有输入饱和约束的滑模控制机制均能以更快的速度跟踪期望速度并以更短的时间达到稳定。基于以上结果，我们得出结论，所提出的具有输入饱和约束的滑模控制机制具有更好的适应性和鲁棒性，能够有效地保护执行机构。

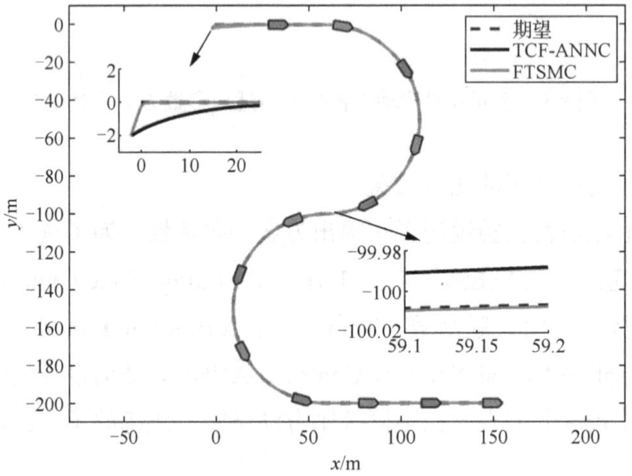

图 8.9　不同控制机制下水面无人艇轨迹跟踪对比图

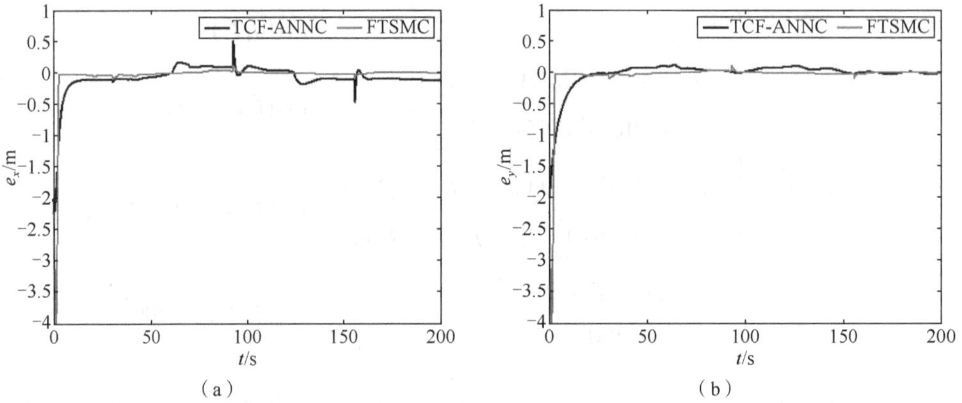

图 8.10　不同控制机制下水面无人艇位置跟踪误差对比图

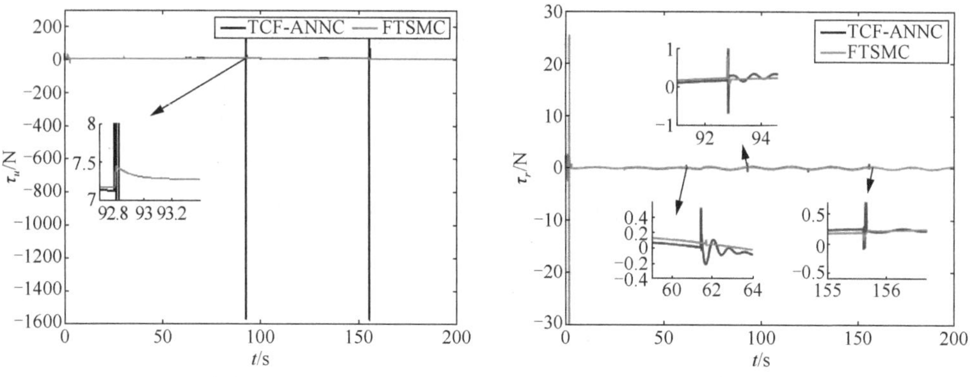

（a）　（b）

图 8.11　不同控制机制下水面无人艇控制输入对比图

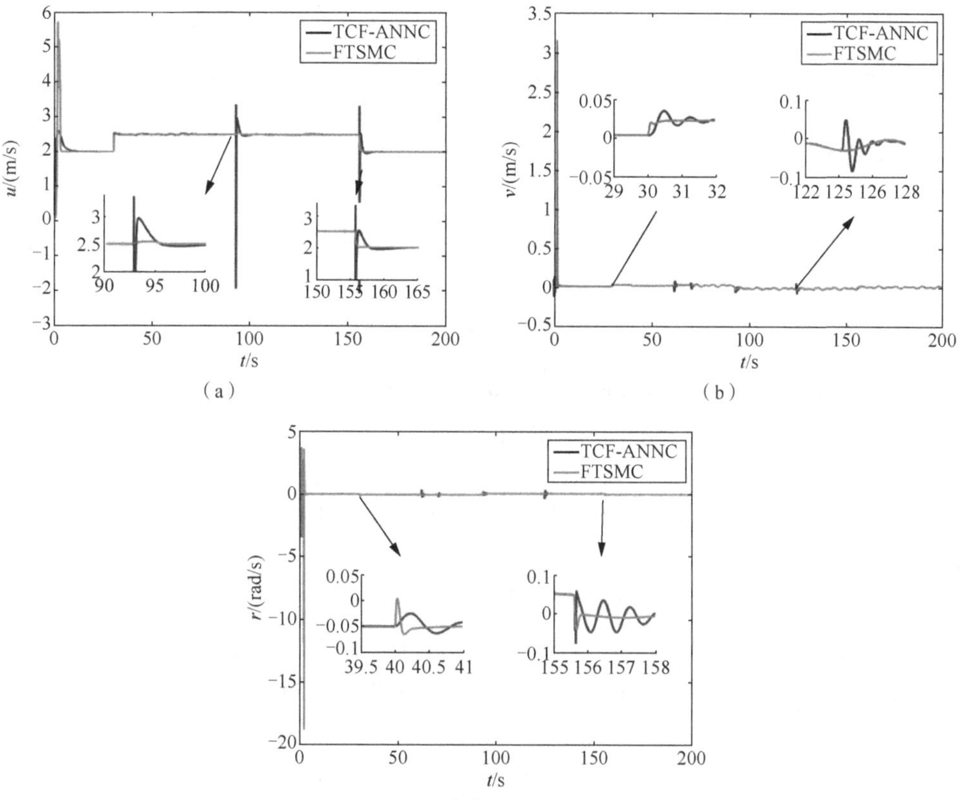

（a）　（b）

（c）

图 8.12　不同控制机制下水面无人艇速度跟踪对比图

8.2 基于性能预设的水下机器人轨迹跟踪控制

8.1 节详细阐述了存在海洋环境干扰和输入饱和约束下的水面机器人控制。但值得注意的是，其侧重于满足系统的稳态性能而忽略了瞬态性能，即收敛速度和超调量。除了输入饱和约束和海洋环境干扰外，预设性能近年来也引起了海洋机器人控制领域的极大关注。因为其在满足系统稳态性能要求的同时也保证了系统输出响应的瞬态性能，对安全完成海上任务具有重要意义。

在复杂的海洋环境下，一旦海洋机器人在航行过程中触礁或搁浅都是非常危险的，所以在通过风险海域时，保持海洋机器人在各个时刻不偏离安全航线是非常重要的。本节通过采用预设性能控制技术对输出误差进行约束，保证海洋机器人系统的输出误差在轨迹跟踪过程中满足预先设定的暂态性能和稳态性能，从而使得海洋机器人的实际轨迹与其参考轨迹之间的误差在整个航行过程中始终位于预先设定的范围内。此外，预设性能控制技术使得系统的输出误差拥有一个预先设定的时变边界，且往往选择为衰减的指数函数形式，其中的设计参数可约束跟踪误差的收敛速度、最大超调量和稳态误差等暂态性能与稳态性能。

8.2.1 基础知识

根据 8.1.1 节死区算子模型可知闭环系统信号是连续的，基于公式（8.4）和公式（8.6），最终可以将执行器动力学表述如下：

$$\mathbf{sat}(\boldsymbol{\tau}_\vartheta) = \boldsymbol{c}\boldsymbol{\tau}_\vartheta - \boldsymbol{d} + \boldsymbol{\delta} \tag{8.49}$$

式中，$\boldsymbol{c} = \mathrm{diag}\{c_1, c_2, c_3\}$；$\boldsymbol{d} = [d_1, d_2, d_3]^{\mathrm{T}}$；$\boldsymbol{\delta} = \boldsymbol{T}(\boldsymbol{\tau}_\vartheta) - \boldsymbol{O}(\boldsymbol{\tau}_\vartheta)$。

假设 8.2 惯性矩阵 $\boldsymbol{M}$ 是正定可逆的。

注 8.8 只要海洋机器人的船体具有左右对称和纵向力对称的性质，假设 8.2 便成立。由于所提出的控制方案的应用对象是具有这种对称性的海洋机器人，因此本章中假设 8.2 是成立的。

注 8.9 基于死区算子的模型的优点是它足够灵活，可以为“软限制”或“硬限制”情况建模各种饱和约束。得益于其线性化特性，自适应控制技术也可用于该方法。作为一个例子，图 8.13 展示了引理 8.4 的有效性。在图 8.13 中，密度函数选择为 $\ell(\beta) = \max\{\zeta \mathrm{sgn}(\alpha - \beta), 0\}$，其中 ζ 为常数增益。

接下来建立跟踪误差动态模型，定义所需跟踪轨迹为

$$\begin{aligned} \dot{\boldsymbol{\eta}}_d &= \boldsymbol{R}(\psi_d)\boldsymbol{\vartheta}_d \\ \dot{\boldsymbol{\vartheta}}_d &= \boldsymbol{f}_d(t) \end{aligned} \tag{8.50}$$

式中，$\boldsymbol{\eta}_d = [x_d, y_d, \psi_d]^{\mathrm{T}}$ 和 $\boldsymbol{\vartheta}_d = [u_d, v_d, r_d]^{\mathrm{T}}$ 分别表示期望的位置和航速向量；$\boldsymbol{f}_d(t) \in \mathbb{R}^{3\times1}$ 表示期望的动力学向量。据此，可以得到跟踪误差向量为 $\boldsymbol{\eta}_e = \boldsymbol{\eta} - \boldsymbol{\eta}_d$，以及速度误差向量为

$\boldsymbol{\vartheta}_e = \boldsymbol{R}(\psi)\boldsymbol{\vartheta} - \boldsymbol{R}(\psi_d)\boldsymbol{\vartheta}_d$。此外，可得跟踪误差模型为

$$\begin{aligned}\dot{\boldsymbol{\eta}}_e &= \boldsymbol{\vartheta}_e \\ \dot{\boldsymbol{\vartheta}}_e &= \dot{\boldsymbol{R}}(\psi)\boldsymbol{\vartheta} + \boldsymbol{R}(\psi)\dot{\boldsymbol{\vartheta}} - \dot{\boldsymbol{R}}(\psi_d)\boldsymbol{\vartheta}_d - \boldsymbol{R}(\psi_d)\dot{\boldsymbol{\vartheta}}_d\end{aligned} \tag{8.51}$$

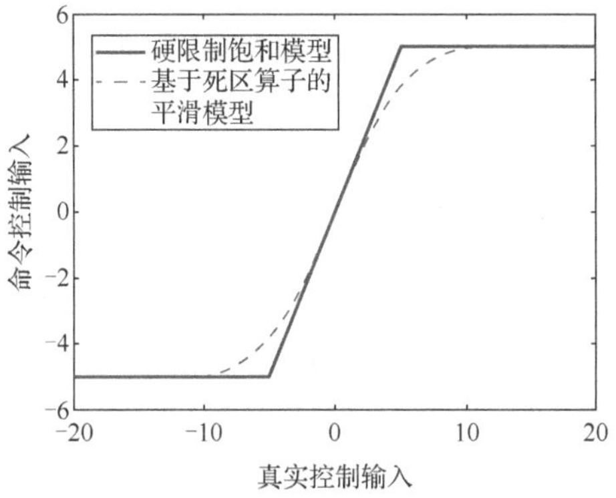

（a）$\tau_{\vartheta,\max}=5$，$\alpha=10$，$\zeta=0.1$

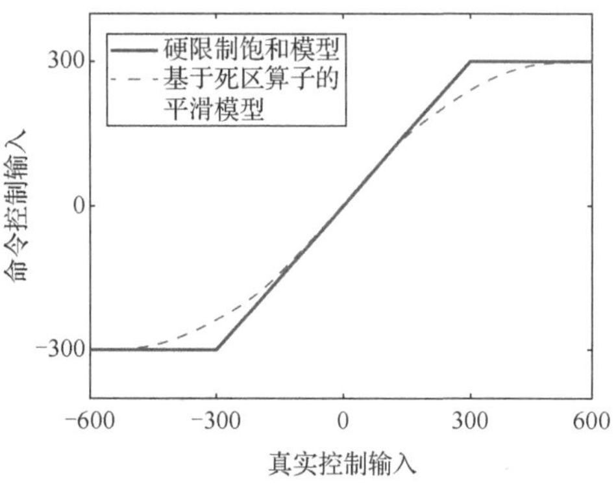

（b）$\tau_{\vartheta,\max}=300$，$\alpha=500$，$\zeta=0.0198$

图 8.13　不同条件下的饱和模型

为了简洁起见，定义 $\boldsymbol{R}=\boldsymbol{R}(\psi), \boldsymbol{R}_d=\boldsymbol{R}(\psi_d), \boldsymbol{W}=\boldsymbol{W}(\dot{\psi}), \boldsymbol{W}_d=\boldsymbol{W}(\dot{\psi}_d)$。根据海洋机器人运动模型和公式（8.49）连同 $\boldsymbol{R}(\psi)$ 的性质，等式（8.51）可写为

$$\begin{aligned}\dot{\boldsymbol{\eta}}_e &= \boldsymbol{\vartheta}_e \\ \dot{\boldsymbol{\vartheta}}_e &= \boldsymbol{\mathcal{P}}\boldsymbol{\vartheta}_e + \boldsymbol{\mathcal{F}} + \boldsymbol{\mathcal{D}} + \boldsymbol{R}\boldsymbol{M}^{-1}\boldsymbol{c}\boldsymbol{\tau}_{\vartheta}\end{aligned} \tag{8.52}$$

式中，$\boldsymbol{\mathcal{P}} = \boldsymbol{R}\boldsymbol{W}\boldsymbol{R}^{\mathrm{T}}$ 和 $\boldsymbol{\mathcal{F}} = (\boldsymbol{\mathcal{P}}\boldsymbol{R}_d - \boldsymbol{R}_d\boldsymbol{W}_d)\boldsymbol{\vartheta}_d - \boldsymbol{R}_d\boldsymbol{f}_d(t)$ 是已知的非线性项，其相关变量可以从机载传感器获取，也有部分由用户定义；$\boldsymbol{\mathcal{D}} = \boldsymbol{R}\boldsymbol{M}^{-1}\left(\boldsymbol{f}(t,\boldsymbol{\vartheta}) + \boldsymbol{\tau}_d - \boldsymbol{d} + \boldsymbol{\delta}\right)$ 表示集总不确定性。

假设 8.3　对于 $\boldsymbol{\mathcal{D}}$，存在未知的正常数 $D \in \mathbb{R}^+$，使得 $\|\boldsymbol{\mathcal{D}}\| < D$ 成立。

注 8.10　实际上，由于物理限制，控制输入会不可避免地受到限制。这意味着海洋机器人的速度是有界的，据此我们认为 $\boldsymbol{f}(t,\boldsymbol{\vartheta})$ 是有界的。根据引理 8.4，可以推导出 $\boldsymbol{\delta}-\boldsymbol{d}$ 是有界的。此外，外部环境总是以有限的能量保持变化，这意味着 $\boldsymbol{\tau}_d$ 是有界的。因此，可以得出结论，假设 8.3 是成立的。

引理 8.5　关于非线性系统的初值问题：

$$\dot{\boldsymbol{x}}(t) = f\left(t, \boldsymbol{x}(t)\right), \quad \dot{\boldsymbol{x}}(0) \in \Omega_x \tag{8.53}$$

式中，$f\left(t,\boldsymbol{x}(t)\right): \mathbb{R}^+ \times \Omega_x \to \mathbb{R}^n$ 和 $\Omega_x \subset \mathbb{R}^n$ 是非空开集。如果 $f\left(t,\boldsymbol{x}(t)\right)$ 在 $\boldsymbol{x}(t)$ 上是局部的利普希茨指数，并且对于每一个固定的 $\boldsymbol{x} \in \Omega_x$ 在 t 上是连续的，那么 $\boldsymbol{x}(t)$ 有唯一的最大解：

$$\boldsymbol{x}(t) \in \Omega_x, \quad \forall t \in [0, t_{\max}) \tag{8.54}$$

其中时间间隔为 $t \in [0, t_{\max})$ 并且 $t_{\max} \in \mathbb{R}^+$。

推论 8.1 假设引理 8.5 成立。对于给定最大解 $\boldsymbol{x}:[0,t_{\max})\to\Omega_x$，如果 $t_{\max}\in\mathbb{R}^+$，那么存在一个时间瞬间 $t^*\in[0,t_{\max})$ 使得 $\boldsymbol{x}(t^*)\notin\Omega_x^*$ 对于任何紧集 $\Omega_x^*\subset\Omega_x$ 成立。

8.2.2 控制器设计

预设性能控制的关键思想是施加适当的时变预设性能函数 $\boldsymbol{\rho}(t)$，使其作为跟踪误差 $\boldsymbol{\eta}_e$ 的约束。构造预设性能函数如下：

$$\rho_i(t)=(\rho_{0,i}-\rho_{\infty,i})\exp(-l_i t)+\rho_{\infty,i},\quad i=1,2,3 \tag{8.55}$$

式中，$\rho_{0,i}>0$ 为 $\rho_i(t)$ 的初值，在设计 $\rho_{0,i}>0$ 时要满足 $\rho_{0,i}>\left|\eta_{e,i}(0)\right|$；$\rho_{\infty,i}>0$ 是跟踪误差的最大容许值，可根据任务要求进行调整；$l_i>0$ 是预设性能函数的收敛速度，它控制 $\eta_{e,i}$ 的收敛速度。可以看出，这三个参数都具有直观的选择原则。

设计转换误差 $\boldsymbol{\xi}=\left[\xi_1,\xi_2,\xi_3\right]^{\mathrm{T}}$ 为

$$\xi_i=\eta_{e,i}/\rho_i(t),\quad i=1,2,3 \tag{8.56}$$

式中，$\boldsymbol{\rho}(t)=\left[\rho_1(t),\rho_2(t),\rho_3(t)\right]^{\mathrm{T}}$，$\boldsymbol{\eta}_e=\left[\eta_{e,1},\eta_{e,2},\eta_{e,3}\right]^{\mathrm{T}}$。显然，当 $t>0$ 时，只要 $\xi_i(i=1,2,3)$ 被迫收敛到 $\Gamma\subset(-1,1)$ 内，那么 $\boldsymbol{\eta}_e$ 将被演化到预设区域 $\boldsymbol{\rho}(t)$。进一步地，意味着通过选择设计参数 $\rho_{0,i},\rho_{\infty,i}$ 和 l_i，可以预先定量表征跟踪误差 $\boldsymbol{\eta}_e$ 的期望瞬态和稳态性能。

由于施加在控制系统上的额外状态约束会使控制器设计变得复杂，因此使用映射函数 $\boldsymbol{S}(\boldsymbol{\varepsilon})=\left[S(\varepsilon_1),S(\varepsilon_2),S(\varepsilon_3)\right]^{\mathrm{T}}$ 将受约束的系统转化为“无约束”系统：

$$\xi_i=S(\varepsilon_i)=\frac{\exp(\varepsilon_i)-\exp(-\varepsilon_i)}{\exp(\varepsilon_i)+\exp(-\varepsilon_i)},\quad i=1,2,3 \tag{8.57}$$

式中，ε_i 是转换误差；$S(\varepsilon_i)$ 是一个光滑的严格递增函数并且满足以下两个条件：① $\lim\limits_{\varepsilon_i\to 0}S(\varepsilon_i)=0$，② $-1<S(\varepsilon_i)<1$。同时 $S(\varepsilon_i)$ 的逆变换可由公式（8.58）给出：

$$\varepsilon_i=S^{-1}(\xi_i)=\frac{1}{2}\ln\left(\frac{1+\xi_i}{1-\xi_i}\right) \tag{8.58}$$

根据公式（8.58）可知，$\varepsilon_i:(-1,1)\to\mathbb{R}$ 也是一个光滑的严格递增函数。根据公式（8.57）可以验证，只要 $S(\varepsilon_i)$ 定义明确，那么 $\eta_{e,i}<\left|\rho_i(t)\right|,\forall t>0$ 自然会成立。从公式（8.58）可以进一步推断，为使 $S(\varepsilon_i)$ 定义明确，只需保证 ε_i 是有界的。据此可知，为保证 $\boldsymbol{\eta}_e$ 能够在预设的范围内演化，只需稳定“无约束”误差 ε_i 即可。给出图 8.14，以更直观地展示受到预设性能约束的跟踪误差和变换函数 $S(\varepsilon_i)$ 的演化趋势。

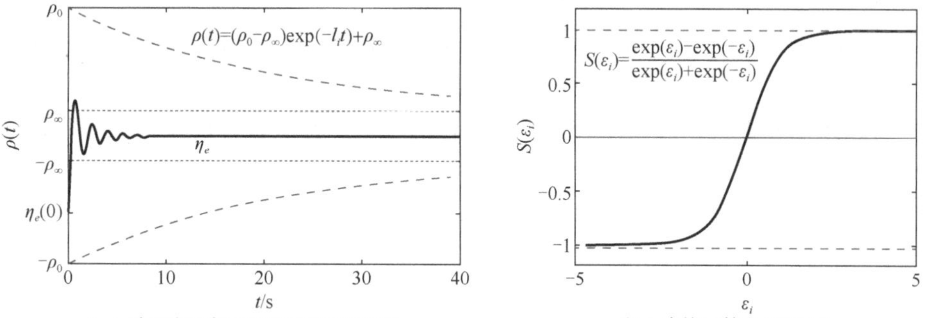

（a）受性能约束的跟踪误差演化趋势　（b）变换函数$S(\varepsilon_i)$的图示

图 8.14　受性能约束的跟踪误差演化趋势和变换函数 $S\left(\varepsilon_i\right)$ 的图示

下面着重于为考虑模型不确定性和输入饱和约束的多变量系统设计一种预设性能控制方案。首先，给出控制目标。

控制目标　本章旨在开发一种轨迹跟踪控制器 $\boldsymbol{\tau}_\vartheta$，从而可以实现以下任务要求：

（1）所得闭环系统信号在 $t>0$ 时都是半全局一致最终有界的。

（2）跟踪误差 $\boldsymbol{\eta}_e$ 可以总是被限制在一个预先指定的允许区域内，也就是说，$\eta_{e,i}<\left|\rho_i(t)\right|$ 对任意 $t>0$ 都成立。

为此，将误差度量定义为

$$\boldsymbol{s}=\boldsymbol{\varepsilon}+\boldsymbol{K}\dot{\boldsymbol{\varepsilon}} \tag{8.59}$$

式中，$\boldsymbol{K}=\operatorname{diag}\left\{\boldsymbol{K}_1,\boldsymbol{K}_2,\boldsymbol{K}_3\right\}$，$\boldsymbol{K}_i>0$ 是被设计的常数矩阵。如我们所见，误差度量 $\boldsymbol{s}=\left[s_1,s_2,s_3\right]^{\mathrm{T}}$ 被设计为 $\boldsymbol{\varepsilon}$ 及其导数 $\dot{\boldsymbol{\varepsilon}}$ 的组合，当该度量有界时，即可保证 $\boldsymbol{\varepsilon}$ 和 $\dot{\boldsymbol{\varepsilon}}$ 都是半全局一致最终有界的。因此，只要设计合理的控制器，使得 $\boldsymbol{s}$ 被收敛到一个小的残差集合，那么控制目标（2）就自然可以实现。

根据上面的介绍，对公式（8.52）中 $\boldsymbol{s}$ 求导，获得如下误差度量的动态：

$$\dot{s}_i(t)=\boldsymbol{K}_i\mathcal{L}_i\left(\sum_{j=1}^{3}\mathcal{P}_{ij}\vartheta_{e,j}+\mathcal{F}_i+\mathcal{D}_i+2\mathcal{G}_i\right)+\mathcal{L}_i\dot{\eta}_{e,i}+\boldsymbol{K}_i\mathcal{L}_i\sum_{j=1}^{3}\left(\boldsymbol{R}\boldsymbol{M}^{-1}\right)_{ij}c_i\tau_{\vartheta,j} \tag{8.60}$$

$$\mathcal{L}_i(t)=\rho_i^{-1}(t)\frac{\partial\varepsilon_i}{\partial\xi_i}=\frac{\rho_i^2(t)}{\rho_i^2(t)-\eta_{e,i}^2} \tag{8.61}$$

$$\mathcal{G}_i=\frac{\eta_{e,i}\left[\dot{\eta}_{e,i}^2+\dot{\rho}_i^2(t)-\eta_{e,i}\dot{\eta}_{e,i}\rho_i(t)\dot{\rho}_i(t)\right]}{\rho_i^2(t)-\eta_{e,i}^2}-\frac{\dot{\eta}_{e,i}\dot{\rho}_i(t)+\eta_{e,i}\ddot{\rho}_i(t)}{2\rho_i(t)} \tag{8.62}$$

式中，$\mathcal{P}_{ij}$, $\mathcal{F}_i$, $\mathcal{D}_i$, $(\boldsymbol{R}\boldsymbol{M}^{-1})_{ij}$ 和 $\vartheta_{e,j}$ 是给定对应矩阵（向量）的第 j 列（和第 i 行）元素。为了便于下面的分析，给出等式（8.60）的堆栈形式：

$$\dot{\boldsymbol{s}}=\boldsymbol{K}\boldsymbol{\mathcal{L}}\left(\boldsymbol{\mathcal{P}}\dot{\boldsymbol{\eta}}_e+\boldsymbol{\mathcal{F}}+\boldsymbol{\mathcal{D}}+2\boldsymbol{\mathcal{G}}\right)+\boldsymbol{\mathcal{L}}\dot{\boldsymbol{\eta}}_e+\boldsymbol{K}\boldsymbol{\mathcal{L}}\boldsymbol{R}\boldsymbol{M}^{-1}\boldsymbol{c}\boldsymbol{\tau}_\vartheta \tag{8.63}$$

式中，$\boldsymbol{\mathcal{L}}=\operatorname{diag}\{\mathcal{L}_1,\mathcal{L}_2,\mathcal{L}_3\}$，$\boldsymbol{\mathcal{G}}=[\mathcal{G}_1,\mathcal{G}_2,\mathcal{G}_3]^{\mathrm{T}}$。至此，控制目标（2）最终转化为动力系统方程公式（8.63）是否稳定的问题。

接下来给出以下三个步骤来赋予系统预设的性能：

（1）对跟踪误差$\boldsymbol{\eta}_e$施加适当的预设性能函数，使得瞬态和稳态性能指标可以先验地定量表征。为此，设计了一个约束误差$\boldsymbol{\xi}$。

（2）将约束误差$\boldsymbol{\xi}$变换为“无约束”误差，从而降低控制设计的复杂性。为此，给出了一个映射函数$\boldsymbol{S}(\boldsymbol{\varepsilon})=\boldsymbol{\xi}$。

（3）同时稳定“无约束”误差$\boldsymbol{\varepsilon}$及其导数，使得跟踪误差可以严格地在预定区域内演化。为此，构建了一个误差度量$\boldsymbol{s}$。

注 8.11　值得注意的是，有关预设性能控制的设计过程，与上述设计流程存在些许差异。为了赋予控制器预设性能，8.1 节中先是设计误差流形，然后定义变换后的误差。虽然这样的流程将进一步简化控制设计的过程，但预设性能函数不能直接施加于$\boldsymbol{\eta}_e$上。因此，参数选择不会像本章中那样直观。总的来说，这两个过程都有各自的好处，设计者可以根据自己的意愿在不同的框架之间切换。

根据上述陈述，设计预设性能控制器为

$$\boldsymbol{\tau}_{\vartheta}=-\frac{k}{1-\boldsymbol{s}^{\mathrm{T}}\boldsymbol{\Theta}\boldsymbol{s}}\boldsymbol{c}^{-1}\boldsymbol{R}\boldsymbol{\mathcal{L}}^{\mathrm{T}}\boldsymbol{\Theta}\boldsymbol{s} \tag{8.64}$$

式中，k为正向控制增益；$\boldsymbol{\Theta}=\mathrm{diag}\{\theta_1,\theta_2,\theta_3\}$为自定义矩阵，其中$\theta_i>0,\ i=1,2,3$。需要注意的是，这些增益仅在预设范围内影响控制性能。此外，为了直观地说明设计过程，图 8.15 给出了所提出的控制方案的示意图。

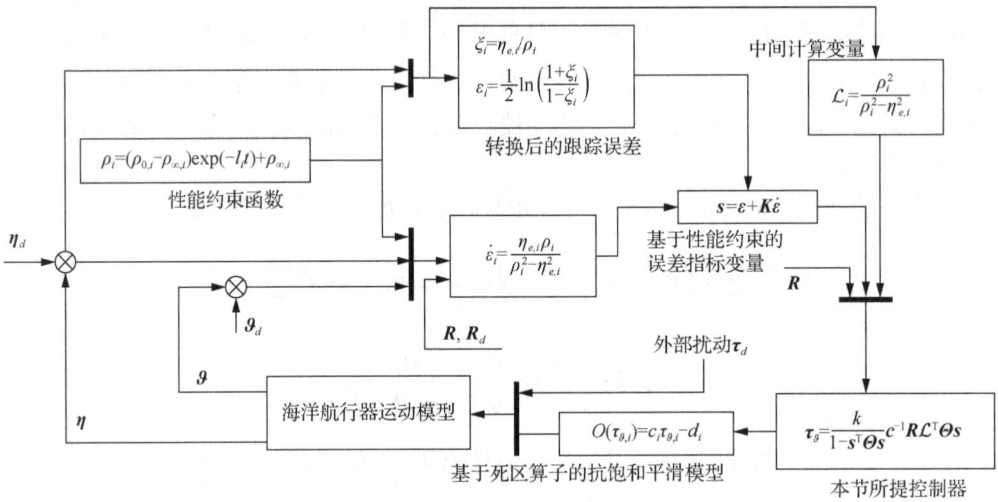

图 8.15　具有预设性能的海洋机器人控制框架图

注 8.12　在所提出的控制方案中，等式（8.64）中$\left(1-\boldsymbol{s}^{\mathrm{T}}\boldsymbol{\Theta}\boldsymbol{s}\right)^{-1}$项和$\boldsymbol{\Theta}\boldsymbol{s}$项被用来保证闭环系统即使在外部干扰和参数不确定性同时出现时也是半全局一致最终有界的。为了赋予控制器预设的性能度量，中间变量$\boldsymbol{\mathcal{L}}^{\mathrm{T}}$被嵌入，使得跟踪误差$\boldsymbol{\eta}_e$可以严格地在预设的性能包络内演化。这里引入$\boldsymbol{c}^{-1}$这一项是为了补偿输入饱和约束带来的影响。

注 8.13　根据公式（8.64）可以看出所提出的控制方案没有包含任何系统参数的先验知识。也没有采用近似结构（例如自适应律、估计方法、神经网络和模糊系统）来获取这种知识，即控制器是“不依赖于估计器的”。此外，可以注意控制信号的产生（即稳定性分析方面和控制信号解算方面）没有涉及复杂的计算。这些因素保证了控制器的低复杂性架构，且降低了控制单元的计算负担。关于该架构是如何做到“不依赖于估计器”就能解决不确定性的详细说明，可以参考 8.2.3 节稳定性分析和注 8.14。

注 8.14　将跟踪误差严格控制在预定的性能包络内意味着控制性能仅由特定的预设性能函数 $\rho_i(t),\ i=1,2,3$ 决定。由于 $\rho_i(t),\ i=1,2,3$ 具有直观的参数选择原则，加之该控制架构省略了用以补偿不确定性和干扰的辅助信号的部署（辅助信号往往附带许多需要整定的参数），其控制增益的选择过程被显著简化。从上面的陈述和注 8.13 可以推断出本章节所设计的控制器是易于部署的。

8.2.3　稳定性分析

本节的主要结果总结在下面的定理 8.2 中，其中控制器公式（8.64）用于保证 $\boldsymbol{s}$ 的有界性，从而确保跟踪误差 $\boldsymbol{\eta}_e$ 可以在其预设的性能包络内演化。

定理 8.2　对于满足假设 8.2 和假设 8.3 的跟踪误差系统方程（8.53），若采用所提出的控制方案（8.64），其中涉及的参数及初始情况满足公式（8.65）、公式（8.66），则控制目标（1）和（2）能够被实现。

$$\left|\eta_{e,i}(0)\right| < \rho_{0,i},\quad i=1,2,3 \tag{8.65}$$

$$\boldsymbol{s}^{\mathrm{T}}(0)\boldsymbol{\Theta}\boldsymbol{s}(0) < 1 \tag{8.66}$$

证明　定理 8.2 的证明需要两个步骤。首先，借助于引理 8.5，证明时间区间 $[0,t_{\max})$ 上唯一极大解 $\xi_i \in \Gamma_i=(-1,1),\ i=1,2,3$ 的存在性。其次，基于推论 8.1，说明在控制器的作用下，$t_{\max}=+\infty$ 将保持成立。基于以上结论，最终可以验证定理 8.2。

步骤一　由于选择的参数 $\rho_{0,i}$ 满足 $\rho_{0,i} > \left|\eta_{e,i}(0)\right|,\ i=1,2,3$，我们可以保证 $\left|\xi_i(0)\right|<1$ 是成立的。在这种情况下，ξ_i 的时间导数满足

$$\dot{\xi}_i = \rho_i^{-2}(t)\left[\dot{\eta}_{e,i}\rho_i(t) - \eta_{e,i}\rho_i(t)\right] \tag{8.67}$$

由此可得，$\dot{\xi}_i$ 在 t 上是连续且局部可积的，且在 ξ_i 上是局部利普希茨的。此外，可以从公式（8.57）上保证 $\varepsilon_i,\ i=1,2,3$ 在区间 $\Gamma_i=(-1,1)$ 上定义明确且连续。因此，根据引理 8.5 可得，在时间间隔 $[0,t_{\max})$ 上存在唯一的极大解 $\xi_i:[0,t_{\max})\to\Gamma_i$。也就是说在 $t_{\max}\in\mathbb{R}^+\cup\{+\infty\}$ 条件下 $\xi_i\in\Gamma_i,\ \forall t\in[0,t_{\max})$ 是成立的。

步骤二　根据步骤一的结论，我们可以确保 $\varepsilon_i, \forall t\in[0,t_{\max})$ 是有定义的。此外，可以推断，对于所有的 $t\in[0,t_{\max})$，$\boldsymbol{s}$ 是连续可微的。基于以上分析，构建如下李雅普诺夫函数：

$$V=\frac{1}{4}\left(\boldsymbol{s}^{\mathrm{T}}\boldsymbol{\Theta}\boldsymbol{s}\right)^2 \tag{8.68}$$

对公式（8.68）两边求导，并代入公式（8.63），可得

$$\begin{aligned}\dot{V} &= \boldsymbol{s}^{\mathrm{T}}\boldsymbol{\Theta s}\left(\dot{\boldsymbol{s}}^{\mathrm{T}}\boldsymbol{\Theta s}\right)\\ &= \boldsymbol{s}^{\mathrm{T}}\boldsymbol{\Theta s}\left[\boldsymbol{K}\boldsymbol{\mathcal{L}}\left(\boldsymbol{\mathcal{P}}\dot{\boldsymbol{\eta}}_e + \boldsymbol{\mathcal{F}} + \boldsymbol{\mathcal{D}} + 2\boldsymbol{\mathcal{G}}\right) + \boldsymbol{\mathcal{L}}\dot{\boldsymbol{\eta}}_e + \boldsymbol{K}\boldsymbol{\mathcal{L}}\boldsymbol{R}\boldsymbol{M}^{-1}\boldsymbol{c}\boldsymbol{\tau}_{\vartheta}\right]^{\mathrm{T}}\boldsymbol{\Theta s}\\ &= \boldsymbol{s}^{\mathrm{T}}\boldsymbol{\Theta s}\left(\boldsymbol{\mathcal{P}}\dot{\boldsymbol{\eta}}_e + \boldsymbol{\mathcal{F}} + \boldsymbol{\mathcal{D}} + 2\boldsymbol{\mathcal{G}} + \boldsymbol{K}^{-1}\dot{\boldsymbol{\eta}}_e + \boldsymbol{R}\boldsymbol{M}^{-1}\boldsymbol{c}\boldsymbol{\tau}_{\vartheta}\right)^{\mathrm{T}}\boldsymbol{\mathcal{L}}^{\mathrm{T}}\boldsymbol{K}^{\mathrm{T}}\boldsymbol{\Theta s}\end{aligned} \tag{8.69}$$

由于力的大小是有限的（即存在输入约束），海洋机器人的航速必然有界，同时期望的轨迹由用户设计，基于上述两点，回顾$\boldsymbol{\mathcal{P}}$的定义可知$\boldsymbol{\mathcal{P}}$是有界的。同样地，由于期望的轨迹是自定义的，并且$\|\boldsymbol{R}\|\leqslant 1$成立，因此很容易验证$\boldsymbol{\mathcal{F}}$的有界性。根据假设 8.2 和假设 8.3，毫无疑问，$\boldsymbol{\mathcal{D}}$、$\boldsymbol{M}^{-1}$也是有界的。另外，从步骤一的结论，可以推导出$\boldsymbol{\eta}_e$、$\dot{\boldsymbol{\eta}}_e$在时间间隔$[0,t_{\max})$上都是有界的。此外，有

$$\mathcal{L}_i = \frac{\rho_i(t)}{\rho_i^2(t)-\eta_{e,i}^2} < a_i,\quad i=1,2,3 \tag{8.70}$$

$$\mathcal{G}_i = \frac{\eta_{e,i}\left[\dot{\eta}_{e,i}^2 + \dot{\rho}_i^2(t) - \eta_{e,i}\dot{\eta}_{e,i}\rho_i(t)\dot{\rho}_i(t)\right]}{\rho_i^2(t)-\eta_{e,i}^2} - \frac{\dot{\eta}_{e,i}\dot{\rho}_i(t)+\eta_{e,i}\ddot{\rho}_i(t)}{2\rho_i(t)} < b_i,\quad i=1,2,3 \tag{8.71}$$

式中，$a_i, b_i, i=1,2,3$是未知的正常数。因此，可以推导出以下不等式。

$$\left\|\boldsymbol{\mathcal{F}} + \left(\boldsymbol{\mathcal{P}} + \boldsymbol{K}^{-1}\right)\dot{\boldsymbol{\eta}}_e + \boldsymbol{\mathcal{D}} + 2\boldsymbol{\mathcal{G}}\right\| < q_1 \tag{8.72}$$

$$\left\|\boldsymbol{\mathcal{L}}^{\mathrm{T}}\boldsymbol{K}^{\mathrm{T}}\boldsymbol{\Theta s}\right\| < q_2 \tag{8.73}$$

式中，$q_1>0, q_2>0$是未知常数。这里需要注意的是公式（8.72）、公式（8.73）在时间间隔$[0,t_{\max})$，$t_{\max}\in\mathbb{R}^+\cup\{+\infty\}$内成立，而不是$t_{\max}=+\infty$。在接下来的内容中，我们将证明$t_{\max}=+\infty$时，上述两公式亦能成立。为此，定义$\varXi=\boldsymbol{s}^{\mathrm{T}}\boldsymbol{\Theta s}$，并代入控制器方程［公式（8.64）～公式（8.69）］可得

$$\begin{aligned}\dot{V} &\leqslant \varXi\left(q_1q_2 + \boldsymbol{\tau}_{\vartheta}^{\mathrm{T}}\boldsymbol{c}^{\mathrm{T}}\boldsymbol{M}^{-\mathrm{T}}\boldsymbol{R}\boldsymbol{\mathcal{L}}^{\mathrm{T}}\boldsymbol{K}^{\mathrm{T}}\boldsymbol{\Theta s}\right)\\ &\leqslant \varXi\left(q_1q_2 - \frac{k}{1-\varXi}\boldsymbol{s}^{\mathrm{T}}\boldsymbol{\Theta}^{\mathrm{T}}\boldsymbol{\mathcal{L}}\boldsymbol{R}^{\mathrm{T}}\boldsymbol{M}^{-\mathrm{T}}\boldsymbol{R}\boldsymbol{\mathcal{L}}^{\mathrm{T}}\boldsymbol{K}^{\mathrm{T}}\boldsymbol{\Theta s}\right)\\ &\leqslant \varXi\left(q_1q_2 - \frac{\lambda_1\lambda_2}{1-\varXi}\varXi\right)\\ &\leqslant \varXi\left(-\frac{(q_1q_2+\lambda_1\lambda_2)\varXi}{1-\varXi} + \frac{q_1q_2}{1-\varXi}\right)\end{aligned} \tag{8.74}$$

这里，$\lambda_1>0, \lambda_2>0$分别是矩阵$k(\boldsymbol{K\Theta})^{\mathrm{T}}$和$\boldsymbol{\mathcal{L}}\boldsymbol{R}^{\mathrm{T}}\boldsymbol{M}^{-\mathrm{T}}\boldsymbol{R}\boldsymbol{\mathcal{L}}^{\mathrm{T}}$的最小特征值。为了避免过长的数学表达式，定义$\mu=q_1q_2+\lambda_1\lambda_2$，因此公式（8.74）可以改写为

$$\begin{aligned}\dot{V} &\leqslant \varXi\left(\frac{-\mu\varXi}{1-\varXi} + \frac{q_1q_2}{1-\varXi}\right)\\ &= \frac{\mu\varXi}{1-\varXi}\left(\frac{q_1q_2}{\mu} - \varXi\right)\\ &= -\mathcal{A}V + \mathcal{B}\end{aligned} \tag{8.75}$$

式中，$\mathcal{A}=4\mu(1-\varXi)^{-1}$；$\mathcal{B}=q_1q_2\varXi(1-\varXi)^{-1}$。由于$\mu^{-1}q_1q_2$满足不等式$0<\mu^{-1}q_1q_2<1$，并且$0<\varXi(0)<1$可以通过选择合适的$\boldsymbol{\Theta}$来满足。据此，我们可以讨论以下两种情况：①如果$0<\mu^{-1}q_1q_2<\varXi(0)<1$成立，则可以通过公式（8.74）得出结论$\dot{V}(0)<0$，这意味着$\varXi$将会一直递减，直到它满足条件$\varXi<\mu^{-1}q_1q_2$。也就是说，$\varXi$将被迫收敛到残差集$\varOmega=\left\{\varXi \mid 0\leqslant\varXi\leqslant\mu^{-1}q_1q_2\right\}$中。②如果$0<\varXi(0)<\mu^{-1}q_1q_2<1$成立，可以推导出$\varXi=4V\leqslant 4\mathcal{B}\mathcal{A}^{-1}=q_1q_2\mu^{-1}$。由于$\mathcal{A}>0$并且$\mathcal{B}>0$，这样，$\varXi$仍然会收敛到残差集$\varOmega$中。

基于以上分析，可以得出$\varXi, t<t_{\max}$将在一个小区域$\varXi\in[0,\ \varDelta]$内演化，其中$\varDelta=\max\left\{\varXi(0),\ \mu^{-1}q_1q_2\right\}<1$。根据$\varXi$的定义，得到以下不等式：

$$-\sqrt{\frac{\varDelta}{\theta_i}}<s_i<\sqrt{\frac{\varDelta}{\theta_i}},\quad i=1,2,3,\quad \forall t\in\left[0,t_{\max}\right) \tag{8.76}$$

然后，很容易从公式（8.56）得出：

$$\frac{\eta_{e,i}}{\rho_i(t)}=\xi_i\in\varGamma_i',\quad i=1,2,3,\quad \forall t\in\left[0,t_{\max}\right) \tag{8.77}$$

式中，$\varGamma_i'\subset\varGamma_i=(-1,\ 1)$。根据推论 8.1，如果$t_{\max}\in\mathbb{R}^+$，那么对于任意子集$\varGamma_i^*\subset\varGamma_i$，存在一个瞬时时刻$t^*\in[0,\ t_{\max})$，使得$\xi_i(t^*)\notin\varGamma_i^*$。然而，可以从公式（8.77）看出，对于所有$t\in[0,\ t_{\max})$，$\xi_i(t^*)$保持在子集$\varGamma_i'$中。这样的矛盾暗示着$t_{\max}=+\infty$成立。回顾公式（8.58），可以确保对于所有$t>0$，$\eta_{e,i}$将严格地在约束$\eta_{e,i}<\left|\rho_i(t)\right|$内演化。这反过来意味着公式（8.73）和公式（8.74）对所有$t>0$成立。鉴于这一结论，结合引理 8.3，可以从公式（8.75）、公式（8.76）进一步保证所有闭环系统信号都是半全局一致最终有界的。至此，定理 8.2 的证明完成。

注 8.15　从定理 8.2 的证明可以看出$\boldsymbol{s}$有界，从而赋予闭环系统预设的性能，同时保证系统的稳定性。这意味着所提出的控制方案可以实现其目标，而不需要将$\boldsymbol{s}$收敛到任意可能小的区域，这不同于以前的滑模控制方法。本着这种理念，集总不确定性$\boldsymbol{\mathcal{D}}$可以在没有任何辅助控制信号的情况下得到补偿，因为它只影响$\boldsymbol{s}$的大小，而不会改变所获得的稳定性。换句话说，仅由$\rho_i(t),\ i=1,2,3$确定的跟踪性能变得不受模型不确定性的影响，从而大大扩展了所提出的控制方案的鲁棒性。

注 8.16　为了赋予控制器抗饱和特性，估计方法被用来补偿指令和实际控制输入之间的差异。相反，本章强加了一个平滑的死区算子模型［公式（8.53）、公式（8.54）］在控制框架上。如图 8.15 所示，这种模型充当限制控制信号幅度的滤波器。为了抵消引入该模型所带来的影响，在控制方案中增加了$\boldsymbol{c}^{-1}$这一项［见公式（8.74）］。由于控制输入信号的最大允许值可以通过实际试验获得，因此$\boldsymbol{c}^{-1}$的值能够很容易地被推导出来。

注 8.17　本章主要研究系统的安全性和简便性。具体而言，跟踪误差的预设演变使得系统更加安全，因为这一特性有效地避免了误差过大的情况发生。同时，简单的体系结构、较低的计算负担和直观的参数调节使控制器具有简便性。这样的控制器易于部署。但是，如公式（8.75）所示，所提出的控制器的一个缺点是，其仅能保证渐近收敛速度，这意味着它将不适合面向时间的任务。为了扩大控制器的应用范围，我们将进一步致力于改进。

8.2.4 预设性能控制算法仿真验证

本节进行数值模拟仿真实验，以证明所提出的预设性能控制算法的可行性和有效性。更具体地说，首先在系统上施加外部扰动和模型扰动，以证明所提控制方案的可行性和鲁棒性。然后，给出对比仿真结果，以展示所提出控制器的优势。最后，展示所提控制器不同设计参数下的性能变化。对描述为公式（8.78）、公式（8.79）的系统进行了数值模拟仿真实验。

$$\dot{\boldsymbol{\eta}} = \boldsymbol{R}(\psi)\boldsymbol{\vartheta} \tag{8.78}$$

$$\boldsymbol{M}\dot{\boldsymbol{\vartheta}} + \underbrace{\boldsymbol{C}(\boldsymbol{\vartheta})\boldsymbol{\vartheta} + \boldsymbol{D}(\boldsymbol{\vartheta})\boldsymbol{\vartheta} + \boldsymbol{g}}_{-f(t,\boldsymbol{\vartheta})} = \mathbf{sat}\left(\boldsymbol{\tau}_{\vartheta}\right) + \boldsymbol{\tau}_d \tag{8.79}$$

式中，$\boldsymbol{C}(\boldsymbol{\vartheta}) \in \Re^{3\times3}$ 表示科里奥利向心力矩阵；$\boldsymbol{D}(\boldsymbol{\vartheta}) \in \Re^{3\times3}$ 表示流体动力阻尼矩阵；$\boldsymbol{g} \in \Re^3$ 表示模型扰动；$\boldsymbol{\tau}_d \in \Re^3$ 表示外部环境扰动。上面提到的术语都是在固定坐标系的框架中体现的。其他参数的定义与系统动力学模型中的定义相同。

由于存在输入饱和约束，假设最大允许控制输入信号为 $\tau_{\vartheta,\max i} = 300,\ i = 1,2,3$。其他控制参数的选择见表 8.3，其中死区算子模型的密度函数选择为 $\ell(\beta) = \max\left\{\zeta \operatorname{sgn}(\alpha - \beta), 0\right\}$，$\zeta$ 是常数。

表 8.3　无逼近控制方案的增益参数

描述	数值
死区算子模型增益	$\alpha_i = 550,\ i = 1,2,3$；$\zeta_i = 0.0198,\ i = 1,2,3$
控制器增益	$\boldsymbol{K} = \operatorname{diag}\{2,2,1\}$，$\boldsymbol{\Theta} = \operatorname{diag}\{0.6,0.6,0.6\}$，$k = 200$
约束边界	$\rho_1(t) = \rho_2(t) = 0.8\exp(-0.15t) + 0.05$，$\rho_3(t) = 0.26\exp(-0.15t) + 0.0175$

8.2.4.1 不同外界干扰下的比较结果

在本节中，期望轨迹定义为公式（8.80）；初始状态定义为 $\boldsymbol{\eta}_d = [0,0,0]^{\mathrm{T}}$ 和 $\boldsymbol{\vartheta}_d = [1,0,0]^{\mathrm{T}}$；海洋机器人的初始条件选择为 $\boldsymbol{\eta}(0) = [-0.4, 0.5, \pi/18]^{\mathrm{T}}$ 和 $\boldsymbol{\vartheta}(0) = [0.8, -0.1, 0.05]^{\mathrm{T}}$。然后，考虑模型扰动和外部扰动两种情况来证明鲁棒性。

$$\begin{aligned} f_{d,1}(t) &= 0.01\cos(0.015\pi t) \\ f_{d,2}(t) &= -0.05\sin(0.1\pi t) \\ f_{d,3}(t) &= 0.01\cos(0.02\pi t) \end{aligned} \tag{8.80}$$

场景 I：将模型扰动 $\boldsymbol{g}$ 和外部扰动 $\boldsymbol{\tau}_d$ 取为

$$\boldsymbol{g} = \begin{bmatrix} 0.0279v^2 & 0 & 0.0342v^2 \\ 0 & 0.0912u^2 & 0 \\ 0.0156r^2 & 0 & 0.0278uv^3 \end{bmatrix} \begin{bmatrix} u \\ v \\ r \end{bmatrix} \tag{8.81}$$

$$\boldsymbol{\tau}_d = \begin{bmatrix} -2\cos(0.5t)\cos t + 0.3\cos(0.5t)\sin(0.5t) - 3 \\ 0.1\sin(0.1t) \\ 0.6\sin(1.1t)\cos(0.3t) \end{bmatrix} \tag{8.82}$$

场景Ⅱ：给出的模型扰动 $\boldsymbol{g}$ 与场景Ⅰ相同，为了模拟更实际的外部扰动，在外部扰动公式中额外加入了二阶高斯-马尔可夫过程 $\boldsymbol{z}_1$。具体来说：

$$\begin{aligned} \dot{\boldsymbol{z}}_1 &= \boldsymbol{z}_2 \\ \dot{\boldsymbol{z}}_2 &= -\boldsymbol{\mathcal{Q}}^{\mathrm{T}}\boldsymbol{\mathcal{Q}}\boldsymbol{z}_1 - 2\boldsymbol{\mathcal{N}}\boldsymbol{\mathcal{Q}}\boldsymbol{z}_2 + \boldsymbol{\Lambda}\boldsymbol{\omega} \\ \overline{\boldsymbol{\tau}}_d &= \boldsymbol{z}_1 + \boldsymbol{\tau}_d \end{aligned} \tag{8.83}$$

式中，$\boldsymbol{\mathcal{Q}} = \mathrm{diag}\{3,3,3\}, \boldsymbol{\mathcal{N}} = \mathrm{diag}\{1,1,1\}$ 和 $\boldsymbol{\Lambda} = \mathrm{diag}\{100,100,100\}$ 是正定矩阵；$\boldsymbol{\omega} \in \Re^3$ 是零均值高斯白噪声。

跟踪轨迹的时间响应曲线在图8.16中给出，从中可以观察到，即使在起始时有微小误差，但是在跟踪过程以及结束时，跟踪轨迹还是可以以显著的控制性能成功跟踪期望轨迹。图8.17（a）、（b）、（c）描绘了跟踪误差 $\eta_{e,i}, i=1,2,3$ 以及相应的性能约束。因此，可以确保所提出的控制器能够保证期望的性能指标，并在考虑模型参数不确定性的情况下具有期望的鲁棒性。图8.17（d）、（e）、（f）展示了控制输入信号的时间响应。如我们所见，控制信号确实局限于 $\tau_{\vartheta,i} < \left|\tau_{\vartheta,\max i}\right|, i=1,2,3$。与图8.17（a）、（b）、（c）一起分析，可以推断出输入饱和约束的影响被显著抑制。从图8.16、图8.17中可以得出，模型参数不确定性对闭环系统的影响似乎较小，这意味着所提出的控制器具有良好抗干扰能力。

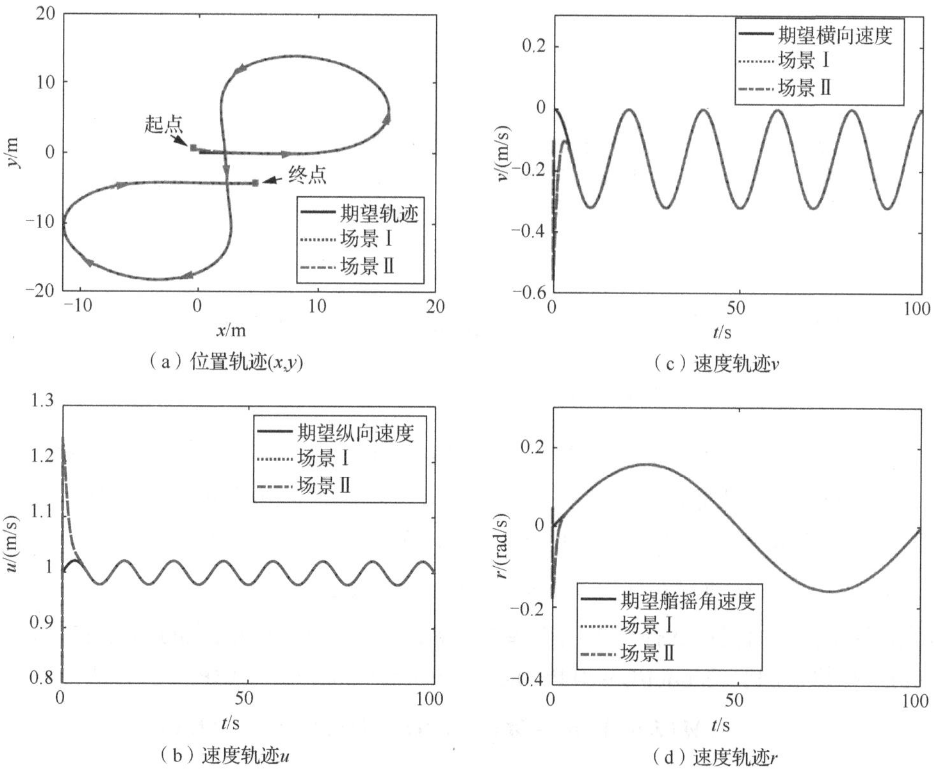

图8.16 不同场景下位置轨迹和速度轨迹的时间响应

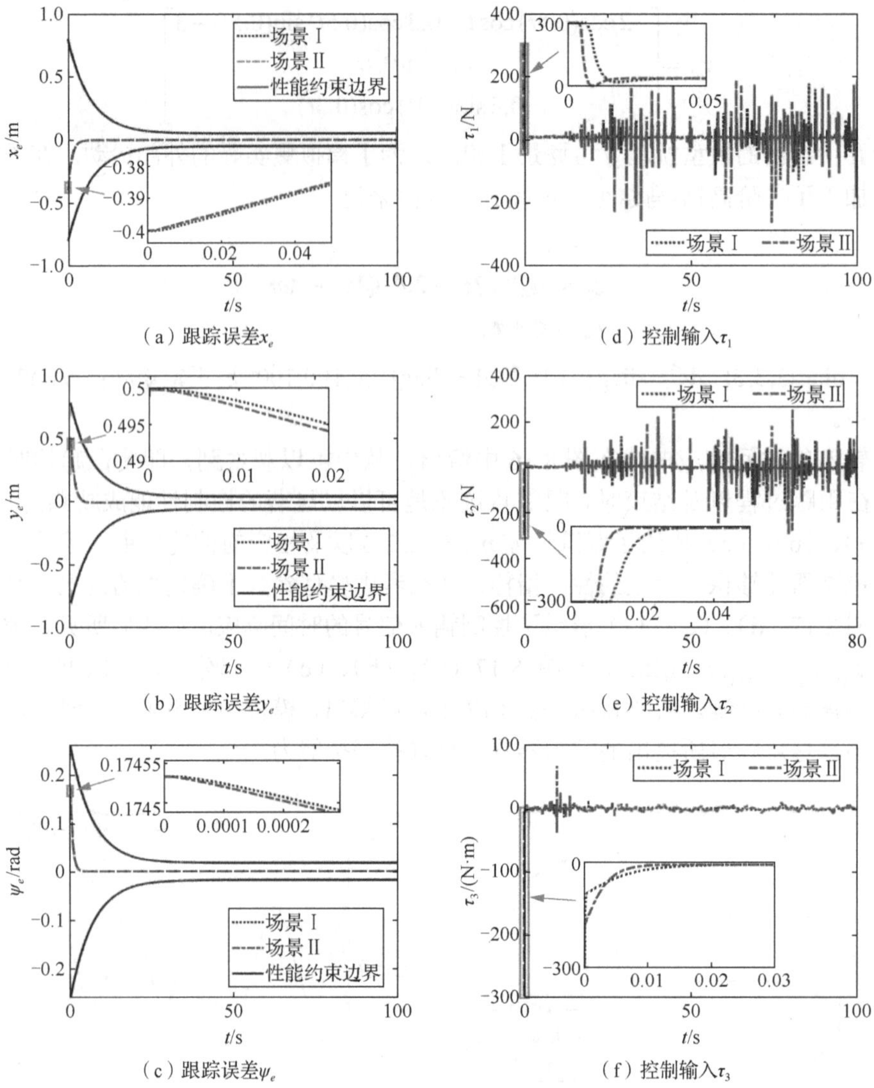

图 8.17　不同场景下性能约束边界内的跟踪误差和控制输入信号的时间响应

8.2.4.2　不同控制方案下的比较结果

为了充分验证所提出的控制方案［无模型路径预测控制（Model-Free Path Predictive Control，MFPPC）］的性能，这里进行了对比仿真。在下面的仿真实验中，海洋机器人期望轨迹的初始状态被设置为$\boldsymbol{\eta}(0)=[0.5,0.7,\pi/36]^{\mathrm{T}}$，$\boldsymbol{\vartheta}(0)=[0.3,0.0,0.1]^{\mathrm{T}}$，$\boldsymbol{\eta}_d=[1,0.5,\pi/18]^{\mathrm{T}}$和$\boldsymbol{\vartheta}_d=[0.3,0,0]^{\mathrm{T}}$。模型扰动和外部扰动的选择与上节场景 I 中相同。

首先，为了突出所提出的控制器的鲁棒性，对比考虑输入饱和约束的预设性能控制器，基于模型的预测过程控制（Model-Based Predictive Process Control，MBPPC）方法由下式给出：

$$\boldsymbol{\tau}_{\vartheta}=-\boldsymbol{M}\left(\boldsymbol{RKc}\right)^{-1}\dot{\boldsymbol{\eta}}_e-\boldsymbol{M}\left(\boldsymbol{Rc}\right)^{-1}\boldsymbol{U}-\boldsymbol{M}\left(\boldsymbol{R}\boldsymbol{\mathcal{L}}\boldsymbol{Kc}\right)^{-1}\boldsymbol{\Omega}\left(s\right) \tag{8.84}$$

$$\boldsymbol{U}=\boldsymbol{E}\dot{\boldsymbol{\eta}}_e+\boldsymbol{\mathcal{F}}+2\boldsymbol{\mathcal{G}}-\boldsymbol{RM}^{-1}f(t,\boldsymbol{\vartheta}) \tag{8.85}$$

$$\Omega(s_i)=\begin{cases}\dfrac{s_i}{\varsigma}, & \dfrac{s_i}{\varsigma}<1\\ \operatorname{sgn}\left(\dfrac{s_i}{\varsigma}\right), & \text{其他}\end{cases},\quad i=1,2,3 \tag{8.86}$$

式中，设计 $\varsigma=0.01$，其他增益参数设计见表 8.3。该组模拟的期望轨迹选择如下：

$$\begin{aligned}f_{d,1}(t)&=0.01\cos(0.015\pi t)\\ f_{d,2}(t)&=-0.01\sin(0.1\pi t)\\ f_{d,3}(t)&=0.001\sin(0.02\pi t)\end{aligned} \tag{8.87}$$

基于以上参数，获得了图 8.18、图 8.19 所示的对比结果。具体而言，图 8.18 显示两个控制器都具有令人满意的轨迹跟踪性能。必须提到的是，如图 8.19（a）～（c）所示，即使 MBPPC 的控制精度似乎等同于 MFPPC，但 MBPPC 需要确切的模型参数信息。此外，图 8.19（d）～（f）描述了这两个控制器的控制输入信号实际上被限制在最大允许幅度 $\tau_{v_i,\max}=300$ 内。

其次，为了展示所提出的控制器的简便性，利用基于神经网络的动态面控制（Neural Dynamic Surface Control，NDSC）方案作为比较对象。期望的轨迹被选择为公式（8.88），而其他参数与本节第一组模拟中的设置相同。

$$\begin{aligned}f_{d,1}(t)&=0.01\cos(0.015\pi t)\\ f_{d,2}(t)&=-0.05\sin(0.1\pi t)\\ f_{d,3}(t)&=0.002\cos(0.01\pi t)\end{aligned} \tag{8.88}$$

轨迹跟踪性能如图 8.20 所示，跟踪误差和控制输入信号的时间响应如图 8.21 所示，而计算负载的定量比较由表 8.4 给出。从图 8.20 和图 8.21（a）～（c）可以看出，NDSC 也具有令人满意的控制性能。如图 8.21（d）～（f）所示，由于输入饱和问题，NDSC 不能保证控制输入信号在期望的性能约束边界内。为了在控制输入信号的幅值和控制性能之间权衡，进行了多组实验来选择合适的 NDSC 增益。相比之下，MFPPC 增益的选择很容易，NDSC 的详细参数选择规定可参考相关文献。为了获得表 8.4 中的数据，选择计算机的内存为 8GB，本实验的平台为 MATLAB/Simulink。显然，由于忽略了在线估计过程，MFPPC 的计算负载较小。

表 8.4 MFPPC 和 NDSC 的计算负载

参数	MFPPC	NDSC
CPU 平均负载	67.2	102.3
仿真时间/s	3.77	68.08

尽管上述比较证明了所提出的控制方案的优点，但仍存在两个值得注意的问题：①收敛速度较慢。从图 8.19（a）～（c）和图 8.21（a）～（c）中可以看出，与其他两种方法相比，MFPPC 跟踪轨迹更慢。如注 8.16 所述，多功能体一体机可能不适合面向关于时间的任务。②抖振现象的发生，如图 8.19（d）～（f）和图 8.21（d）～（f）所示。这种现象会在一定

程度上损害执行器。对滑模控制而言，通常需要大的切换增益来消除不确定性和外部扰动带来的影响，这是抖振的一个来源。此外，对 $\left(1-\boldsymbol{s}^{\mathrm{T}}\boldsymbol{\Theta s}\right)^{-1}\boldsymbol{s}$ 项的观察表明，一旦跟踪误差接近预设边界，就会产生一个较大的命令控制信号。当参考轨迹的变化变大时（认为是闭环系统中的附加扰动），控制响应的滞后会使系统突然远离流形，即跟踪误差接近预设边界。由此可见，该控制方案会产生一个较大的命令控制信号，迫使系统转向流形，从而导致抖振现象。为了消除抖振，无抖振滑模面可能是一个合适的解决方案。此外，也可以用一个适当的具有抖振抑制的开关增益来代替 $\left(1-\boldsymbol{s}^{\mathrm{T}}\boldsymbol{\Theta s}\right)^{-1}\boldsymbol{s}$ 项。

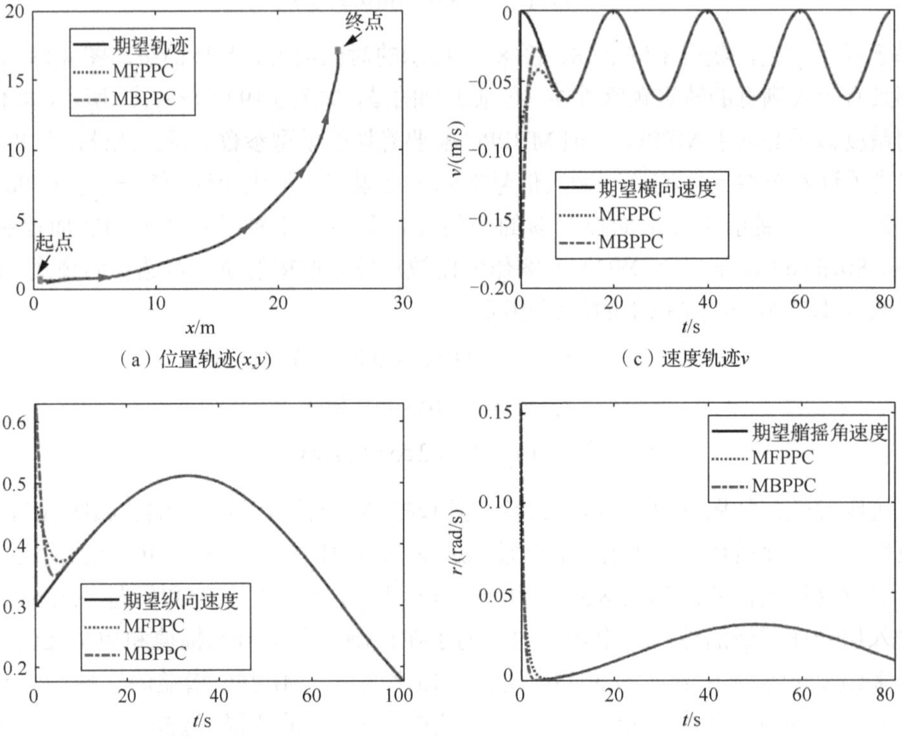

（a）位置轨迹(x,y)　（c）速度轨迹v

（b）速度轨迹u　（d）速度轨迹r

图 8.18　MFPPC 与 MBPPC 方案下位置轨迹和速度轨迹的时间响应

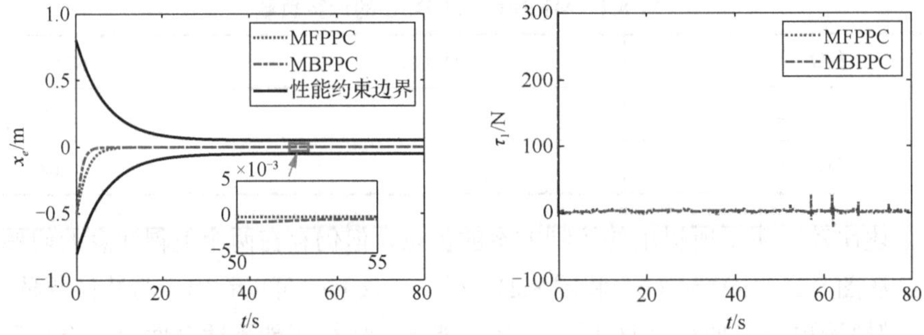

（a）跟踪误差x_e　（d）控制输入τ_1

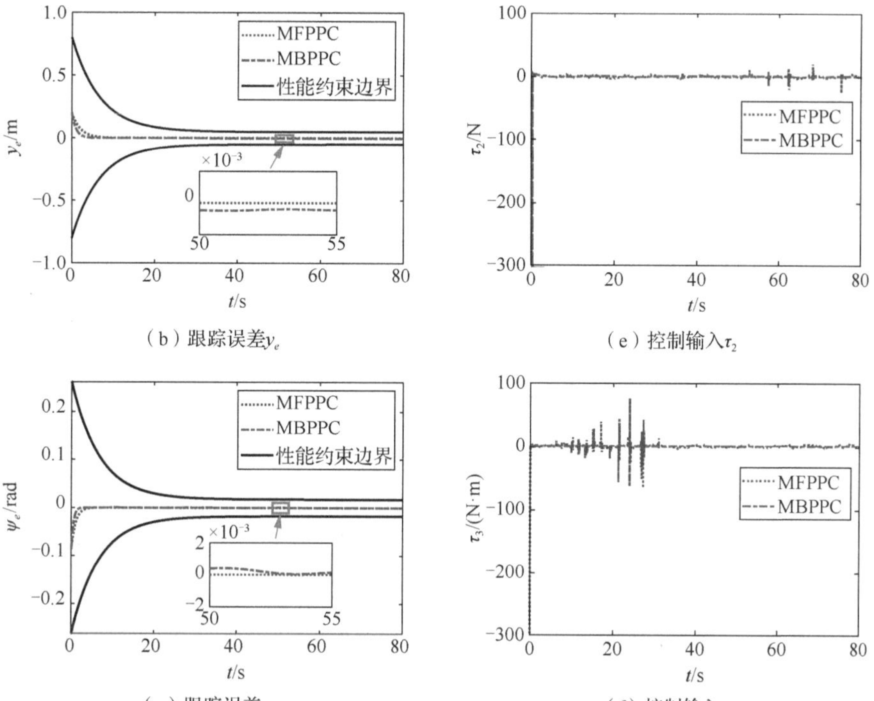

（b）跟踪误差y_e　（e）控制输入τ_2

（c）跟踪误差ψ_e　（f）控制输入τ_3

图 8.19　MFPPC 与 MBPPC 方案下性能约束边界内的跟踪误差和控制输入时间响应

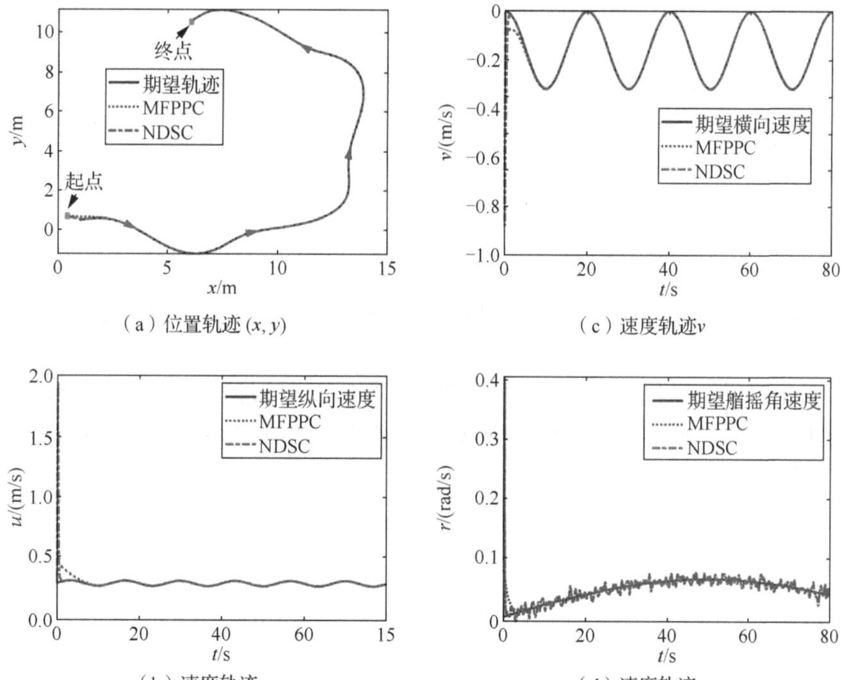

（a）位置轨迹(x, y)　（c）速度轨迹v

（b）速度轨迹u　（d）速度轨迹r

图 8.20　MFPPC 与 NDSC 方案下位置轨迹和速度轨迹的时间响应

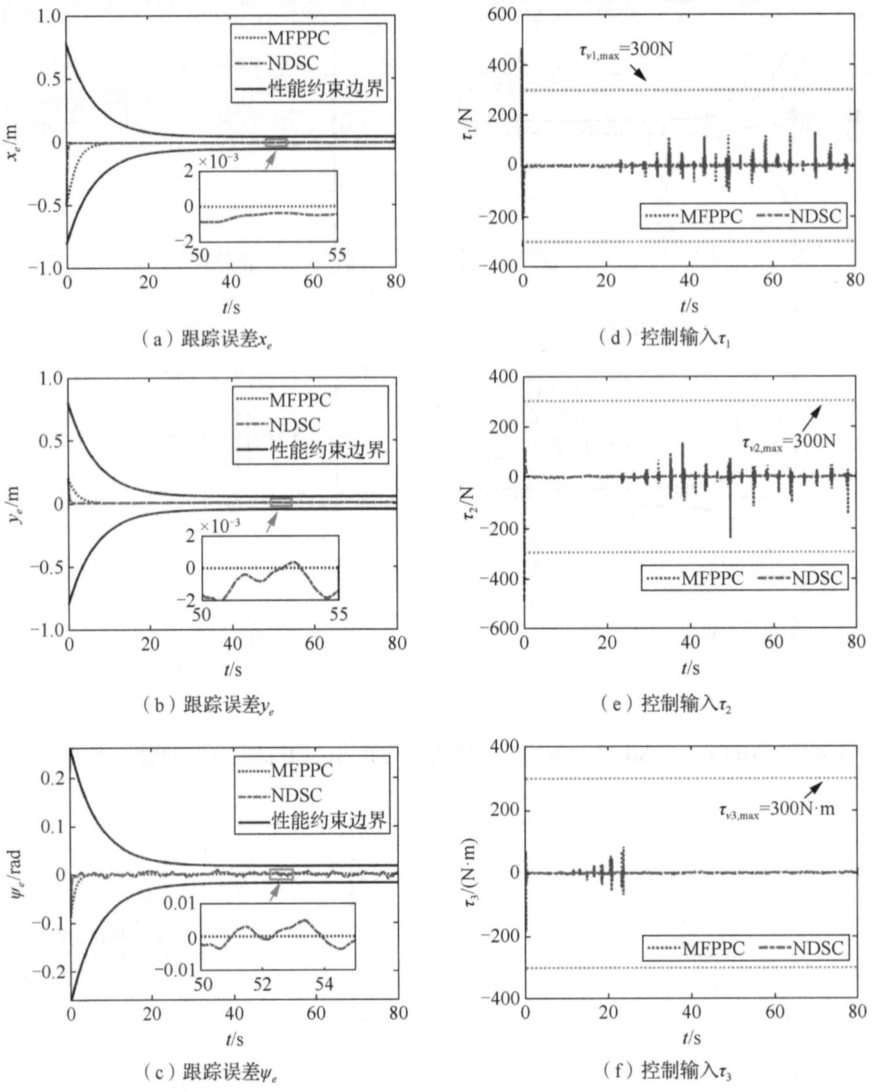

（a）跟踪误差x_e　（d）控制输入τ_1

（b）跟踪误差y_e　（e）控制输入τ_2

（c）跟踪误差ψ_e　（f）控制输入τ_3

图 8.21　MFPPC 与 NDSC 方案下性能约束边界内的跟踪误差和控制输入时间响应

本章重点介绍了海洋机器人轨迹跟踪控制算法，考虑海洋机器人控制领域内常见的输入饱和问题及性能预设条件，提出了两套常见的轨迹跟踪控制器设计方案，对读者未来开展海洋机器人控制学习、研究具有引领意义。

参 考 文 献

[1] 施生达. 潜艇操纵性[M]. 北京: 国防工业出版社, 1995.

[2] Gertler M, Hagen G R. Standard equations of motion for submarine simulation[R]. Technical Report DTMB 2510, David Taylor Research Center, Washington, D. C., 1967.

[3] 张爱民. 自动控制原理[M]. 2 版. 北京: 清华大学出版社, 2019.

[4] 李晔. 微小型水下机器人运动控制技术研究[D]. 哈尔滨: 哈尔滨工程大学, 2007.

[5] 盛振邦. 船舶原理: 下册[M]. 2 版. 上海: 上海交通大学出版社, 2019.

[6] 黄晓雪. 桨翼联合操纵微小型水下机器人运动控制仿真[J]. 船舶职业教育, 2016, 4(6): 54-58.

[7] 常文君, 刘建成, 于华南, 等. 水下机器人运动控制与仿真的数学模型[J]. 船舶工程, 2002 (3): 58-61.

[8] 徐会希, 等. 自主水下机器人[M]. 北京: 科学出版社, 2019.

[9] 孙功武, 苏义鑫, 毛英, 等. 基于模糊逻辑的混合推进 ROV 多级推力分配策略[J]. 机器人, 2023, 45(4): 472-483.

[10] 李江浩. 基于滑模控制的水下机器人运动控制研究[D]. 大庆: 东北石油大学, 2023.

[11] 宋寿山. 基于多推进器的 AUV 建模与控制器设计[D]. 西安: 西北工业大学, 2006.

[12] 王观道. 过驱动水下机器人水平面动力定位控制技术研究[D]. 武汉: 华中科技大学, 2022.

参考文献

[1] [illegible][M]. 北京: 国防工业出版社, 199[illegible].

[2] Gertler M, Hagen G R. Standard equations of motion for submarine simulation[R]. Technical Report DTMB 2510. David Taylor [illegible] Center, Washington D.C., 1967.

[illegible]